Vue.js 3.x+Element Plus
从入门到项目实践

孙建召　编　著

清華大学出版社
北　京

内 容 简 介

本书通过实例深入浅出地讲解 Vue.js 框架的各项实战技能。

本书共 15 章，主要讲解了搭建 Vue + Element Plus 开发环境、模板语法和指令、计算属性和侦听器、双向数据绑定、事件处理、组件和组合 API、项目脚手架 vue-cli 和 Vite、前端路由、状态管理 Vuex、Element Plus 基础入门、Element Plus 中的表单和 Element Plus 中的数据等内容。最后讲述了 3 个行业热点项目的开发，包括科技企业网站系统、图书管理系统和企业办公自动化系统。

本书适合任何想学习 Vue.js 和 Element Plus 框架的人员，无论您是否从事计算机相关行业，也无论您是否接触过 Vue.js 和 Element Plus 框架，通过学习本书内容均可快速掌握 Vue.js 和 Element Plus 框架设计的方法和技巧。

图书在版编目(CIP)数据

Vue.js 3.x+Element Plus 从入门到项目实践 / 孙建召编著.
北京：清华大学出版社，2024. 9(2025.1 重印). -- ISBN 978-7-302-66799-5
Ⅰ. TP393.092.2
中国国家版本馆 CIP 数据核字第 20248HU927 号

责任编辑：张彦青
装帧设计：李 坤
责任校对：李玉萍
责任印制：沈 露
出版发行：清华大学出版社
网 址：https://www.tup.com.cn, https://www.wqxuetang.com
地 址：北京清华大学学研大厦 A 座 **邮 编**：100084
社 总 机：010-83470000 **邮 购**：010-62786544
投稿与读者服务：010-62776969, c-service@tup.tsinghua.edu.cn
质量反馈：010-62772015, zhiliang@tup.tsinghua.edu.cn
印 装 者：小森印刷霸州有限公司
经 销：全国新华书店
开 本：185mm×260mm **印 张**：20 **字 数**：488 千字
版 次：2024 年 8 月第 1 版 **印 次**：2025 年 1 月第 2 次印刷
定 价：69.00 元

产品编号：104588-01

前　言

为什么要写这样一本书

Vue.js 是当下很火的一个 JavaScript MVVM 库，它是以数据驱动和组件化思想构建的。Vue.js 提供了更加简洁、更易于理解的 API，能够很大限度地降低 Web 前端开发的难度，因此深受广大 Web 前端开发人员的喜爱。伴随着 Vue.js 框架的流行，也涌现出了大量适合这些框架的插件或依赖，比如美化界面的 UI 框架 Element Plus，它既适合桌面端的框架，也适合移动端的框架，最重要的是 Element Plus 非常适合初学者快速上手开发项目。本书将项目开发中的技术融入案例中，读者通过对本书的学习，不仅可以掌握 Vue.js + Element Plus 的使用方法，还可以积累项目开发经验，从而满足企业实际开发的需求。

本书特色

■ **零基础、入门级的讲解**

无论您是否从事计算机相关行业，也无论您是否接触过 Vue.js + Element Plus 框架，都能从本书中找到最佳起点。

■ **实用、专业的案例和项目**

本书在编排上紧密结合学习 Vue.js + Element Plus 框架技术的过程，从 Vue.js + Element Plus 框架基本操作开始，逐步带领读者学习 Vue.js + Element Plus 框架的各种应用技巧，侧重实战技术，使用简单易懂的实际案例进行分析和操作指导，让读者学起来简明轻松，操作起来有章可循。

■ **随时随地学习**

本书提供了微课视频，通过手机扫码即可观看，随时随地解决学习中的困惑。

■ **细致入微、贴心提示**

本书在讲解过程中，在各章中使用了“注意”“提示”“技巧”等小栏目，使读者在学习时能更清楚地了解相关操作、理解相关概念，并轻松掌握各种操作技巧。

超值资源大放送

赠送大量资源，包括本书案例源代码、同步教学视频、精美教学幻灯片、教学大纲、30 套热门 Vue.js 项目源码、160 套 jQuery 精彩案例、名企网站前端开发招聘考试题库、毕业求职面试资源库。

读者对象

- 没有任何 Vue.js + Element Plus 框架开发基础的初学者。
- 有一定的 Vue.js + Element Plus 框架开发基础，想精通前端框架开发的人员。
- 有一定的网页前端设计基础，没有项目经验的人员。
- 大专院校及培训机构的老师和学生。

本书由孙建召老师主编，参与本书编写的还有陈明璨老师和白杨老师。本书在编写过程中，我们虽竭尽所能将最好的讲解呈现给读者，但难免有疏漏和欠妥之处，敬请读者不吝指正。

编　者

目　　录

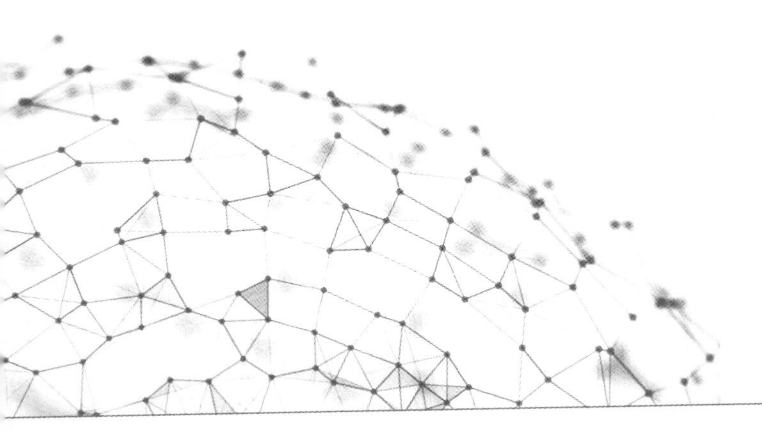

第 1 章

搭建 Vue + Element Plus 开发环境

很多人都说 Web 前端开发是程序员中门槛最低的，5 天就可以入门并精通 Web 前端开发，您是否有“道理我都懂，就是不知道怎么入手”的困惑？您真的知道如何做好一个前端开发者吗？其实前端开发远不止切图、写 HTML、调样式，前端的世界很大，Node.js、webpack 和各种各样的前端框架都是 Web 前端的一部分。本章主要讲述 Vue.js 和 Element Plus 有关的一些概念与技术，并帮助读者了解它们背后相关的工作原理和环境配置方法。通过对本章的学习，即使从未接触过 Vue.js，也可以运用这些知识点快速地构建一个 Vue.js + Element Plus 应用。

1.1　Vue.js 3.x 概述

说到前端框架，如今比较流行的有 3 个，分别是 Vue.js、React.js(以下简称 React)和 Angular.js(以下简称 Angular)。其中，Vue.js 以其容易上手的 API、不俗的性能、渐进式的特性和活跃的社区，在三大框架中脱颖而出。截至目前，Vue.js 在 GitHub 上的受欢迎程度已经超过了其他的前端开发框架，成为最热门的框架。

1.1.1　MVVM 模式

学习 Vue.js 之前，先来学习一下 MVVM 模式。MVVM 是 Model-View-ViewModel 的简写，即模型-视图-视图模型。模型指的是后端传递的数据，视图指的是 HTML 页面，视图模型是 MVVM 模式的核心，它是连接 View 和 Model 的桥梁。MVVM 有两个方向：一是将模型转化成视图，即将后端传递的数据转化成所看到的页面，其实现方式是：数据绑定。二是将视图转化成模型，即将所看到的页面转化成后端的数据，其实现方式是：DOM 事件监听。如果这两个方向都实现了，则称之为数据的双向绑定。

在 MVVM 框架中，视图和模型是不能直接通信的，它们通过 ViewModel 来通信。ViewModel 通常要扮演一个监听者，当数据发生变化时，ViewModel 能够监听到数据的变化，然后通知对应的视图进行自动更新；而当用户操作视图时，ViewModel 也能监听到视图的变化，然后通知数据进行改动，这样就实现了数据的双向绑定，并且 MVVM 中的 View 和 ViewModel 可以互相通信。MVVM 流程图如图 1-1 所示。

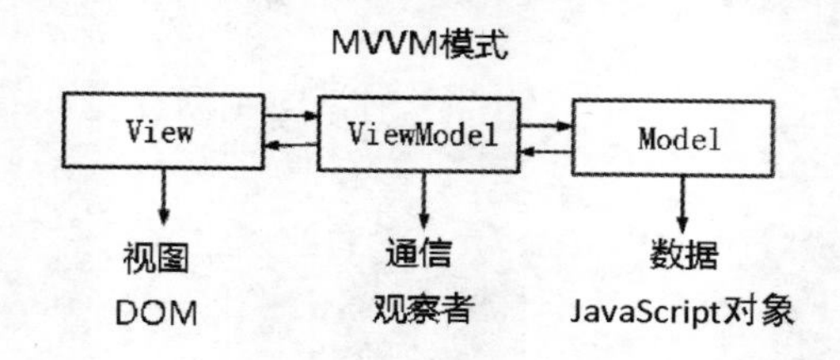

图 1-1　MVVM 流程图

Vue.js 就是基于 MVVM 模式实现的一套框架。在 Vue.js 中，Model 指的是 JavaScript 中的数据，例如对象、数组等，View 指的是页面视图，ViewModel 指的是 Vue.js 实例化对象。

1.1.2　Vue.js 的概念

在过去的十年里，我们的网页变得更加动态化和强大了，是因为有 JavaScript。如今我们已经把很多传统的服务端代码放到了浏览器中，这样就产生了成千上万行的 JavaScript 代码，它们连接着各式各样的 HTML 和 CSS 文件，但缺乏标准的组织形式，这也是为什么越来越多的开发者使用 JavaScript 框架，例如 Vue.js、Angular 和 React。

Vue.js 被定义成用来开发 Web 界面的前端框架，是一个轻量级的工具。使用 Vue.js 可以让 Web 开发变得简单，同时也颠覆了传统的前端开发模式。Vue.js 是一款友好的、多用途且高性能的 JavaScript 框架，它能够帮助用户创建可维护性和可测试性更强的代码库。Vue.js 还是一个渐进式的 JavaScript 框架，那么渐进式是什么意思呢？我们可理解为以下几点。

(1)　用户可以一步一步、有阶段性地来使用 Vue.js，不必一开始就使用所有的东西。

(2)　如果已经有一个现成的服务端应用，则可以将 Vue.js 作为该应用的一部分嵌入其中，将会带来更加丰富的交互体验。

(3)　如果希望将更多业务逻辑放到前端来实现，那么 Vue.js 的核心库及其生态系统则可以满足用户的各种需求。和其他前端框架一样，Vue.js 允许用户将一个网页分割成可复用的组件，每个组件都包含属于自己的 HTML、CSS、JavaScript，从而用来渲染网页中相应的部分页面。

(4)　如果我们构建一个大型的应用，就可能需要将应用分割成为各自的组件和文件。而 Vue.js 有一个命令行工具，可以使快速初始化一个真实的工程变得非常简单。

可以看出，Vue.js 的作用可大可小，它都会有相应的方式来整合到用户的项目中。所以说它是一个渐进式的框架。

Vue.js 本身具有响应式编程和组件化的特点。下面将分别进行介绍。

(1)　响应式：即为保持状态和视图的同步，也称之为数据绑定，声明实例后自动对数据进行了视图上的绑定，修改数据后，视图中对应的数据也会随之更改。

(2)　组件化：Vue.js 组件化的理念是“一切都是组件”。可以将任意封装好的代码注册成标签。如果组件设计得合理，在很大程度上能减少重复开发，而且配合 Vue.js 的插件

vue-loader，可以将一个组件的 CSS、HTML 和 JavaScript 都写在一个文件里，做到模块化的开发。除此之外，Vue.js 也可以与 vue-router 和 vue-resource 插件配合起来，以支持路由和异步请求，这样就满足了开发单页面应用的基本条件。

1.1.3　Vue.js 的数据驱动原理

在前端开发中，可能会遇到动画、交互效果、页面特效等业务，原生的 JavaScript 或 jQuery 库通过操作 DOM 来实现，数据和界面是连接在一起的，例如下面的示例。

在示例中添加一段文本和一个按钮，并为按钮添加一个单击事件，当单击按钮时把文本中的“王老师”更改为“李老师”，“30”更改为“40”。

```
<div>
    <p>大家好，我是<span id="name">王老师，</span></p>
    <p>今年<span id="age">30</span>岁。</p>
    <button id = "updata">修改</button>
</div>
<script>
    $("#updata").click(function(){
        $("#name").text("李老师，");
        $("#age").text("40");
    });
</script>
```

程序运行效果如图 1-2 所示，单击“修改”按钮时，页面中的内容发生更改，效果如图 1-3 所示。

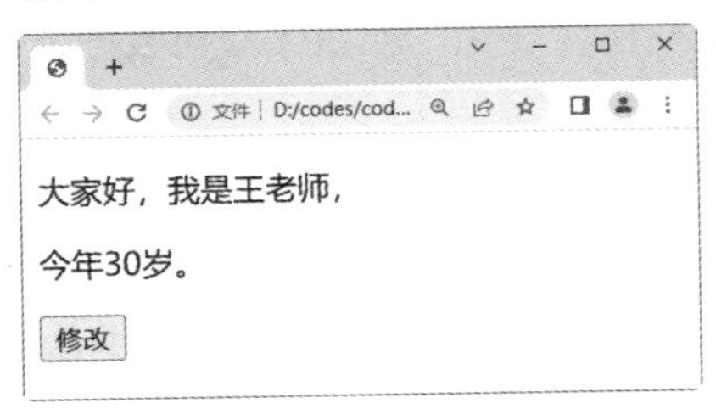

图 1-2　初始化效果

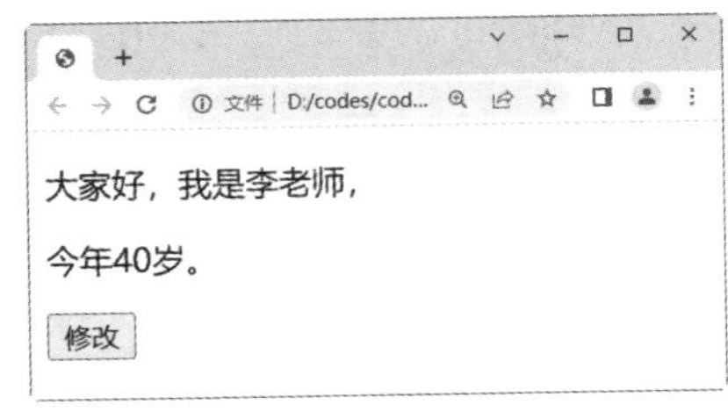

图 1-3　单击“修改”按钮后的效果

Vue.js 将数据层和视图层完全分离开，不仅对 API 进行封装，还提供了一系列的解决方案。这是一个思想的转变，数据驱动的机制，主要操作的是数据而不是频繁地操作 DOM(导致页面频繁重绘)。使用 Vue.js 实现上述示例，代码如下：

```
<div id="app">
    <p>大家好，我是<span>{{name}}</span></p>
    <p>今年<span>{{age}}</span>岁。</p>
    <button v-on:click="update">修改</button>
</div>
<!--引入 vue 文件-->
<script src="https://unpkg.com/vue@3/dist/vue.global.js"></script>
<script>
//创建一个应用程序实例
const vm= Vue.createApp({
    //该函数返回数据对象
    data(){
```

```
        return{
            name:"王老师",
             age:"30",
        }
},
    methods:{
        update:function(){
            this.name = "李老师";
            this.age = "40";
        }
    }
    //在指定的DOM元素上装载应用程序实例的根组件
    }).mount('#app');
</script>
```

提示

对于上面的Vue代码，暂时不用理解，这里只是快速展示Vue.js的写法，在后面的章节中将会详细地介绍。

通过以上示例，总结如下。

(1) Vue.js 首先把值和 JavaScript 对象进行绑定，然后修改 JavaScript 对象的值，Vue.js框架就会自动把DOM的值进行更新。

(2) 可以简单地理解 Vue.js 帮我们做了 DOM 操作，以后使用 Vue.js 时只需要修改对象的值并做好元素和对象的绑定，Vue.js框架就会自动帮我们做好DOM的相关操作。

(3) 如果 DOM 元素的值仅跟随 JavaScript 对象的值变化而变化，就叫作单向数据绑定；如果JavaScript对象的值也跟随DOM元素的值变化而变化，就叫作双向数据绑定。

1.2 为什么要使用 Vue.js

Vue.js 是当下流行的前端框架之一，在正式开始学习之前，我们先对传统前端开发模式和Vue.js开发模式做一个对比，以此了解Vue.js产生的背景和Vue.js的核心思想。

1.2.1 传统的前端开发模式

传统开发模式也称为硬代码开发，数据、展现和逻辑都混合在一起，彼此相互杂糅，整体看起来非常混乱。它有以下缺点。

(1) 由于数据、展现和逻辑都混合在一起，从而使代码的可读性很差，很难完成知识的转移和交付。

(2) 界面修改工作比较复杂，无法快速调试，也无法快速定位问题所在。

(3) 维护复杂，容易在修复中出现新的Bug。

(4) 数据处理功能单一，若出现排序、筛选等工作，需要重新编写代码。

前端技术在近几年发展迅速，如今的前端开发已不再是10年前写个HTML和CSS那样简单了，新的概念层出不穷，例如 ECMAScript 6、Node.js、NPM、前端工程化等。这些新技术在不断地优化我们的开发模式，改变我们的编程思想。

随着项目的扩大和时间的推移，出现了更复杂的业务场景，例如组件解耦、SPA(单页面应用)等。为了提升开发效率，降低维护成本，传统的前端开发模式已不能完全满足我们的需求，这时就出现了 Angular、React 以及我们将要介绍的 Vue.js。

1.2.2 Vue.js 开发模式

Vue.js 是基于 MVVM 模式实现的一套框架，MVVM 模式分离视图(View)和数据(Model)，通过自动化脚本实现自动关联，ViewModel 搭起了视图与数据的桥梁，同时在 ViewModel 中进行交互及逻辑处理。可以简单地理解，View 就是 HTML 和 DOM，数据 Model 就是要处理的 Json 数据。这种模式具有以下优势。

(1) 低耦合：将 View 和 Model 进行分离，两者中一方变动时，另一方不会受到影响。

(2) 重用性：无论是 View、ViewModel 还是 Model，三者都可以进行重用，提高了开发效率。

(3) HTML 模板化：修改模板不影响逻辑和数据，模板可直接调试。

(4) 数据自动处理：Model 实现了标准的数据处理封装，例如排序、筛选等。

(5) 双向绑定：通过 DOM 和 Model 双向绑定使数据更新自动化，缩短了开发时间。

1.3 安装 Vue.js

在使用 Vue.js 之前，先来学习一下如何安装它。

1.3.1 直接使用<script>引入

直接使用<script>标签引入的方式比较简单，选择一个提供稳定 Vue.js 连接的 CDN 服务商，这里的 CDN 全称是 Content Delivery Network，即内容分发网络。选择好 CDN 后，在页面中引入 Vue.js 的代码如下：

```
<script src="https://unpkg.com/vue@3/dist/vue.global.js"></script>
```

1.3.2 使用 NPM 方式

NPM 是一个 Node.js 包管理和分发工具，也是整个 Node.js 社区最流行、支持第三方模块最多的包管理器。在安装 Node.js 环境时，安装包中包含 NPM，如果安装了 Node.js，则无须再安装 NPM。

用 Vue 构建大型应用时推荐使用 NPM 安装。NPM 能很好地和诸如 webpack 或 Browserify 模块打包器配合使用。

使用 NPM 安装 Vue.js 3.x：

```
# 最新稳定版
npm install vue@Latest
```

由于国内访问国外的服务器非常慢，而 NPM 的官方镜像就是国外的服务器，为了节省安装时间，推荐使用淘宝 NPM 镜像 CNPM，在命令提示符窗口中输入下面的命令并执行：

```
npm install -g cnpm --registry=https://registry.npm.taobao.org
```

以后可以直接使用 cnpm 命令安装模块。代码如下：

```
cnpm install 模块名称
```

1.3.3 使用命令行工具(CLI)方式

Vue.js 提供了一个官方的脚手架(CLI)，为单页面应用(SPA)快速搭建繁杂的脚手架。它为现代前端工作流提供了全面的构建设置，只需要几分钟就可以运行起来，并带有热重载、保存时 lint 校验，以及生产环境可用的构建版本。

CLI 工具假定用户对 Node.js 和相关构建工具有一定程度的了解。如果是新手，建议先熟悉 Vue 本身之后再使用 CLI。本书后面章节将具体介绍脚手架的安装以及如何快速创建一个项目。

1.3.4 使用 Vite 方式

Vite 是 Vue 的作者尤雨溪开发的 Web 开发构建工具，它是一个基于浏览器原生 ES 模块导入的开发服务器。在开发环境下，Vite 利用浏览器去解析 import，在服务器端按需编译返回，完全跳过了打包这个环节，服务器随启随用。本书后面章节将具体介绍 Vite 的使用方法。

1.4 综合案例 1——第一个 Vue.js 程序

引入 Vue.js 框架后，下面通过一个完整的示例来介绍 Vue.js 的实现过程。

【例 1.1】(实例文件：ch01\1.1.html)第一个 Vue.js 程序。

```
<!DOCTYPE html>
<html>
<head>
    <meta charset="UTF-8">
</head>
<body>
<div id="app">
    <h2>{{ explain }}</h2>
</div>
<!--引入 vue 文件-->
<script src="https://unpkg.com/vue@3/dist/vue.global.js"></script>
<script>
    //创建一个应用程序实例
    const vm= Vue.createApp({
        //该函数返回数据对象
        data(){
          return{
            explain:'春花秋月何时了',
          }
```

```
        }
        //在指定的 DOM 元素上装载应用程序实例的根组件
    }).mount('#app');
</script>
</body>
</html>
```

程序运行效果如图 1-4 所示。

在创建的 Vue.js 实例中，mount()函数用于将 Vue.js 实例挂载到指定的 DOM 元素上，使其能够渲染并显示在页面中。data()函数将返回应用内需要双向绑定的数据。建议所有会用到的数据都预先在 data()函数中声明，这样将不会把数据散落在业务逻辑中，以方便维护。

以上成功地创建了第一个 Vue.js 应用，看起来跟渲染一个字符串模板非常类似，但是 Vue.js 在背后做了大量的工作。现在数据和 DOM 已经建立了关联，页面已经是响应式的。

我们要怎么确认呢？可以通过浏览器的 JavaScript 控制台来验证。按 F12 键，打开控制台，例如修改 vm.explain = "小楼昨夜又东风"，按 Enter 键后执行，将看到上例相应的内容会更新，如图 1-5 所示。

图 1-4　第一个 Vue.js 程序效果

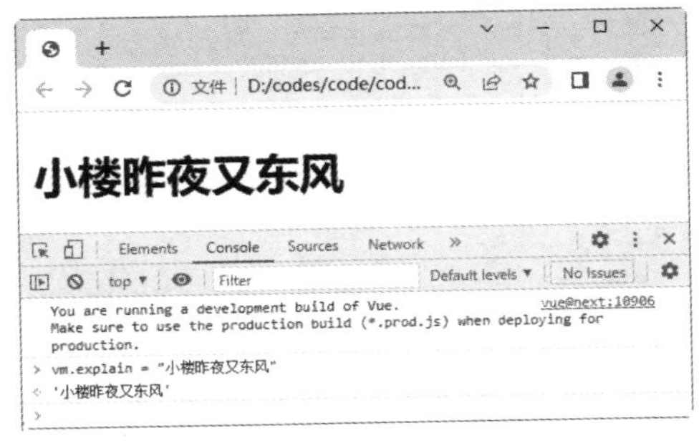

图 1-5　执行程序后效果

注意

vm.explain = "小楼昨夜又东风"中的 vm 是我们创建的实例名称。

在以后的章节中，示例不再提供完整的代码，而是根据上下文，将 HTML 部分与 JavaScript 部分单独展示，省略了<head>、<body>等标签，读者可根据上例结构来组织代码。

1.5　安装 Element Plus

安装 Element Plus 的方法有以下几种。

1. 使用 CDN 方式

使用 CDN 方式安装，代码如下：

```
<!--引入 vue 文件-->
<script src="https://unpkg.com/vue@3/dist/vue.global.js"></script>
<!-- 引入样式 -->
<link rel="stylesheet"  href="https://cdn.jsdelivr.net/npm/element-plus/
   dist/index.css" rel="external nofollow" target="_blank" />
<!-- 引入组件库 -->
<script src="https://cdn.jsdelivr.net/npm/element-plus" rel="external
   nofollow"></script>
```

2. 使用 NPM 方式

如果采用模块化开发，可以使用 NPM 安装方式，执行下面命令安装 Element Plus：

```
npm install element-plus --save
```

或者使用 yarn 安装，命令如下：

```
yarn add element-plus
```

安装 Element Plus 框架后，可以在主文件中完整引入所有的组件，使用方法如下：

```
import { createApp } from 'vue'
import ElementPlus from 'element-plus'
import 'element-plus/dist/index.css'
import App from './App.vue'
const app = createApp(App)
app.use(ElementPlus)
app.mount('#app')
```

如果只是需要引入指定的部分组件，方法如下：

```
<template>
  <el-button>按钮组件</el-button>
</template>
<script>
  import { defineComponent } from 'vue'
  import { ElButton } from 'element-plus'
  export default defineComponent({
    name: 'app'
    components: {
      ElButton,
    },
  })
</script>
```

1.6 综合案例 2——第一个 Vue.js + Element Plus 案例

下面通过一个案例来讲述如何使用 Vue.js + Element Plus 框架。

【例 1.2】(实例文件：ch01\1.2.html)使用 Vue.js + Element Plus 框架。

```
<!DOCTYPE html>
<html>
  <head>
    <meta charset="UTF-8" />
  <!--引入 vue 文件-->
  <script src="https://unpkg.com/vue@3/dist/vue.global.js"></script>
  <!-- 引入样式 -->
  <link rel="stylesheet"  href="https://cdn.jsdelivr.net/npm/element-
     plus/dist/index.css" rel="external nofollow" target="_blank" />
```

```
  <!-- 引入组件库 -->
  <script src="https://cdn.jsdelivr.net/npm/element-plus" rel="external
     nofollow" ></script>
    <title>Element Plus 框架</title>
  </head>
  <body>
    <div id="app">
      <el-button>{{ message }}</el-button>
    </div>
    <script>
      const App = {
        data() {
          return {
            message: "山光悦鸟性，潭影空人心。",
          };
        },
      };
      const app = Vue.createApp(App);
      app.use(ElementPlus);
      app.mount("#app");
    </script>
  </body>
</html>
```

在 Chrome 浏览器中运行程序，效果如图 1-6 所示。

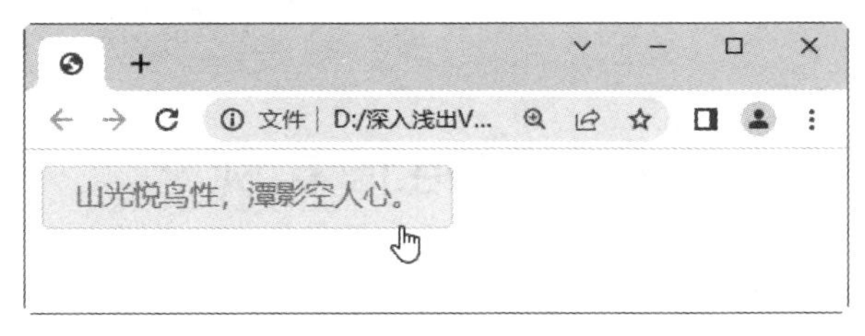

图 1-6　使用 Element Plus 框架的效果

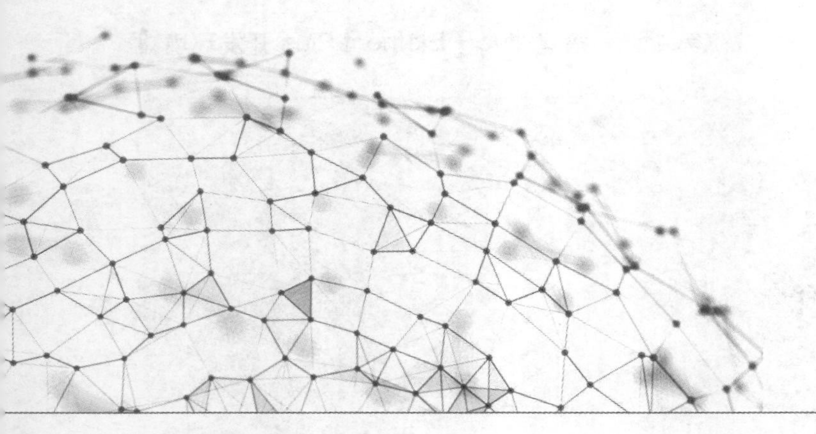

第 2 章

模板语法和指令

在第 1 章中介绍了 Vue.js 的基础知识以及第一个 Vue.js 程序，下面将继续介绍如何创建 Vue.js 实例、模板语法和指令，这是新手入门必须要掌握的知识点。其中指令是 Vue.js 模板中最常用的一项功能，它带有前缀 v-，主要职责是当其表达式的值改变时，相应地将某些行为应用在 DOM 上。本章将重点学习基本指令、条件渲染、列表渲染和自定义指令。

2.1 Vue.js 实例

无论是用官方的脚手架，还是自己搭建的项目模板，最终都会创建一个 Vue.js 的实例对象并挂载到指定的 DOM 上。下面介绍关于 Vue.js 实例的相关内容。

2.1.1 创建一个 Vue.js 实例

每个 Vue.js 应用都是通过 Vue.createApp 函数创建一个新的 Vue.js 实例开始的：

```
const vm= Vue.createApp({
      //选项
}).mount('#app');
```

其中 mount('#app')是在指定的 DOM 元素上装载应用程序实例的根组件。当创建一个 Vue.js 实例时，可以传入一个选项对象，这些选项用来创建想要的行为(methods、computed、watch 等)。

一个 Vue.js 应用由一个通过 Vue.createApp 创建的根 Vue.js 实例，以及可选的、嵌套的、可复用的组件树组成。例如一个 todo 应用的组件树如图 2-1 所示。

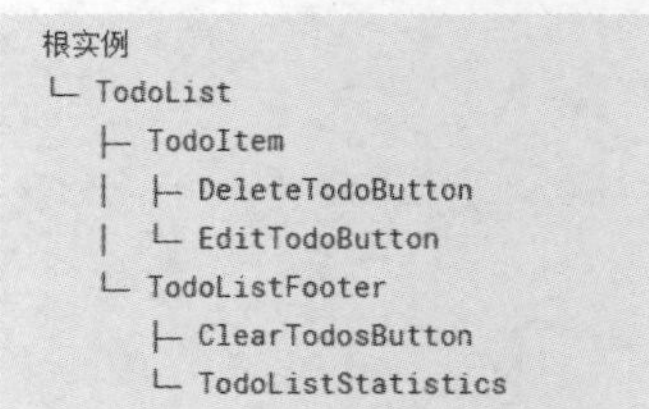

图 2-1　组件树

在后面的组件系统章节会具体展开介绍，现在只需要了解所有的 Vue.js 组件都是 Vue.js 实例，并且接受相同的选项对象(一些根实例特有的选项除外)。

2.1.2　数据与方法

当一个 Vue.js 实例被创建时，它将 data 对象中的所有属性加入 Vue.js 的响应式系统中。当这些属性的值发生改变时，视图将会进行“响应”，即匹配为新的值。

要在 Vue.js 中定义方法，需要在 createApp()的参数对象中再添加一个 methods 方法配置项，它的值也是一个对象，在其中可以定义应用程序要用到的方法。

【例 2.1】(实例文件：ch02\2.1.html)实例中的数据与方法。

```
<div style="text-align: center;" id="app">
    <h1>{{ count }}</h1>
    <button v-on:click="clickButton">增加</button>
</div>
<!--引入 vue 文件-->
<script src="https://unpkg.com/vue@3/dist/vue.global.js"></script>
<script>
    //创建一个应用程序实例
    const vm= Vue.createApp({
        //该函数返回数据对象
        data() {
            return {
                 // count 数据
                count:0
            }
        },
        // 定义组件中的函数
        methods: {
            // 实现单击按钮的方法
            clickButton() {
                this.count = this.count + 1
            }
        }
    //在指定的 DOM 元素上装载应用程序实例的根组件
    }).mount('#app');
</script>
```

程序运行效果如图 2-2 所示。

图 2-2　实例中的数据与方法

2.1.3　实例化多个对象

实例化多个 Vue.js 对象和实例化单个 Vue.js 对象的方法一样，只是绑定操控的元素 id 不同。例如，创建两个 Vue.js 对象，分别命名为 one 和 two。

【例 2.2】(实例文件：ch02\2.2.html)实例化两个 Vue.js 对象。

```
<h3>初始化多个实例对象</h3>
<div id="app-one">
    <h4>{{title}}</h4>
</div>
<div id="app-two">
    <h4>{{title}}</h4>
</div>
<!--引入 vue 文件-->
<script src="https://unpkg.com/vue@3/dist/vue.global.js"></script>
<script>
    //实例化对象 1
    const one= Vue.createApp({
        //该函数返回数据对象
        data() {
            return {
                title:'app-one 的内容'
            }
        }
    //在指定的 DOM 元素上装载应用程序实例的根组件
}).mount('#app-one');
    //实例化对象 2
    const two= Vue.createApp({
        //该函数返回数据对象
        data() {
            return {
                title:'app-two 的内容'
            }
        },
    //在指定的 DOM 元素上装载应用程序实例的根组件
}).mount('#app-two');
</script>
```

运行上述程序，可以看到两个 Vue.js 对象 data 属性的内容，效果如图 2-3 所示。

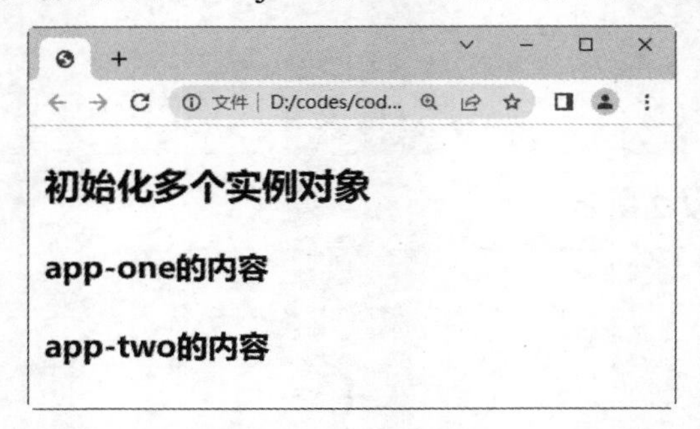

图 2-3　显示两个 Vue.js 对象 data 属性的内容

除了可以显示 data 属性的内容，还可以显示 computed 计算属性的内容。

【例 2.3】(实例文件：ch02\2.3.html)显示 computed 计算属性的内容。

```
<h3>初始化多个实例对象</h3>
<div id="app-one">
    <h4>{{title}}</h4>
    <p>{{say}}</p>
</div>
<div id="app-two">
    <h4>{{title}}</h4>
    <p>{{say}}</p>
```

```
</div>
<!--引入 vue 文件-->
<script src="https://unpkg.com/vue@3/dist/vue.global.js"></script>
<script>
    //实例化对象 1
    const one= Vue.createApp({
        //该函数返回数据对象
        data() {
            return {
                title:'app-one 的内容'
            }
        },
        computed:{
            say:function(){
                return '晚日寒鸦一片愁。';
            }
        }
    //在指定的 DOM 元素上装载应用程序实例的根组件
    }).mount('#app-one');
    //实例化对象 2
    const two= Vue.createApp({
        //该函数返回数据对象
        data() {
            return {
                title:'app-two 的内容'
            }
        },
        computed:{
            say:function(){
                return '柳塘新绿却温柔。';
            }
        }
    //在指定的 DOM 元素上装载应用程序实例的根组件
    }).mount('#app-two');
</script>
```

运行上述程序，可以看到两个 Vue.js 对象 computed 计算属性的内容，效果如图 2-4 所示。

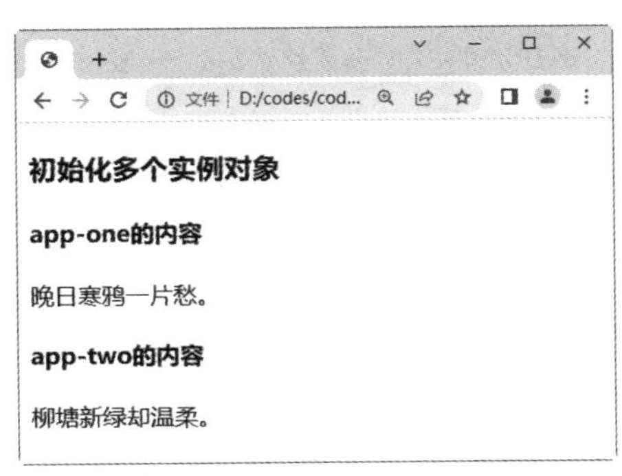

图 2-4　显示两个 Vue.js 对象 computed 计算属性的内容

要想在第二个实例化对象中改变第一个实例化对象的 data 属性，该如何实现？可以在第二个实例化对象中定义一个方法，通过事件来触发，在该事件中调用第一个对象，更改其中的 title 属性。

例如，在上面示例的第二个对象中，定义一个方法 changeTitle，在方法中调用第一个对象，并修改其中的 title 属性。

【例 2.4】(实例文件：ch02\2.4.html)改变其他实例中的属性内容。

```
<div id="app-one">
    <h4>{{title}}</h4>
    <p>{{say}}</p>
</div>
<div id="app-two">
    <h4>{{title}}</h4>
    <p>{{say}}</p>
    <button v-on:click="changeTitle">改变第一个对象的 title 属性</button>
</div>
<!--引入 vue 文件-->
<script src="https://unpkg.com/vue@3/dist/vue.global.js"></script>
<script>
    //实例化对象 1
    const one= Vue.createApp({
        //该函数返回数据对象
        data() {
            return {
                title:'app-one 的内容'
            }
        },
        computed:{
            say:function(){
                return '晚日寒鸦一片愁。';
            }
        }
    //在指定的 DOM 元素上装载应用程序实例的根组件
    }).mount('#app-one');
    //实例化对象 2
    const two= Vue.createApp({
        //该函数返回数据对象
        data() {
            return {
                title:'app-two 的内容'
            }
        },
        methods:{
            changeTitle:function(){
                one.title='已经改名了！';
            }
        },
        computed:{
            say:function(){
                return '柳塘新绿却温柔。';
            }
        }
    //在指定的 DOM 元素上装载应用程序实例的根组件
    }).mount('#app-two');
</script>
```

程序运行效果如图 2-5 所示，当单击“改变第一个对象的 title 属性”按钮后，实例对象 one 中的 title 内容将发生改变，如图 2-6 所示。

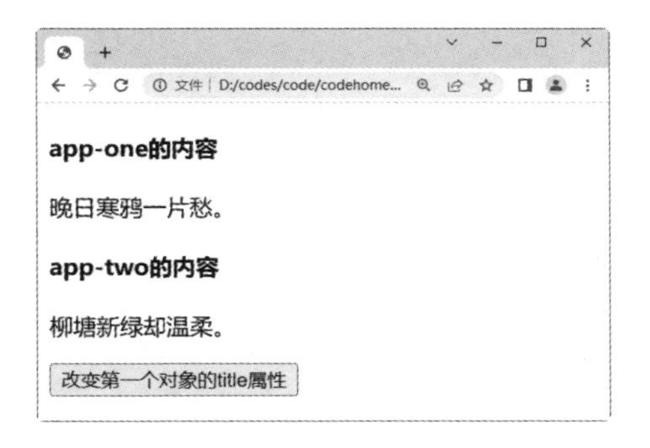

图 2-5　页面初始化效果

图 2-6　实例对象 one 改变后的效果

还可以在实例化对象外面调用，来更改其属性，例如改变实例 two 的 title 属性：

```
two.title='实例化对象 2 的内容已经改变了';
```

2.2　模 板 语 法

Vue.js 使用了基于 HTML 的模板语法，允许开发者声明式地将 DOM 绑定至底层 Vue.js 实例的数据。所有的 Vue.js 模板都是合法的 HTML，所以能被遵循规范的浏览器和 HTML 解析器解析。

在底层实现上，Vue.js 将模板编译成虚拟 DOM 渲染函数。结合响应式系统，Vue.js 能够智能地计算出最少需要重新渲染多少组件，并把 DOM 操作次数降低到最少。

2.2.1　插值

插值的语法有以下 3 种。

1. 文本

数据绑定最常见的形式就是使用 Mustache 语法(双大括号)的文本插值：

```
<span>Message: {{ message}}</span>
```

Mustache 标签将会被替代为对应数据对象上 message 属性的值。无论何时，绑定的数据对象上 message 属性发生了改变，插值处的内容都将会更新。

通过使用 v-once 指令，也能一次性地插值。当数据改变时，插值处的内容不会更新，但这会影响到该节点上的其他数据绑定：

```
<span v-once>这个将不会改变: {{ message }}</span>
```

在下面的示例中，将在标题中插值，插值为“Vue.js”，可以根据需要进行修改。

【例 2.5】(实例文件：ch02\2.5.html)渲染文本。

```
<div id="app">
    <h3>本书教大家如何学习{{message}}</h3>
</div>
<!--引入 vue 文件-->
<script src="https://unpkg.com/vue@3/dist/vue.global.js"></script>
```

```
<script>
    //创建一个应用程序实例
    const vm= Vue.createApp({
        //该函数返回数据对象
        data() {
            return {
                message:'Vue.js'
            }
        }
    //在指定的 DOM 元素上装载应用程序实例的根组件
    }).mount('#app');
</script>
```

运行上述程序，按 F12 键打开控制台，效果如图 2-7 所示。

图 2-7　文本渲染效果

2. 原始 HTML

双大括号会将数据解释为普通文本，而非 HTML 代码。为了输出真正的 HTML，我们需要使用 v-html 指令。

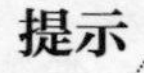

不能使用 v-html 指令来复合局部模板，因为 Vue 不是基于字符串的模板引擎。反之，对于用户界面(UI)，组件更适合作为可重用和可组合的基本单位。

例如，想要输出一个 a 标签，首先需要在 data 属性中定义该标签，然后根据需要定义 href 属性值和标签内容，最后使用 v-html 绑定到对应的元素上。

【例 2.6】(实例文件：ch02\2.6.html)输出真正的 HTML。

```
<div id="app">
    <p>{{website}}</p>
    <p v-html="website"></p>
</div>
<!--引入 vue 文件-->
<script src="https://unpkg.com/vue@3/dist/vue.global.js"></script>
<script>
    //创建一个应用程序实例
    const vm= Vue.createApp({
        //该函数返回数据对象
        data() {
            return {
                website:'<a class="red" href="https://cn.vuejs.org/">Vue.js 官网</a>'
            }
        }
    //在指定的 DOM 元素上装载应用程序实例的根组件
    }).mount('#app');
</script>
```

运行上述程序，按 F12 键打开控制台，可以发现，使用 v-html 指令的 p 标签输出了真正的 a 标签，当单击“Vue.js 官网”链接后，页面将跳转到对应的页面，效果如图 2-8 所示。

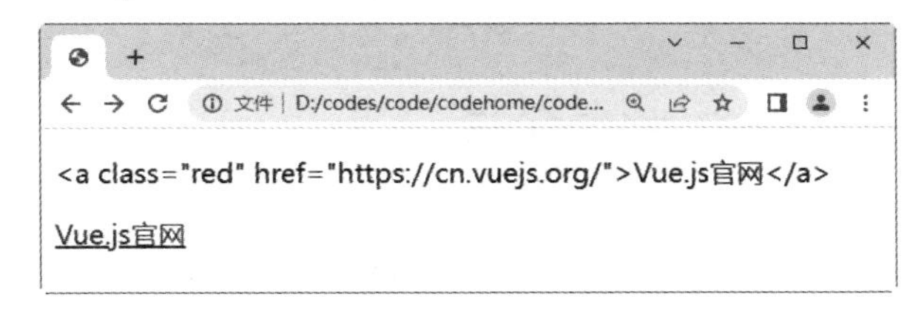

图 2-8　输出真正的 HTML

注意

在站点上动态渲染任意 HTML 是非常危险的，因为容易导致 XSS 攻击。一定要在可信内容上使用 HTML 插值，绝不要对用户提供的内容使用插值。

3. 使用 JavaScript 表达式

在模板中，通常都只绑定简单的属性键值。但实际上，对于所有的数据绑定，Vue.js 都提供了完全的 JavaScript 表达式支持。

```
{{ number + 1 }}
{{ ok ? 'YES' : 'NO' }}
{{ message.split('').reverse().join('')}}
<div v-bind:id="'list-' + id"></div>
```

上面这些表达式会在所属 Vue 实例的数据作用域下作为 JavaScript 被解析。但限制就是，每个绑定都只能包含单个表达式，所以下面的例子都不会生效。

```
<!-- 这是语句，不是表达式 -->
{{ var a = 1}}
<!-- 流控制也不会生效，请使用三元表达式 -->
{{ if (ok) { return message } }}
```

【例 2.7】(实例文件：ch02\2.7.html)使用 JavaScript 表达式。

```
<div id="app">
    <p>3 条鱼总共{{fish*number+data}}元</p>
</div>
<!--引入 vue 文件-->
<script src="https://unpkg.com/vue@3/dist/vue.global.js"></script>
<script>
    //创建一个应用程序实例
    const vm= Vue.createApp({
        //该函数返回数据对象
        data() {
            return {
                fish:3,
                number:100,
                data:10
            }
        }
    //在指定的 DOM 元素上装载应用程序实例的根组件
    }).mount('#app');
</script>
```

运行上述程序，效果如图 2-9 所示。

图 2-9　使用 JavaScript 表达式计算的效果

2.2.2　指令

指令(Directives)是带有“v-”前缀的特殊的特性。指令特性的值预期是单个 JavaScript 表达式(v-for 是例外情况)。指令的作用是，当表达式的值发生改变时，将其产生的连带影响响应式地作用于 DOM。

```
<p v-if="boole">现在你看到我了</p>
```

上面代码中，v-if 指令将根据表达式布尔值(boole)的真假来插入或移除<p>元素。

1. 参数

一些指令能够接受一个“参数”，在指令名称之后以冒号表示。例如，v-bind 指令可以用于响应式地更新 HTML 特性：

```
<a v-bind:href="url">...</a>
```

在这里，href 是参数，告知 v-bind 指令将该元素的 href 特性与表达式 url 的值绑定。

v-on 指令用于监听 DOM 事件，例如：

```
<a v-on:click="doSomething">...</a>
```

其中，参数 click 是监听的事件名，在后面的章节中将会详细地介绍 v-on 指令的具体用法。

2. 修饰符

修饰符(modifier)是以半角句号“.”指明的特殊后缀，用于指出一个指令应该以特殊方式绑定。例如.prevent 修饰符告诉 v-on 指令，对于触发的事件调用 event.preventDefault()：

```
<form v-on:submit.prevent="onSubmit">...</form>
```

2.2.3　缩写

“v-”前缀作为一种视觉提示，用来识别模板中 Vue 特定的特性。在使用 Vue.js 为现有标签添加动态行时，“v-”前缀很有帮助。然而，对于一些频繁用到的指令，就会很烦琐。同时，在构建由 Vue 管理所有模板的单页面应用程序(Single Page Application，SPA)时，“v-”前缀也变得没那么重要了。因此，Vue 为 v-bind 和 v-on 这两个最常用的指令提供了特定简写：

1. v-bind 缩写

```
<!-- 完整语法 -->
<a v-bind:href="url">...</a>
<!-- 缩写 -->
<a :href="url">...</a>
```

2. v-on 缩写

```
<!-- 完整语法 -->
<a v-on:click="doSomething">...</a>
<!-- 缩写 -->
<a @click="doSomething">...</a>
```

它们看起来可能与普通的 HTML 略有不同，但“:”与“@”对于特性名来说都是合法字符，在所有支持 Vue 的浏览器中都能被正确地解析。而且它们不会出现在最终渲染的标记中。

2.3 基本指令

利用 Vue.js 的各种指令可以更加方便地实现数据驱动 DOM，其中一些基本指令包括 v-cloak、v-once、v-text、v-html、v-bind、v-on、v-model 等。

2.3.1 v-cloak

在使用 Vue.js 的过程中，当引入 vue.js 文件后，浏览器的内存中就会存在一个 Vue.js 对象，我们可以通过构造函数的方式创建一个 Vue.js 的对象实例，以后就可以对这个实例进行操作了。

在这个过程中，如果对 vue.js 的引用因为某些原因没有加载完成，此时，未编译的 Mustache 标签将无法正常显示。在下面的例子中，我们模拟将网页加载速度变慢，此时就可以看到，页面在开始时会显示出插值表达式，只有 vue.js 加载完成后，才会渲染成正确的数据。

【例 2.8】(实例文件：ch02\2.8.html)v-cloak 示例。

```
<div id="app">
    <p>{{message}}</p>
    </div>
<!--引入 vue 文件-->
<script src="https://unpkg.com/vue@3/dist/vue.global.js"></script>
<script>
    //创建一个应用程序实例
    const vm= Vue.createApp({
        //该函数返回数据对象
        data() {
            return {
                message: 'hello world!'
            }
        },
    //在指定的 DOM 元素上装载应用程序实例的根组件
```

```
    }).mount('#app');
</script>
```

运行上述程序，可以发现，vue.js 加载完成后，才会渲染成正确的数据。

这时虽然已经加了指令 v-cloak，但其实并没有起到任何作用，当网速较慢、Vue.js 文件还没加载完时，在页面上会显示｛{message}｝的字样，直到 Vue.js 创建实例、编译模板时，DOM 才会被替换，所以这个过程屏幕是闪动的。但只要加上下面一段 CSS 代码就可以解决这个问题：

```
<!-- 添加 v-cloak 样式 -->
<style>
    [v-cloak] {
        display: none;
    }
</style>
```

2.3.2 v-once

v-once 指令只渲染元素和组件一次，之后的渲染使用了此指令的元素、组件及其所有的子节点，都会当作静态内容并跳过，这可以用来优化和更新性能。

在下面的示例中，当修改 input 输入框的值时，使用了 v-once 指令的 p 元素不会随之改变，而第二个 p 元素则会随着输入框内容的改变而变化。

【例 2.9】(实例文件：ch02\2.9.html)v-once 示例。

```
<div id="app">
    <p v-once>不可改变：{{msg}}</p>
    <p>可以改变：{{msg}}</p>
    <p><input type="text" v-model = "msg" name=""></p>
</div>
<!--引入 vue 文件-->
<script src="https://unpkg.com/vue@3/dist/vue.global.js"></script>
<script>
    //创建一个应用程序实例
    const vm= Vue.createApp({
        //该函数返回数据对象
        data() {
            return {
                msg : "hello"
            }
        },
    //在指定的 DOM 元素上装载应用程序实例的根组件
    }).mount('#app');
</script>
```

运行上述程序，然后在输入框中输入“123”，可以看到，添加 v-once 指令的 p 标签并没有任何的变化，效果如图 2-10 所示。

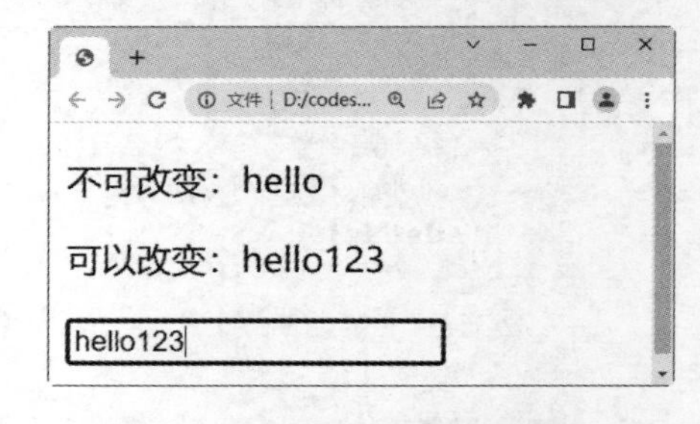

图 2-10　v-once 指令作用效果

2.3.3 v-text 与 v-html

v-text 与 v-html 指令都可以更新页面元素的内容，不同的是，v-text 指令会将数据以字符串文本的形式更新，而 v-html 指令则是将数据以 HTML 标签的形式更新。

其实我们也可以使用插值表达式来更新数据，但不同于 v-text、v-html 指令，插值表达式只会更新原本占位插值所在的数据内容，而 v-text、v-html 指令则会替换掉整个内容。

【例 2.10】(实例文件：ch02\2.10.html)v-text 与 v-html 指令示例。

```
<div id="app">
    <p>******{{message}}******</p>
    <p v-text="message">************</p>
    <p v-text="Html">************</p>
    <p v-html="Html">************</p>
</div>
<!--引入 vue 文件-->
<script src="https://unpkg.com/vue@3/dist/vue.global.js"></script>
<script>
    //创建一个应用程序实例
    const vm= Vue.createApp({
        //该函数返回数据对象
        data() {
            return {
                message: 'hello world!',
                Html: '<h3 style="color:blue">Vue.js 是现在最流行的框架之一</h3>'
            }
        },
    //在指定的 DOM 元素上装载应用程序实例的根组件
    }).mount('#app');
</script>
```

运行上述程序，效果如图 2-11 所示。

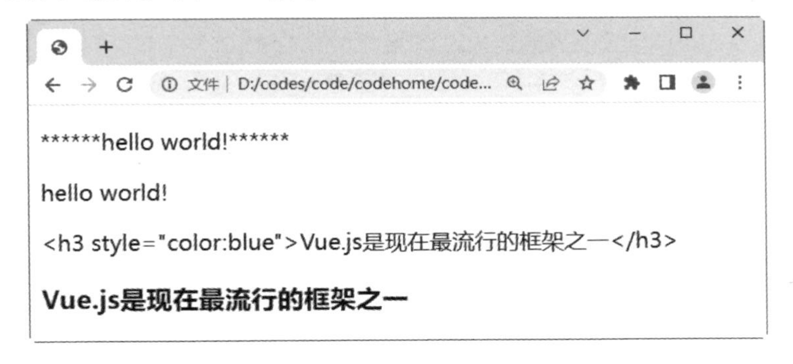

图 2-11　v-text 与 v-html 指令作用效果

2.3.4　v-bind

v-bind 指令用来在标签上绑定标签的属性(例如 img 的 src、title 属性等)和样式(可以用 style 的形式进行内联样式的绑定，也可以通过指定 class 的形式指定样式)。绑定的内容是作为一个 JavaScript 变量，因此，可以对该内容编写合法的 JavaScript 表达式。

在下面的示例中，将按钮的 title 和 style 通过 v-bind 指令绑定，对于样式的绑定，这里需要构建一个对象，关于样式的绑定方法，将在后面的内容中提到。

【例 2.11】(实例文件：ch02\2.11.html)v-bind 指令示例。

```
<div id="app">
    <!--v-bind: 可以用来在标签上绑定标签的属性和样式，对于绑定的内容，可以对该内容进行编写
```

```
        合法的 JavaScript 表达式-->
     <input type="button" value="按钮" v-bind:title="Title" v-
        bind:style="{color:Color,width:Width+'px'}">
    <!-- 简写形式如下：-->
    <!--<input type="button" value="按钮" :title="Title" :style="{color:Color,
        width:Width+'px'}">-->
</div>
<!--引入 vue 文件-->
<script src="https://unpkg.com/vue@3/dist/vue.global.js"></script>
<script>
    //创建一个应用程序实例
    const vm= Vue.createApp({
        //该函数返回数据对象
        data() {
            return {
                Title: '这是我自定义的 title 属性',
                Color: 'red',
                Width: '120'
            }
        },
    //在指定的 DOM 元素上装载应用程序实例的根组件
    }).mount('#app');
</script>
```

运行上述程序，按 F12 键打开控制台，可以看到数据已经渲染到了 DOM 中，如图 2-12 所示。

图 2-12　v-bind 效果

2.3.5　v-on

在传统的前端开发中，在对一个按钮绑定事件时，需要获取到这个按钮的 DOM 元素，再对这个获取到的元素进行事件的绑定。在 Vue.js 中，对于 DOM 的操作，我们只需要关注业务代码的实现，使用 Vue.js 内置的 v-on 指令来替我们完成事件的绑定即可。

【例 2.12】(实例文件：ch02\2.12.html)使用传统的 JavaScript 实现单击事件。

```
<div id="app">
    <input type="button" value="单击事件" id="btn">
</div>
<script>
    // 传统的事件绑定方法
    document.getElementById('btn').onclick = function () {
        alert('传统的事件绑定方法');
    }
</script>
```

运行上述程序，单击“单击事件”按钮，触发事件，效果如图 2-13 所示。

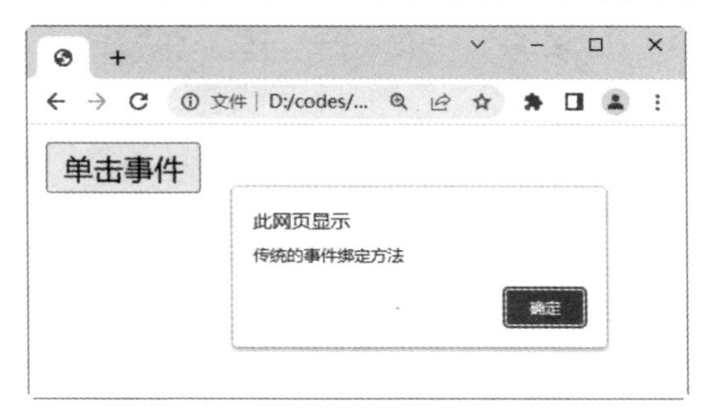

图 2-13　传统的单击事件效果

在 Vue.js 的设计中，许多事件处理逻辑会更为复杂，所以直接把 JavaScript 代码写在 v-on 指令中是不可行的。因此 v-on 还需要接受一个调用的方法名称，可以在 Vue.js 实例的 methods 属性下写出该方法，然后在方法中编写逻辑代码。

【**例 2.13**】(实例文件：ch02\2.13.html)methods 属性示例。

```
<div id="app">
    <input type="button" value="单击事件" v-on:click="Alert()">
</div>
<!--引入 vue 文件-->
<script src="https://unpkg.com/vue@3/dist/vue.global.js"></script>
<script>
    //创建一个应用程序实例
    const vm= Vue.createApp({
        //在 methods 属性中定义 Alert 方法
        methods:{
            Alert:function(){
                alert("Vue.js 中的事件绑定")
            }
        }
    //在指定的 DOM 元素上装载应用程序实例的根组件
    }).mount('#app');
</script>
```

运行上述程序，效果如图 2-14 所示。

图 2-14　methods 属性实现效果

使用 v-on 指令时接受的方法名称也可以传递参数，只需要在 methods 中定义方法时说明这个形参，即可在方法中获取到。

2.4 条件渲染

v-if、v-show 可以实现条件渲染，Vue.js 会根据表达式值的真或假来渲染元素。还有可以与 v-if 搭配的 v-else、v-else-if 指令，类似于 JavaScript 中的 if…else、if…elseif…条件语句。

2.4.1 v-if

v-if 指令用于条件性地渲染一块内容。这块内容只会在指令的表达式返回 truthy 的时候被渲染。

提示

在 JavaScript 中，Truthy(真值)指的是在布尔值上下文中转换后的值为真的值。所有值都是真值，除非它们被定义为 falsy(除了 false、0、""、null、undefined 和 NaN 外)。

【例 2.14】(实例文件：ch02\2.14.html)v-if 指令示例。

```
<div id="app">
    目前比较热门的前端框架
    <h3 v-if="value">Vue.js</h3>
    <h3 v-if="!value">Angular.js</h3>
</div>
<!--引入 vue 文件-->
<script src="https://unpkg.com/vue@3/dist/vue.global.js"></script>
<script>
    //创建一个应用程序实例
    const vm= Vue.createApp({
        //该函数返回数据对象
        data() {
            return {
                value:true
            }
        }
    //在指定的 DOM 元素上装载应用程序实例的根组件
    }).mount('#app');
</script>
```

运行上述程序，按 F12 键打开控制台，效果如图 2-15 所示。

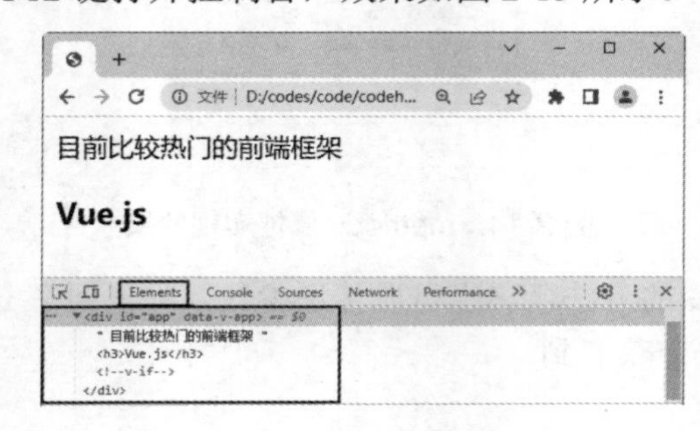

图 2-15 v-if 指令效果

在上面的示例中，value 的值为 true，!true 的值则为 false。也可以用 v-else 添加一个“else 块”。

【例 2.15】(实例文件：ch02\2.15.html)添加一个“else 块”。

```
<div id="app">
    最喜欢吃的水果
    <h3 v-if="!value">苹果</h3>
    <h3 v-else>葡萄</h3>
</div>
<!--引入 vue 文件-->
<script src="https://unpkg.com/vue@3/dist/vue.global.js"></script>
<script>
    //创建一个应用程序实例
    const vm= Vue.createApp({
        //该函数返回数据对象
        data() {
            return {
                value:true
            }
        }
    //在指定的 DOM 元素上装载应用程序实例的根组件
    }).mount('#app');
</script>
```

运行上述程序，按 F12 键打开控制台，效果如图 2-16 所示。

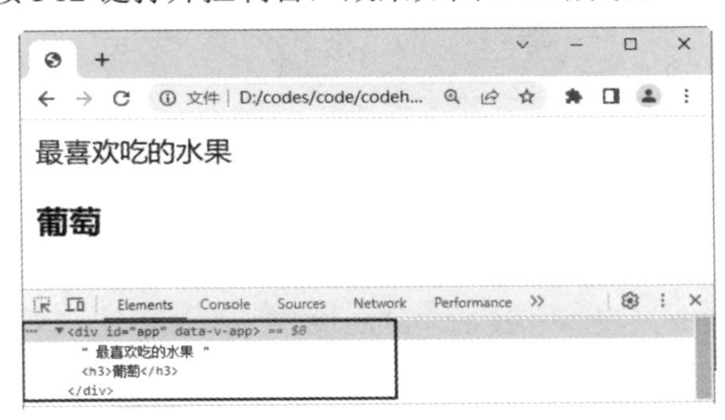

图 2-16　“else 块”作用效果

2.4.2　在<template>元素上使用 v-if 条件渲染分组

因为 v-if 是一个指令，所以必须将它添加到一个元素上。但是如果想切换多个元素，此时可以把一个<template>元素当作不可见的包裹元素，并在上面使用 v-if，最终的渲染结果将不包含<template>元素。

【例 2.16】(实例文件：ch02\2.16.html)使用<template>包裹元素。

```
<div id="app">
    <template v-if="value">
        <h3>需要采购的商品</h3>
        <p>洗衣机</p>
        <p>冰箱</p>
    </template>
</div>
<!--引入 vue 文件-->
```

```
<script src="https://unpkg.com/vue@3/dist/vue.global.js"></script>
<script>
    //创建一个应用程序实例
    const vm= Vue.createApp({
        //该函数返回数据对象
        data() {
            return {
                value:true
            }
        }
    //在指定的 DOM 元素上装载应用程序实例的根组件
    }).mount('#app');
</script>
```

运行上述程序，按 F12 键打开控制台，可以看到最终的渲染结果将不包含<template>元素，如图 2-17 所示。

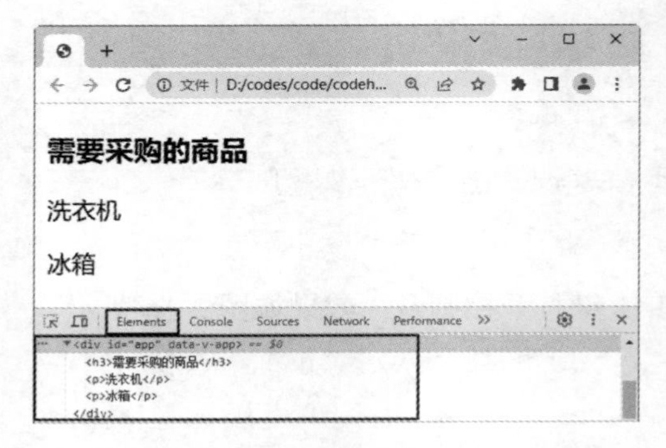

图 2-17　不包含<template>包裹元素

2.4.3　v-else

可以使用 v-else 指令来表示 v-if 的“else 块”，类似于 JavaScript 中的 if...else 逻辑语句。

【例 2.17】(实例文件：ch02\2.17.html)v-else 指令示例。

```
<div id="app">
    <h3>value 此时的值:{{value}}</h3>
    <!--如果 value>0.5-->
    <div v-if="value>0.5">
        你现在可以看到我
    </div>
    <!--否则-->
    <div v-else>
        你现在看不到我
    </div>
</div>
<!--引入 vue 文件-->
<script src="https://unpkg.com/vue@3/dist/vue.global.js"></script>
<script>
    //创建一个应用程序实例
    const vm= Vue.createApp({
        //该函数返回数据对象
        data() {
            return {
```

```
            value:Math.random()  //定义一个随机值
        }
    }
    //在指定的 DOM 元素上装载应用程序实例的根组件
    }).mount('#app');
</script>
```

运行上述程序，按 F12 键打开控制台，效果如图 2-18 所示。

图 2-18 v-else 指令示例效果

注意

v-else 元素必须紧跟在带 v-if 或者 v-else-if 的元素的后面，否则将不会被识别。

2.4.4 v-else-if

v-else-if 指令类似于条件语句中的“else-if 块”，可以与 v-if 连续使用。

【例 2.18】(实例文件：ch02\2.18.html)v-else-if 指令示例。

```
<div id="app">
    <div v-if="type === 'A'">
        A
    </div>
    <div v-else-if="type === 'B'">
        B
    </div>
    <div v-else-if="type === 'C'">
        C
    </div>
    <div v-else>
        Not A/B/C
    </div>
</div>
<!--引入 vue 文件-->
<script src="https://unpkg.com/vue@3/dist/vue.global.js"></script>
<script>
    //创建一个应用程序实例
    const vm= Vue.createApp({
        //该函数返回数据对象
        data() {
            return {
                type:"E"
            }
```

```
        }
    //在指定的 DOM 元素上装载应用程序实例的根组件
    }).mount('#app');
</script>
```

运行上述程序，按 F12 键打开控制台，效果如图 2-19 所示。

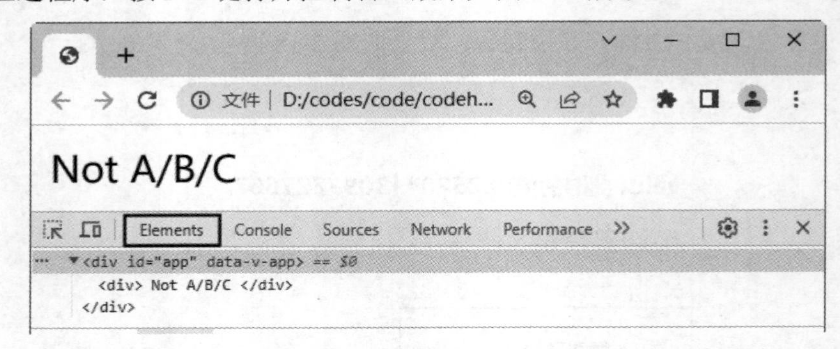

图 2-19　v-else-if 指令示例效果

注意

类似于 v-else，v-else-if 也必须紧跟在带 v-if 或者 v-else-if 的元素之后。

2.4.5　v-show

v-show 指令可以用来动态地控制 DOM 元素的显示或隐藏，其用法与 v-if 大致相同，不同的是带有 v-show 的元素始终会被渲染并保留在 DOM 中。

v-show 只是简单地切换元素的 CSS 属性 display，当模板属性为 true 时，控制台显示为 display:block；当模板属性为 false 时，控制台显示为 display: none。

注意

v-show 不支持<template>语法，也不支持 v-else。

【例 2.19】(实例文件：ch02\2.19.html)v-show 指令示例。

```
<div id="app">
    学习新技术
    <h3 v-show="value">Vue.js</h3>
    <h3 v-show="!value">Angular.js</h3>
</div>
<script src="https://unpkg.com/vue@3/dist/vue.global.js"></script>
<script>
    //创建一个应用程序实例
    const vm= Vue.createApp({
        //该函数返回数据对象
        data() {
            return {
                value:true
            }
```

```
        }
    //在指定的 DOM 元素上装载应用程序实例的根组件
    }).mount('#app');
</script>
```

运行上述程序，按 F12 键打开控制台，效果如图 2-20 所示。

图 2-20　v-show 指令示例效果

2.4.6　v-if 与 v-show 的区别

v-if 与 v-show 指令都是根据表达式值的真假来判断元素的显示与隐藏。

v-if 是“真正”的条件渲染，因为它会确保在切换过程中，条件块内的事件监听器和子组件适当地被销毁和重建。

v-if 也是惰性的：如果在初始渲染时条件为假，则什么也不做，直到条件第一次变为真时，才会开始渲染条件块。

相比之下，v-show 就简单得多，不管初始条件是什么，元素总是会被渲染，并且只是简单地基于 CSS 进行切换。

一般来说，v-if 有更高的切换开销，而 v-show 则有更高的初始渲染开销。因此，如果需要频繁地切换，则使用 v-show 比较好；如果在运行时条件很少改变，则使用 v-if 比较好。

在下面的示例中，我们使用 v-if 与 v-show 指令，通过绑定一个按钮的单击事件来修改 message 的值，从而做到对于两张图片标签的显示与隐藏的控制。

提示

其中，this.message=!this.message;的作用是动态地切换 message 的值(true)，当单击按钮时，message 的值变为相反的值(false)。

【例 2.20】(实例文件：ch02\2.20.html)v-if 与 v-show 比较示例。

```
<div id="app">
    <input type="button" value="切换" @click="Click"><br/>
    <!--v-if 指令控制-->
    <img v-if="message" src="img/001.png" alt="" width="200">
    <!-- v-show 指令控制-->
    <img v-show="message" src="img/002.png" alt="" width="200">
</div>
<script src="https://unpkg.com/vue@3/dist/vue.global.js"></script>
<script>
    //创建一个应用程序实例
    const vm= Vue.createApp({
```

```
        //该函数返回数据对象
        data() {
            return {
                message: true
            }
        },
        methods: {
            Click:function() {
                this.message=!this.message;
            }
        }
    //在指定的 DOM 元素上装载应用程序实例的根组件
    }).mount('#app');
</script>
```

运行上述程序，按 F12 键打开控制台，由于 message 的值为 true，所以两张图片显示，效果如图 2-21 所示。

图 2-21　页面初始化效果

当单击“切换”按钮后，message 的值变成 false，两张图片都将隐藏，效果如图 2-22 所示。

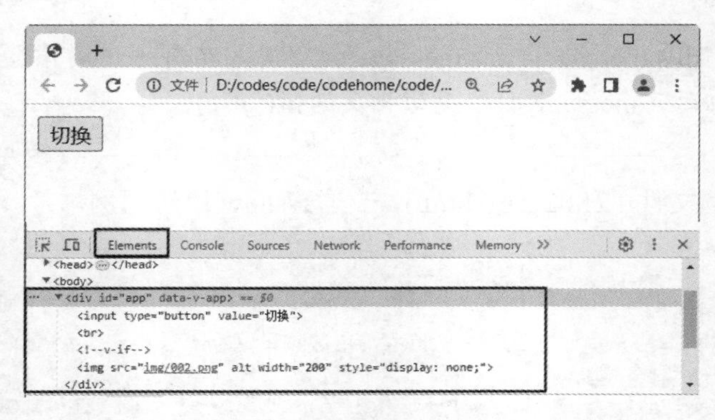

图 2-22　图片隐藏后的控制台效果

从上面的示例可以看到，message 的初始值为 true，此时，两个图片标签都可以显示出来，当单击“切换”按钮后，两张图片都被隐藏了。不同的是，对于使用 v-if 指令控制的 img 标签，当表达式值为 false 时，这个 DOM 元素会直接销毁并重建；而对于使用 v-show 指令控制的 img 标签，当表达式值为 false 时，仅仅是将当前元素的 display CSS 属性值设置为 none。所以，当需要频繁控制元素的显示与隐藏时，推荐使用 v-show 指令，避免因为使用 v-if 指令而造成的高性能消耗。

2.5 列表渲染

当遍历一个数组或枚举一个对象进行迭代循环显示时，就会用到列表渲染指令 v-for。

2.5.1 使用 v-for 指令遍历元素

不管是 C#、Java 还是前端的 JavaScript 脚本，提到循环数据，首先都会想到 for 循环。同样地，在 Vue.js 中，也为我们提供了 v-for 指令用来循环数据。

在使用 v-for 指令时，可以对数组、对象、数字、字符串进行循环，来获取源数据中的每一个值。使用 v-for 指令，必须使用特定语法 item in items，其中 items 是源数据数组，而 item 则是被迭代的数组元素的别名，具体格式如下：

```
<div v-for="item in items">
  {{ item.text }}
</div>
```

1. 使用 v-for 遍历数组

【例 2.21】(实例文件：ch02\2.21.html)使用 v-for 指令遍历数组示例。

```
<div id="app">
    <h3>本季度最新出版的图书：</h3>
    <ul>
        <li v-for="item in items">
            {{ item }}
        </li>
    </ul>
</div>
<script src="https://unpkg.com/vue@3/dist/vue.global.js"></script>
<script>
    //创建一个应用程序实例
    const vm= Vue.createApp({
        //该函数返回数据对象
        data() {
          return {
            items: ['Vue.js 从入门到项目实战','Bootstrap 从入门到项目实战','AngularJS
                从入门到项目实战']
            }
        }
    //在指定的 DOM 元素上装载应用程序实例的根组件
    }).mount('#app');
</script>
```

运行上述程序，效果如图 2-23 所示。

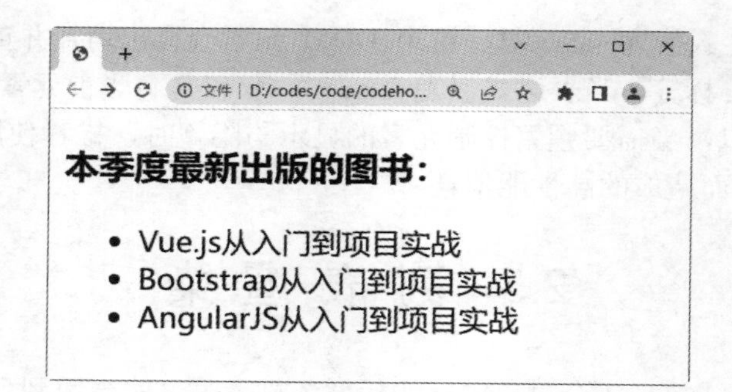

图 2-23　使用 v-for 指令遍历数组效果

在 v-for 指令中，可以访问所有父作用域的属性。v-for 指令还支持一个可选的第二个参数，即当前项的索引。例如，更改上面示例如下。

【例 2.22】(实例文件：ch02\2.22.html)修改 v-for 指令的第二个参数。

```
<div id="app">
    <h3>本季度最新出版的图书：</h3>
    <ul>
        <li v-for="(item,index) in items">
            {{ index }}-{{ item }}
        </li>
    </ul>
</div>
<script src="https://unpkg.com/vue@3/dist/vue.global.js"></script>
<script>
    //创建一个应用程序实例
    const vm= Vue.createApp({
        //该函数返回数据对象
        data() {
          return {
            items: ['Vue.js 从入门到项目实战','Bootstrap 从入门到项目实战','AngularJS
                从入门到项目实战']
            }
        }
    //在指定的 DOM 元素上装载应用程序实例的根组件
    }).mount('#app');
</script>
```

运行上述程序，效果如图 2-24 所示。

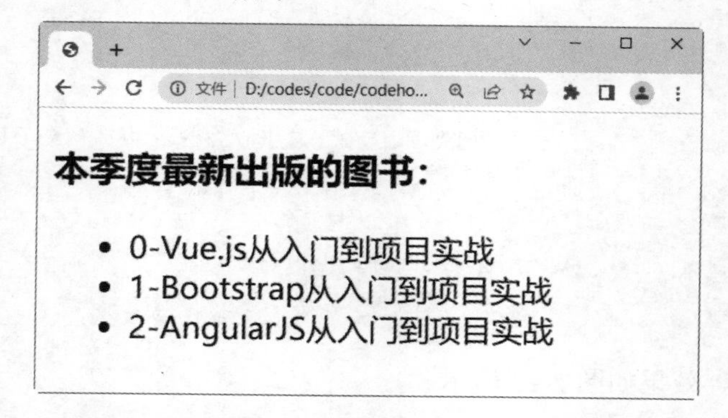

图 2-24　修改 v-for 指令第二个参数后的效果

提示

可以使用 of 替代 in 作为分隔符，因为 of 更接近 JavaScript 迭代器的语法：

```
<div v-for="item of items"></div>
```

2. 使用 v-for 遍历对象

【例 2.23】(实例文件：ch02\2.23.html)使用 v-for 指令遍历对象。

```
<div id="app">
    <h3>水果介绍</h3>
    <ul>
        <li v-for="value in object">
            {{ value }}
        </li>
    </ul>
</div>
<script src="https://unpkg.com/vue@3/dist/vue.global.js"></script>
<script>
    //创建一个应用程序实例
    const vm= Vue.createApp({
        //该函数返回数据对象
        data() {
          return {
            //定义对象
            object: {
                名称: '葡萄',
                价格: '18.8 元',
                产地: '吐鲁番'
            }
          }
        }
    //在指定的 DOM 元素上装载应用程序实例的根组件
    }).mount('#app');
</script>
```

运行上述程序，效果如图 2-25 所示。

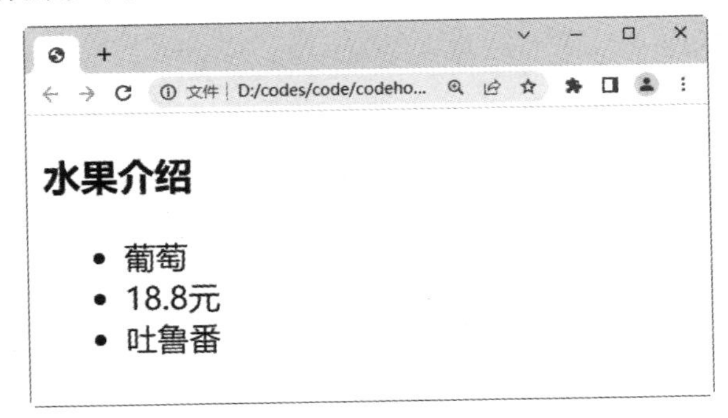

图 2-25　使用 v-for 指令遍历对象效果

也可以提供第二个参数的名称为 property(也就是键名)：

```
<div id="app">
    <h3>水果介绍</h3>
    <ul>
        <li v-for="(value,name) in object">
```

```
            {{name}}: {{ value }}
        </li>
    </ul>
</div>
```

运行上述程序，效果如图 2-26 所示。

还可以用第三个参数作为索引：

```
<div id="app">
    <h3>水果介绍</h3>
    <ul>
        <li v-for="(value,name,index) in object">
            {{index}}-{{name}}: {{ value }}
        </li>
    </ul>
</div>
```

运行上述程序，效果如图 2-27 所示。

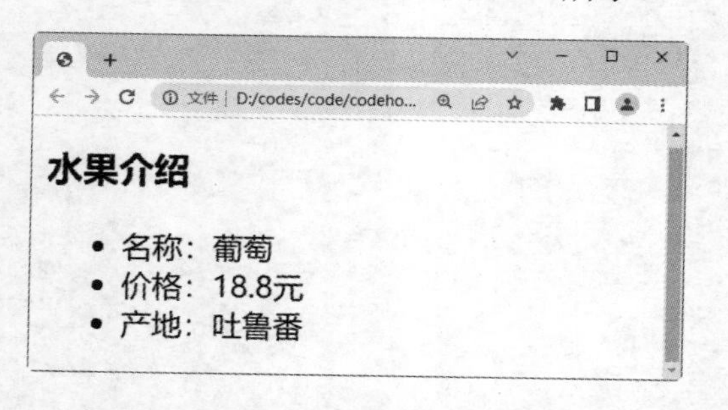

图 2-26 v-for 第二个参数(键名)的效果

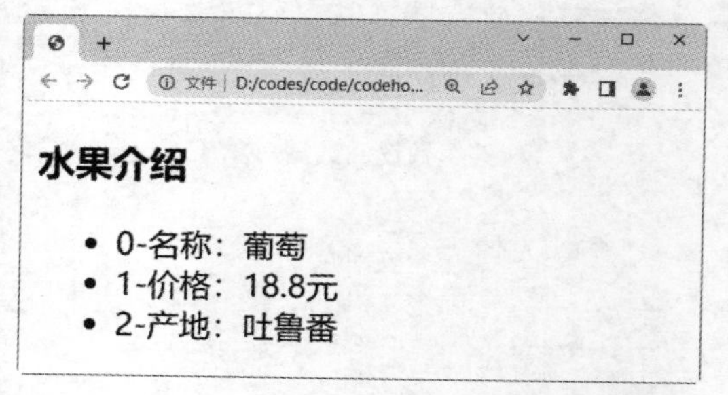

图 2-27 v-for 第三个参数(索引)的效果

注意

在遍历对象时，会按 Object.keys()的结果遍历，但是不能保证它的结果在不同的 JavaScript 引擎下都一致。Object.keys()用来获取对象自身可枚举的属性键。

2.5.2 维护状态

当 Vue.js 正在更新使用 v-for 渲染的元素列表时，它默认使用“就地更新”的策略。如果数据项的顺序被改变，Vue.js 将不会移动 DOM 元素来匹配数据项的顺序，而是就地更新每个元素，并且确保它们在每个索引位置都被正确渲染。

这个默认的模式是高效的，但是只适用于不依赖子组件状态或临时 DOM 状态的列表渲染输出(例如：表单输入值)。

为了给 Vue.js 一个提示，以便它能跟踪每个节点的身份，从而重用或重新排序现有元素，需要为每项提供一个唯一的 key 属性：

```
<div v-for="item in items" v-bind:key="item.id">
    <!--内容-->
</div>
```

建议尽可能在使用 v-for 时提供 key 属性，除非遍历输出的 DOM 内容非常简单，或者是刻意依赖默认行为以获取性能上的提升。

注意

不要使用对象或数组之类的非基本类型值作为 v-for 的 key，而要使用字符串或数值类型的值。

2.5.3　数组更新检测

Vue.js 为了增加列表渲染的功能，增加了一组观察数组的方法，而且可以显示一个数组的过滤或排序的副本。

1. 变异方法(mutation method)

变异方法，顾名思义，就是会改变调用这些方法的原始数组。

Vue.js 将被侦听的数组的变异方法进行了包裹，所以它们也将会触发视图更新。这些被包裹过的方法包括以下几种。

- push()：接受任意数量的参数，把它们逐个添加到数组末尾，并返回修改后数组的长度。
- pop()：从数组末尾移除最后一项，减少数组的 length 值，然后返回移除的项。
- shift()：移除数组中的第一个项并返回该项，同时数组的长度减 1。
- unshift()：在数组前端添加任意一项并返回新数组长度。
- splice()：删除原数组的一部分成员，并可以在被删除的位置添加新的数组成员。
- sort()：调用每个数组项的 toString()方法，然后将比较得到的字符串排序，返回经过排序之后的数组。
- reverse()：用于反转数组的顺序，返回经过排序之后的数组。

这些方法类似于 JavaScript 中操作数组的方法，下面使用 push()方法观察其效果。

【例 2.24】(实例文件：ch02\2.24.html)push()方法示例。

```
<div id="app">
    <h3>本月需要采购的水果：</h3>
    <ul>
    <li v-for="item in items">
        {{ item }}
    </li>
    </ul>
</div>
<script src="https://unpkg.com/vue@3/dist/vue.global.js"></script>
<script>
    //创建一个应用程序实例
    const vm= Vue.createApp({
        //该函数返回数据对象
        data() {
          return {
            items: ['苹果','香蕉','荔枝','葡萄']
          }
        }
    //在指定的 DOM 元素上装载应用程序实例的根组件
    }).mount('#app');
    //使用 push()方法
    vm.items.push('芒果');
</script>
```

运行上述程序，可以看到在数组的最后渲染了“芒果”，效果如图 2-28 所示。

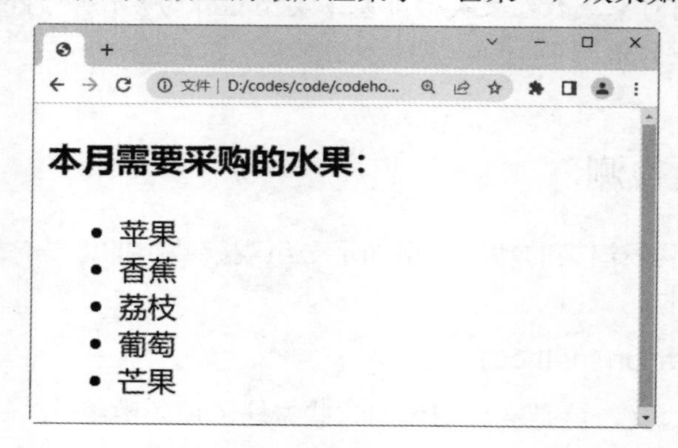

图 2-28　push()方法示例效果

2. 替换数组

相比变异方法，也有非变异方法，例如 filter()、concat()和 slice()。它们不会改变原始数组，而总是返回一个新数组。当使用非变异方法时，可以用新数组替换旧数组。非变异方法有以下几种。

- concat()：先创建当前数组的一个副本，然后将接受的参数添加到这个副本的末尾，最后返回新构建的数组。
- slice()：基于当前数组中一个或多个项创建一个新数组，接受一个或两个参数，即要返回项的起始和结束位置，最后返回新数组。
- map()：对数组的每一项运行给定函数，返回每次函数调用的结果组成的数组。
- filter()：对数组中的每一项运行给定函数，该函数会返回 true 的项组成的数组。

例如，要显示一个数组的过滤或排序副本，而不实际改变或重置原始数据(非变异方法)，可以使用 filter()方法。

【例 2.25】(实例文件：ch02\2.25.html)filter()方法示例。

```
<div id="app">
    <ul>
        <li v-for="n in items">{{ n }}</li>
    </ul>
</div>
<script src="https://unpkg.com/vue@3/dist/vue.global.js"></script>
<script>
    //创建一个应用程序实例
    const vm= Vue.createApp({
        //该函数返回数据对象
        data() {
          return {
            numbers: [ 1, 2, 3, 4, 5 ]
          }
        },
        computed:{
            items: function () {
                return this.numbers.filter(function (number)
                {
                    return number<4
```

```
                })
            }
        }
    //在指定的 DOM 元素上装载应用程序实例的根组件
    }).mount('#app');
</script>
```

运行上述程序，效果如图 2-29 所示。

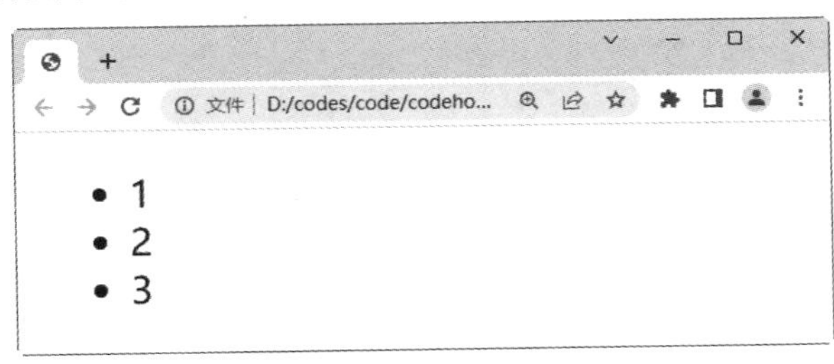

图 2-29　filter()方法示例效果

读者可能会认为，这将导致 Vue.js 丢弃现有 DOM 并重新渲染整个列表，但事实并非如此。Vue.js 为了使得 DOM 元素得到最大范围的重用而实现了一些智能的启发式方法，所以用一个含有相同元素的数组去替换原来的数组是非常高效的操作。

2.5.4　对象变更检测注意事项

由于 JavaScript 的限制，Vue.js 不能检测对象属性的添加或删除。

Vue.js 实现数据双向绑定的过程：当把一个普通的 JavaScript 对象传给 Vue.js 实例的 data 选项时，Vue.js 将遍历此对象的所有属性，并使用 Object.defineProperty()把这些属性全部转化为 getter 或 setter。每个组件实例都有相应的 watcher 实例对象，它会在组件渲染的过程中把属性记录为依赖，之后当依赖项的 setter 被调用时，会通知 watcher 重新计算，从而使它关联的组件得以更新，实现数据 data 变化更新视图 view。

如果一个对象的属性没有在 data 中声明，则它就不是响应式的。由于 Vue.js 会在初始化实例时对属性执行 getter 或 setter 转化，这样的话，这个对象属性就是响应式的。而执行这个过程必须在 data 中声明才会有。

例如下面代码：

```
<script>
    //创建一个应用程序实例
    const vm= Vue.createApp({
        //该函数返回数据对象
        data() {
          return {
            a:1
          }
        }
    //在指定的 DOM 元素上装载应用程序实例的根组件
    }).mount('#app');
    vm.b=2;
</script>
```

其中，vm.a 是响应式的，vm.b 不是响应式的。

对于已经创建的实例，Vue.js 不允许动态添加根级别的响应式属性。但是，可以使用 Vue.set(object, propertyName, value)方法向嵌套对象添加响应式属性。例如：

```
<script>
    //创建一个应用程序实例
    const vm= Vue.createApp({
        //该函数返回数据对象
        data() {
          return {
            object: {
               name: '小明'
            }
          }
        }
    //在指定的 DOM 元素上装载应用程序实例的根组件
    }).mount('#app');
</script>
```

可以添加一个新的 age 属性到嵌套的 object 对象：

```
Vue.set(vm.object, 'age', 27)
```

还可以使用 vm.$set 实例方法，它只是全局 Vue.set 的别名：

```
vm.$set(app.object, 'age', 27)
```

有时可能需要为已有对象赋值多个新属性，例如使用 Object.assign()或_.extend()。在这种情况下，应该用两个对象的属性创建一个新的对象。所以，如果想添加新的响应式属性，就不要像这样编写：

```
Object.assign(app.object, {
  age: 27,
  sex: '男'
})
```

而应该这样编写：

```
app.userProfile = Object.assign({},app.object,{
  age: 27,
  sex: '男'
})
```

2.5.5　在<template>上使用 v-for

类似于 v-if，也可以利用带有 v-for 的<template>来循环渲染一段包含多个元素的内容。

【例 2.26】(实例文件：ch02\2.26.html)在<template>上使用 v-for。

```
<div id="app">
    <template v-for="n in items">
        <li>{{n.name}}-{{n.age}}-{{n.sex}}</li>
        <hr/>
    </template>
</div>
<script src="https://unpkg.com/vue@3/dist/vue.global.js"></script>
<script>
    //创建一个应用程序实例
    const vm= Vue.createApp({
        //该函数返回数据对象
```

```
        data() {
          return {
            items:[
              {
                  name:'小明',
                  age:15,
                  sex:'男'
              },
              {
                  name:'小红',
                  age:14,
                  sex:'女'
              }
            ]
          }
        }
      //在指定的 DOM 元素上装载应用程序实例的根组件
      }).mount('#app');
</script>
```

运行上述程序，效果如图 2-30 所示。

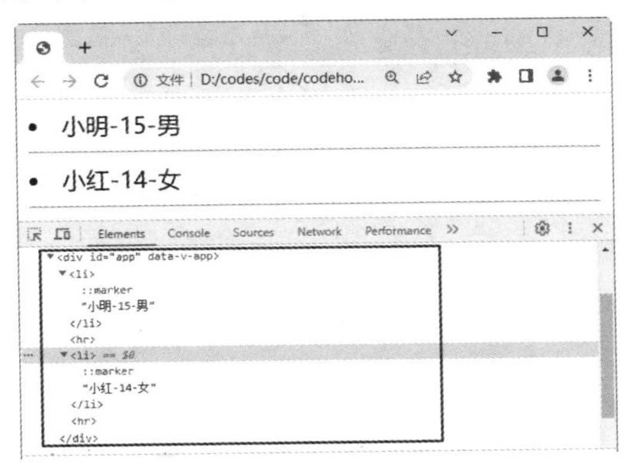

图 2-30　DOM 渲染效果

提示

代码最终编译后，template 不会被渲染成元素。一般情况下，template 与 v-for 和 v-if 一起结合使用，这样会使得整个 HTML 结构没有那么多多余的元素，整个结构会更加清晰。

2.5.6　v-for 与 v-if 一同使用

当 v-for 与 v-if 处于同一节点上时，v-for 的优先级比 v-if 更高，这意味着 v-if 将分别重复运行于每个 v-for 循环中。当只想为部分项渲染节点时，这种优先级的机制会十分有用。例如下面的示例，循环出没有报到的学生名字。

【例 2.27】(实例文件：ch02\2.27.html)v-for 与 v-if 一同使用。

```
<div id="app">
    <h3>没有报到的学生名单：</h3>
    <ul>
        <li v-for="n in student">
```

```
            {{ n.name}}
        </li>
    </ul>
</div>
<script src="https://unpkg.com/vue@3/dist/vue.global.js"></script>
<script>
    //创建一个应用程序实例
    const vm= Vue.createApp({
        //该函数返回数据对象
        data() {
          return {
            items:[
                {name:'小明',},
                {name:'小红',},
                {name:'小华', value:'已报到'},
                {name:'小思'}
            ]
          }
        },
        computed:{
            student:function(){
                return this.items.filter(function (n) {
                    return !n.value
                })
            }
        }
    //在指定的DOM元素上装载应用程序实例的根组件
    }).mount('#app');
</script>
```

运行上述程序，效果如图 2-31 所示。

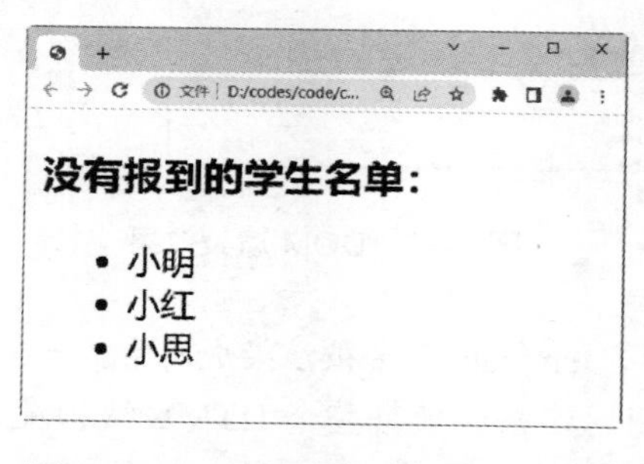

图 2-31　v-for 与 v-if 一同使用的效果

2.6　自定义指令

前面小节介绍过了许多 Vue.js 内置的指令，例如 v-if、v-show 等，这些丰富的内置指令能满足绝大部分业务需求，不过在需要一些特殊功能时，仍然希望对 DOM 进行底层的操作，这时就要用到自定义指令。

自定义指令的注册方法和组件很像，也分为全局注册和局部注册。

全局注册使用应用程序实例的 directive()方法注册一个全局自定义指令，该方法包含两个参数，第一个参数是指令的名称；第二个参数是一个定义对象或函数对象，将指令要实现的功能在这个对象中进行定义。语法格式如下：

```
vm.directive(name,[definition])
```

局部注册是在组件实例的选项对象中使用 directives 选项进行注册。代码如下：

```
directives:{
    focus:{
    //指令选项
    }
}
```

【例 2.28】(实例文件：ch02\2.28.html)自定义 v-focus 指令。

```
<div id="app">
    <input v-focus>
</div>
<script src="https://unpkg.com/vue@3/dist/vue.global.js"></script>
<script>
    const vm= Vue.createApp({ });
    // 注册一个全局自定义指令 v-focus
    vm.directive('focus', {
        //当被绑定的元素插入到 DOM 中时
        mounted(el) {
            // 聚焦元素
            el.focus()
        }
    })
    vm.mount('#app')
</script>
```

运行上述程序，input 输入框中就自动获得了焦点，成为可输入状态，效果如图 2-32 所示。

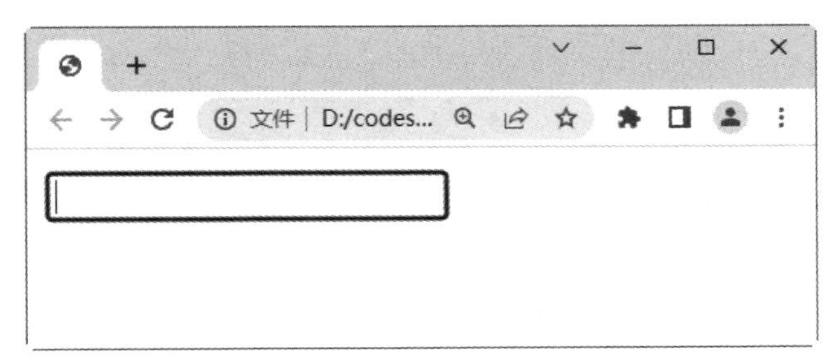

图 2-32　自定义 v-focus 指令的效果

2.7　综合案例 1——设计商品采购列表

本案例将设计一个商品采购列表，可以实现商品的新增和删除操作。

【例 2.29】(实例文件：ch02\2.29.html)设计商品采购列表。

```
<div id="Application">
    <!-- 输入框元素，用来新增商品列表 -->
    <form @submit.prevent="addTask">
        <span>新增商品</span>
        <input
        v-model="taskText"
        placeholder="请输入新增商品"
```

```
        />
        <button>添加商品</button>
    </form>
    <!-- 商品列表，使用 v-for 来构建 -->
    <ol>
        <li v-for="(item, index) in todos">
            {{item}}
            <button @click="remove(index)">
                删除商品
            </button>
            <hr/>
        </li>
    </ol>
</div>
<script>
    const App = {
        data() {
            return {
                // 采购商品列表数据
                todos:[],
                // 当前输入的商品
                taskText: ""
            }
        },
        methods: {
            // 添加一条待办任务
            addTask() {
                // 判断输入框是否为空
                if (this.taskText.length == 0) {
                    alert("请输入商品名称")
                    return
                }
                this.todos.push(this.taskText)
                this.taskText = ""
            },
            // 删除一条商品信息
            remove(index) {
                this.todos.splice(index, 1)
            }
        }
    }
    Vue.createApp(App).mount("#Application")
</script>
```

运行上述程序，效果如图 2-33 所示。

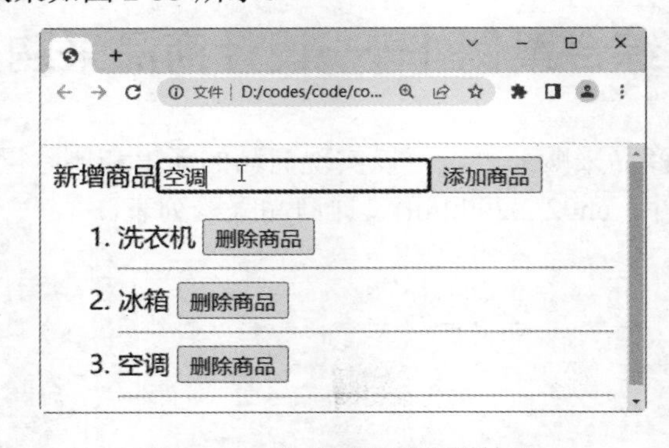

图 2-33　商品采购列表的效果

2.8　综合案例 2——通过插值语法实现商品信息组合

本案例将通过使用插值语法，输入商品的信息后自动组合起来并显示。

【例 2.30】(实例文件：ch02\2.30.html)通过插值语法实现商品信息组合。

```
<div id="app">
     商品名称：<input type="text" v-model="name"><br /><br />
     商品产地：<input type="text" v-model="city"><br /><br />
     商品价格：<input type="text" v-model="price"><br /><br />
     商品库存：<input type="text" v-model="num"><br /><br />
     商品信息：<span>{{name}}**{{city}}**{{price}}**{{num}}</span>
 </div>
<!--引入 vue 文件-->
<script src="https://unpkg.com/vue@3/dist/vue.global.js"></script>
<script>
    //创建一个应用程序实例
   const vm= Vue.createApp({
       //该函数返回数据对象
       data(){
         return{
             name: '',
             city: '',
             price: '',
             num: '',
          }
       },
     //在指定的 DOM 元素上装载应用程序实例的根组件
    }).mount('#app');
</script>
```

在 Chrome 浏览器中运行程序，分别输入商品的各个信息后，效果如图 2-34 所示。

图 2-34　通过插值语法实现商品信息组合

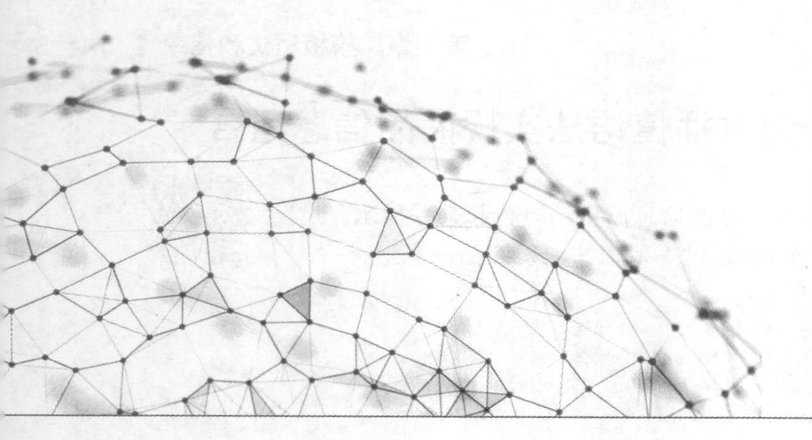

第3章

计算属性和侦听器

在 Vue.js 中，可以很方便地将数据使用插值表达式的方式渲染到页面元素中，但是插值表达式的设计初衷是用于简单运算，不应该对插值做过多的操作。当需要对插值做进一步的处理时，应使用 Vue.js 中的计算属性来完成这一操作。同时，当插值数据变化，执行异步或开销较大的操作时，可以通过监听器的方式来达到目的。

3.1 计算属性 computed

计算属性在 computed 选项中定义。计算属性就是当其依赖属性的值发生变化时，这个属性的值会自动更新，与之相关的 DOM 也会同步更新。这里的依赖属性值是 data 中定义的属性。

下面是一个反转字符串的示例，定义了一个 reversedMessage 计算属性，在 input 输入框中输入字符串时，绑定的 message 属性值发生变化，触发 reversedMessage 计算属性，执行对应的函数，使字符串反转。

【例 3.1】(实例文件：ch03\3.1.html)使用计算属性设计反转字符串。

```
<div id="app">
    输入内容：<input type="text" v-model="message"><br/>
    反转内容：{{reversedMessage}}
</div>
<!--引入 vue 文件-->
<script src="https://unpkg.com/vue@3/dist/vue.global.js"></script>
<script>
    //创建一个应用程序实例
    const vm= Vue.createApp({
        //该函数返回数据对象
        data() {
            return {
                message: ''
            }
        },
        // 定义组件中的函数
        computed: {
            reversedMessage: function () {
```

```
            return this.message.split('').reverse().join('')
        }
    }
  //在指定的 DOM 元素上装载应用程序实例的根组件
  }).mount('#app');
</script>
```

运行上述程序，效果如图 3-1 所示。

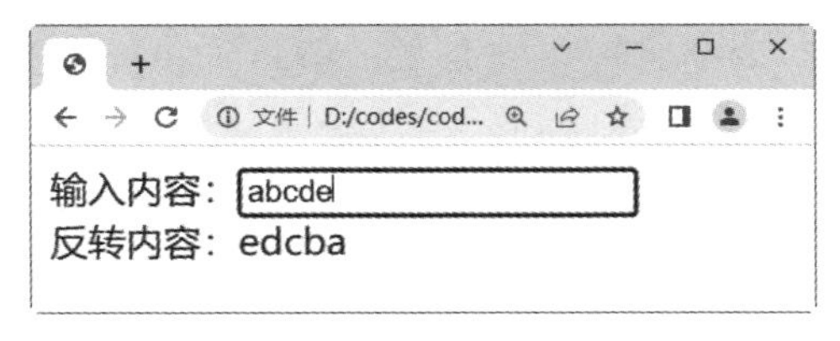

图 3-1 字符串反转效果

3.2 计算属性与方法的区别

计算属性的本质就是一个方法，只不过，在使用计算属性的时候，把计算属性的名称直接作为属性来使用，并不会把计算属性作为一个方法来调用。

为什么还要去使用计算属性而不是定义一个方法呢？计算属性是基于它们的依赖进行缓存的，即只有在相关依赖发生改变时它们才会重新求值。

在某些情况下，计算属性和方法可以实现相同的功能，但有一个重要的不同点：在调用 methods 中的一个方法时，所有方法都会被调用。

例如下面示例，定义了两个方法：add1 和 add2，分别打印"number + a""number + b"，当调用 add1 时，add2 也将被调用。

【例 3.2】(实例文件：ch03\3.2.html)方法的调用。

```
<div id="app">
   <button v-on:click="a++">a+1</button>
   <button v-on:click="b++">b+1</button>
   <p>number+a={{add1()}}</p>
   <p>number+b={{add2()}}</p>
</div>
<!--引入 vue 文件-->
<script src="https://unpkg.com/vue@3/dist/vue.global.js"></script>
<script>
   //创建一个应用程序实例
   const vm= Vue.createApp({
      //该函数返回数据对象
      data() {
         return {
            a:0,
            b:0,
            number:30
         }
      },
      // 定义组件中的函数
      methods: {
         add1:function(){
            console.log("number+a");
```

```
            return this.a+this.number
        },
        add2:function(){
            console.log("number+b")
            return this.b+this.number
        }
    }
  //在指定的 DOM 元素上装载应用程序实例的根组件
  }).mount('#app');
</script>
```

运行上述程序，按 F12 键打开控制台，单击“a + 1”按钮，可以发现控制台打印了“number + a”和“number + b”，如图 3-2 所示。

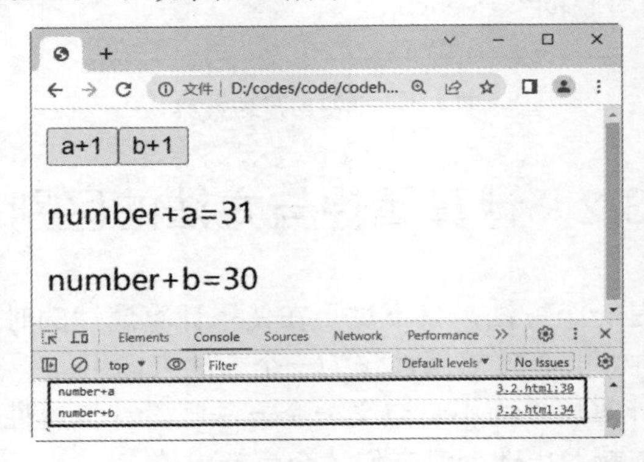

图 3-2　方法的调用效果

使用计算属性则不同，计算属性相当于优化了的方法，使用时只会使用对应的计算属性。例如更改上面示例，把 methods 换成 computed，并把 HTML 中的调用 add1 和 add2 方法的括号去掉。

注意

计算属性的调用不能使用括号，例如 add1、add2；调用方法需要加上括号，例如 add1()、add2()。

【**例 3.3**】(实例文件：ch03\3.3.html)计算属性的调用。

```
<div id="app">
    <button v-on:click="a++">a+1</button>
    <button v-on:click="b++">b+1</button>
    <p>number+a={{add1}}</p>
    <p>number+b={{add2}}</p>
</div>
<!--引入 vue 文件-->
<script src="https://unpkg.com/vue@3/dist/vue.global.js"></script>
<script>
    //创建一个应用程序实例
    const vm= Vue.createApp({
        //该函数返回数据对象
        data() {
            return {
                a:0,
                b:0,
                number:30
```

```
            }
        },
        computed: {
            add1:function(){
                console.log("number+a");
                return this.a+this.number
            },
            add2:function(){
                console.log("number+b")
                return this.b+this.number
            }
        }
    //在指定的 DOM 元素上装载应用程序实例的根组件
    }).mount('#app');
</script>
```

运行上述程序，按 F12 键打开控制台，可以发现控制台只打印了“number + a”，如图 3-3 所示。

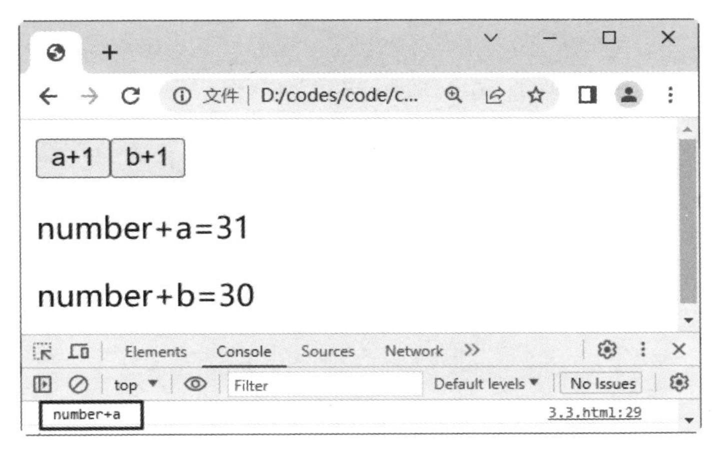

图 3-3　计算属性的调用效果

计算属性相较于方法更加的优化，但并不是任何情况下都使用计算属性，在触发事件时还是使用对应的方法。计算属性一般在数据量比较大、比较耗时的情况下使用(例如搜索)，只有虚拟 DOM 与真实 DOM 不同的情况下才会执行 computed。

3.3　监　听　器

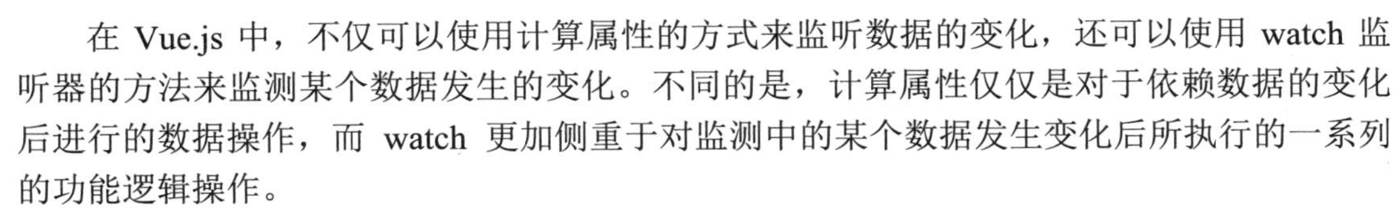

在 Vue.js 中，不仅可以使用计算属性的方式来监听数据的变化，还可以使用 watch 监听器的方法来监测某个数据发生的变化。不同的是，计算属性仅仅是对于依赖数据的变化后进行的数据操作，而 watch 更加侧重于对监测中的某个数据发生变化后所执行的一系列的功能逻辑操作。

监听器以 key-value 的形式定义，key 是一个字符串，它是需要被监测的对象，而 value 则可以是字符串(方法的名称)、函数(可以获取到监听对象改变前的值以及更新后的值)或者一个对象(对象内可以包含回调函数的其他选项，例如是否初始化时执行监听，或者是否执行深度遍历，即是否对对象内部的属性进行监听)。

3.3.1　回调值为方法

在下面的例子中，我们监听了 message 属性的变化，根据属性的变化执行回调方法，打印出了属性变化前后的值。

【例 3.4】(实例文件：ch03\3.4.html)回调方法。

```
<div id="app">
    输入的值：<input type="text" v-model="message">
</div>
<script>
     new Vue({
        el: '#app',
        data: {
            message: ''
        },
        computed: {},
        watch: {
            message: function (newValue, oldValue) {
                console.log("新值："+newValue+"--------旧值"+oldValue)
            }
        }
    })
</script>
```

运行上述程序，按 F12 键打开控制台，在输入框中输入“1234”，控制台的打印效果如图 3-4 所示。

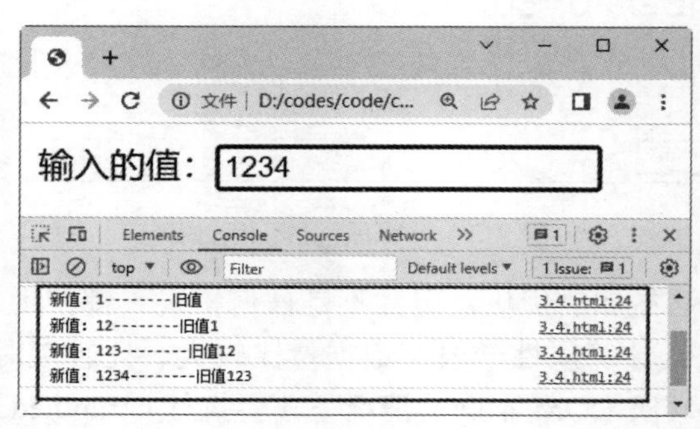

图 3-4　控制台的打印效果

同样地，可以通过方法名称指明回调为已经定义好的方法。

【例 3.5】(实例文件：ch03\3.5.html)指明回调为已经定义好的方法。

```
<div id="app">
    输入的值：<input type="text" v-model="message">
</div>
<!--引入 vue 文件-->
<script src="https://unpkg.com/vue@3/dist/vue.global.js"></script>
<script>
    //创建一个应用程序实例
    const vm= Vue.createApp({
        //该函数返回数据对象
        data() {
            return {
```

```
                message: ''
            }
        },
        watch:{
            //调用方法
            message:'way'
        },
       //定义好的方法
        methods:{
            way:function(newValue, oldValue){
                console.log("新值: "+newValue+"--------旧值"+oldValue)
            }
        },
    //在指定的 DOM 元素上装载应用程序实例的根组件
    }).mount('#app');
</script>
```

运行上述程序，同样在输入框中输入“1234”，效果与例 3.4 相同。

3.3.2　回调值为对象

当我们监听的回调值为一个对象时，不仅可以设置回调函数，还可以设置一些回调的属性。例如，在下面的例子中，监听了 User 这个对象，同时执行深度遍历，这时监听到 User.name 属性发生改变，就可以执行我们的回调函数。注意，深度遍历默认为 false，当不启用深度遍历时，是无法监听到对象的内部属性变化的。

【例 3.6】(实例文件：ch03\3.6.html)回调值为对象。

```
<div id="app">
    用户姓名：<input type="text" v-model="User.name">
</div>
<!--引入 vue 文件-->
<script src="https://unpkg.com/vue@3/dist/vue.global.js"></script>
<script>
    //创建一个应用程序实例
    const vm= Vue.createApp({
        //该函数返回数据对象
        data() {
            return {
                message: '',
                User: {
                name: '张三丰',
                }
            }
        },
        watch:{
            //调用方法
            'User': {
                handler: function (newValue, oldValue) {
                    console.log("对象记录: 新值: "+newValue.name+"--------- 旧值: "
                        +oldValue.name)
                },
                deep: true
            }
        },
    //在指定的 DOM 元素上装载应用程序实例的根组件
    }).mount('#app');
</script>
```

运行上述程序，在“张三丰”后面输入“1234”，控制台的打印效果如图 3-5 所示。

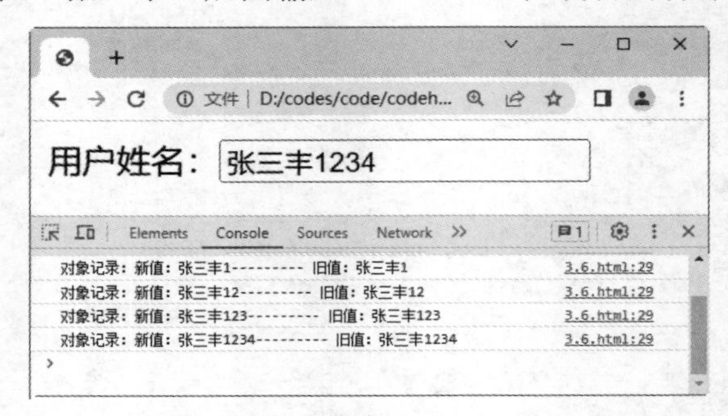

图 3-5 控制台打印效果

从上面的示例可以发现，newValue 与 oldValue 是一样的。当监听的数据为对象或数组时，newValue 和 oldValue 相等，因为对象和数组都是引用类型，其形参指向的也是同一个数据对象。同时，如果不启用深度遍历，将无法监听到 User 对象中 name 属性的变化。

【例 3.7】(实例文件：ch03\3.7.html)不启用深度遍历。

```
<div id="app">
   用户姓名：<input type="text" v-model="User.name">
</div>
<!--引入 vue 文件-->
<script src="https://unpkg.com/vue@3/dist/vue.global.js"></script>
<script>
   //创建一个应用程序实例
   const vm= Vue.createApp({
      //该函数返回数据对象
      data() {
         return {
            message: '',
            User: {
            name: '张三丰',
            }
         }
      },
      watch: {
         //回调为对象
         'User': {
            handler: function (newValue, oldValue) {
               console.log("对象记录：新值："+newValue.name + "--------- 旧值："
                  +oldValue.name)
            },
            deep: false
         }
      },
      methods: {}
   //在指定的 DOM 元素上装载应用程序实例的根组件
   }).mount('#app');
</script>
```

运行上述程序，效果如图 3-6 所示。

图 3-6　不启用深度遍历的打印效果

从前面内容可以总结：计算属性的结果会被缓存起来，只有依赖的属性发生变化时才会重新计算，必须返回一个数据，主要用来进行纯数据的操作。而监听器主要用来监听某个数据的变化，从而去执行某些具体的回调业务逻辑，不仅仅局限于返回数据。

3.4　综合案例——通过计算属性设计注册表

根据前面学习的计算属性的知识，这里设计一个注册表，需要自动检验所填写的内容是否合格，并给出相应的提示信息。

【例 3.8】(实例文件：ch03\3.8.html)设计注册表。

```
<!DOCTYPE html>
<html lang="en">
<head>
   <meta charset="UTF-8">
   <meta name="viewport" content="width=device-width, initial-scale=1.0">
   <title>用户注册</title>
   <script src="https://unpkg.com/vue@3/dist/vue.global.js"></script>
   <style>
      .container {
         margin:0 auto;
         margin-top: 70px;
         text-align: center;
         width: 300px;
      }
      .subTitle {
         color:gray;
         font-size: 18px;
      }
      .title {
         font-size: 30px;
      }
      .input {
         width: 90%;
      }
      .inputContainer {
         text-align: left;
         margin-bottom: 20px;
      }
      .subContainer {
         text-align: left;
      }
      .field {
         font-size: 14px;
      }
```

```
        .input {
           border-radius: 6px;
           height: 25px;
           margin-top: 10px;
           border-color: silver;
           border-style: solid;
           background-color: LightGreen;
        }
        .tip {
           margin-top: 5px;
           font-size: 12px;
           color: gray;
        }
        .label {
           font-size: 12px;
           margin-left: 5px;
           height: 20px;
           vertical-align:middle;
        }
        .checkbox {
           height: 20px;
           vertical-align:middle;
        }
        .btn {
           border-radius: 10px;
           height: 40px;
           width: 300px;
           margin-top: 30px;
           background-color: LightSeaGreen;
           border-color: darkred;
           color: white;
        }
    </style>
</head>
<body>
    <div class="container" id="Application">
        <div class="container">
           <div class="subTitle">欢迎加入我们的团队！</div>
           <h1 class="title">创建您的账号</h1>
           <div v-for="(item, index) in fields" class="inputContainer">
               <div class="field">{{item.title}} <span v-if="item.required"
                  style="color: red;">*</span></div>
               <input v-model="item.model" class="input" :type="item.type" />
               <div class="tip" v-if="index == 2">请确认密码长度需要大于 8 位</div>
           </div>
           <div class="subContainer">
               <input v-model="receiveMsg" class="checkbox" type="checkbox" />
                  <label class="label">接受注册协议</label>
           </div>
           <button @click="createAccount" class="btn">创建账号</button>
        </div>
    </div>
    <script>
        const App = {
           data() {
               return {
                  fields:[
                      {
                         title:"用户名",
                         required:true,
```

```
                type:"text",
                model:""
            },{
                title:"邮箱地址",
                required:false,
                type:"text",
                model:""
            },{
                title:"密码",
                required:true,
                type:"password",
                model:""
            }
        ],
        receiveMsg:false
    }
},
computed:{
    name: {
        get() {
            return this.fields[0].model
        },
        set(value){
            this.fields[0].model = value
        }
    },
    email: {
        get() {
            return this.fields[1].model
        },
        set(value){
            this.fields[1].model = value
        }
    },
    password: {
        get() {
            return this.fields[2].model
        },
        set(value){
            this.fields[2].model = value
        }
    }
},
methods:{
    emailCheck() {
        var verify = /^\w[-\w.+]*@([A-Za-z0-9][-A-Za-z0-9]+\.)+
            [A-Za-z]{2,14}/;
        if (!verify.test(this.email)) {
            return false
        } else {
            return true
        }
    },
    createAccount() {
        if (this.name.length == 0) {
            alert("请输入用户名")
            return
        } else if (this.password.length <= 8) {
            alert("密码设置需要大于 8 位字符")
            return
        } else if (this.email.length > 0
```

```
&& !this.emailCheck(this.email)) {
                    alert("请输入正确的邮箱")
                    return
                }
                alert("注册成功")
                console.log('name:${this.name}\npassword:${this.password}\
                    nemail:${this.email}\nreceiveMsg:${this.receiveMsg}')
            }
        }
    }
    Vue.createApp(App).mount("#Application")
  </script>
</body>
</html>
```

运行上述程序，填入注册信息后，单击“创建账号”按钮，效果如图 3-7 所示。

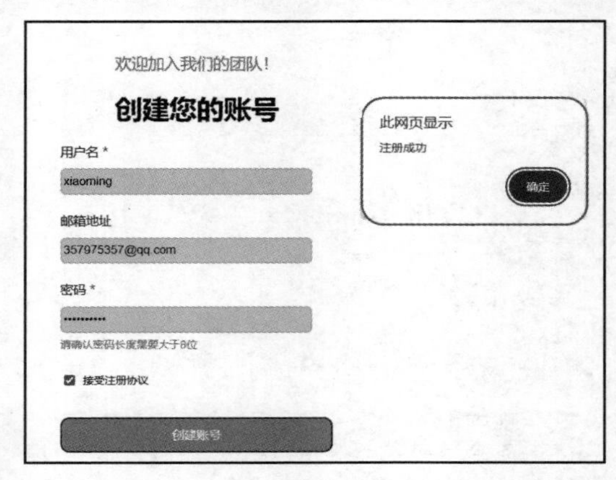

图 3-7　注册表效果

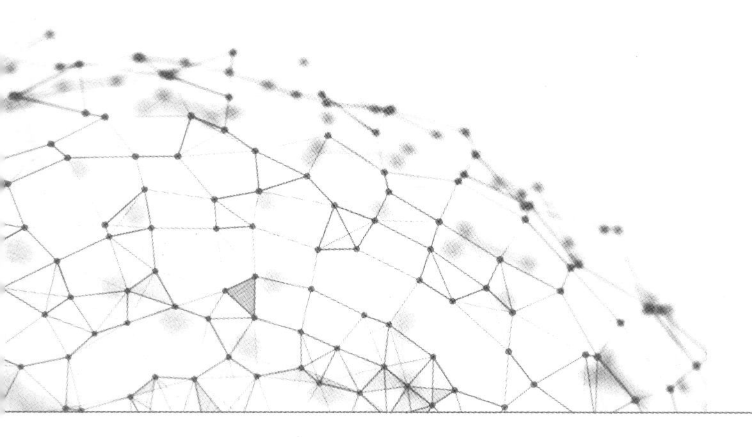

第4章 双向数据绑定

在 Vue.js 中，操作元素的 Class 列表和内联样式是数据绑定的一个常见需求。因为它们都是属性，所以可以用 v-bind 处理它们：只需要通过表达式计算出字符串结果即可。不过，字符串拼接麻烦且容易出错。因此，在将 v-bind 用于 class 和 style 时，Vue.js 做了专门的增强。表达式结果的类型除了字符串之外，还可以是对象或数组。对于 Vue.js 来说，使用 v-bind 并不能解决表单域对象双向绑定的需求。所谓双向绑定，就是无论是通过 input 还是通过 Vue.js 对象，都能修改绑定的数据对象的值。Vue.js 提供了 v-model 命令进行双向数据绑定。

4.1 绑定 HTML 样式(Class)

在 Vue.js 中，动态的样式类在 v-on:class 中定义，静态的类名写在 class 样式中。

4.1.1 数组语法

Vue.js 中提供了使用数组进行绑定样式的方法，可以直接在数组中写上样式的类名。

注意

如果不使用单引号包裹类名，其实代表的还是一个变量的名称，会出现错误信息。

【例 4.1】(实例文件：ch04\4.1.html)Class 数组语法示例。

```
<style>
    .static{
       color: white;           /*定义字体颜色*/
    }
    .style1{
       background: #4f43ff;   /*定义背景颜色*/
    }
    .style2{
       width: 200px;           /*定义宽度*/
```

```
        height: 100px;          /*定义高度*/
    }
</style>
<div id="app">
    <div class="static" v-bind:class="['style1','style2']">{{message}}</div>
</div>
<!--引入 vue 文件-->
<script src="https://unpkg.com/vue@3/dist/vue.global.js"></script>
<script>
    //创建一个应用程序实例
    const vm= Vue.createApp({
        //该函数返回数据对象
        data() {
            return {
                message:"数组语法"
            }
        },
    //在指定的 DOM 元素上装载应用程序实例的根组件
    }).mount('#app');
</script>
```

运行上述程序，按 F12 键打开控制台，可以看到 DOM 渲染的样式，如图 4-1 所示。

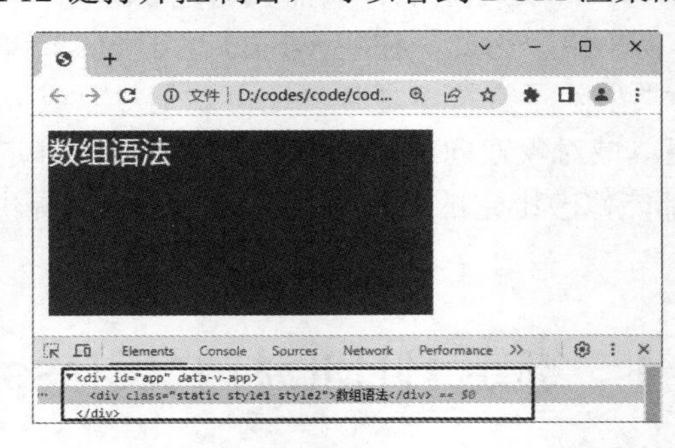

图 4-1　数组语法渲染效果

如果想以变量的方式设置样式，就需要先定义好这个变量。下面示例中的样式与上例样式相同。

```
<div id="app">
    <div class="static" v-bind:class="[Class1,Class2]">{{message}}</div>
</div>
<!--引入 vue 文件-->
<script src="https://unpkg.com/vue@3/dist/vue.global.js"></script>
<script>
    //创建一个应用程序实例
    const vm= Vue.createApp({
        //该函数返回数据对象
        data() {
            return {
              message:'数组语法',
              Class1:'style1',
              Class2:'style2'
            }
        },
    //在指定的 DOM 元素上装载应用程序实例的根组件
    }).mount('#app');
</script>
```

在数组语法中也可以使用对象语法来控制样式是否使用。下面示例中的样式与上面的示例样式相同。

```
<div id="app">
    <div class="static" v-bind:class="[{style1:boole},
        'style2']">{{message}}</div>
</div>
<!--引入 vue 文件-->
<script src="https://unpkg.com/vue@3/dist/vue.global.js"></script>
<script>
    //创建一个应用程序实例
    const vm= Vue.createApp({
        //该函数返回数据对象
        data() {
            return {
                message:"数组语法",
                boole:true
            }
        },
    //在指定的 DOM 元素上装载应用程序实例的根组件
    }).mount('#app');
</script>
```

运行上述代码，渲染的效果和上面的示例相同。

4.1.2　对象语法

在上面小节的最后，数组中使用了对象形式来设置样式。对象的属性为样式的类名，value 属性值则为 true 或者 false，当值为 true 时显示样式。由于对象的属性可以带引号，也可不带引号，所以属性就按照自己的习惯写法就可以了。

【例 4.2】(实例文件：ch04\4.2.html)Class 对象语法示例。

```
<style>
    .static{
        color: white;               /*定义字体颜色*/
    }
    .style1{
        background: #4f43ff;        /*定义背景颜色*/
    }
    .style2{
        width: 200px;               /*定义宽度*/
        height: 100px;              /*定义高度*/
    }
</style>
<div id="app">
    <div class="static" v-bind:class="{ style1: boole1, 'style2': boole2}">
        {{message}}</div>
</div>
<!--引入 vue 文件-->
<script src="https://unpkg.com/vue@3/dist/vue.global.js"></script>
<script>
    //创建一个应用程序实例
    const vm= Vue.createApp({
        //该函数返回数据对象
        data() {
```

```
            return {
                boole1: true,
                boole2: true,
                message:"对象语法"
            }
        },
    //在指定的 DOM 元素上装载应用程序实例的根组件
    }).mount('#app');
</script>
```

运行上述程序，按 F12 键打开控制台，可以看到 DOM 渲染的样式，如图 4-2 所示。

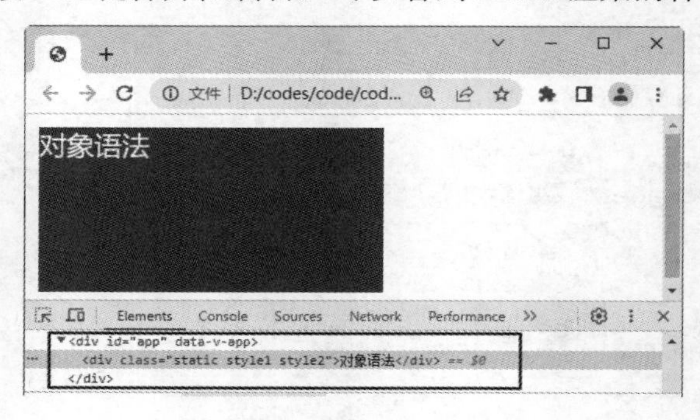

图 4-2　Class 对象语法示例效果

当 style1 或 style2 变化时，class 列表会相应地更新。例如，如果 style2 的值变更为 false。

```
<script>
    //创建一个应用程序实例
    const vm= Vue.createApp({
        //该函数返回数据对象
        data() {
            return {
                boole1: true,
                boole2: false,
                message:"对象语法"
            }
        },
    //在指定的 DOM 元素上装载应用程序实例的根组件
    }).mount('#app');
</script>
```

运行上述程序，按 F12 键打开控制台，可以看到 DOM 渲染的样式，如图 4-3 所示。

图 4-3　模板渲染效果

当对象中的属性过多，如果还是全部写到元素上时，将会显得非常烦琐。这时可以在元素上只写对象变量，然后在 Vue.js 实例中进行定义。下面示例中的样式和上面示例的样式相同。

```
<div id="app">
   <div class="static" v-bind:class="objStyle">{{message}}</div>
</div>
<!--引入 vue 文件-->
<script src="https://unpkg.com/vue@3/dist/vue.global.js"></script>
<script>
   //创建一个应用程序实例
   const vm= Vue.createApp({
      //该函数返回数据对象
      data() {
         return {
            message:"对象语法",
            objStyle:{
               style1: true,
               style2: true
            }
         }
      }
   //在指定的 DOM 元素上装载应用程序实例的根组件
   }).mount('#app');
</script>
```

运行上述代码，渲染的效果和上面的示例相同。

也可以绑定一个返回对象的计算属性，这是一个常用且强大的模式。下面示例中的样式和上面的样式相同。

```
<div id="app">
   <div class="static" v-bind:class="classObject">{{message}}</div>
</div>
<!--引入 vue 文件-->
<script src="https://unpkg.com/vue@3/dist/vue.global.js"></script>
<script>
   //创建一个应用程序实例
   const vm= Vue.createApp({
      //该函数返回数据对象
      data() {
         return {
           message:'对象语法',
           boole1: true,
           boole2: true
         }
      },
      computed: {
         classObject: function () {
            return {
               style1:this.boole1,
               'style2':this.boole2
            }
         }
      }
   //在指定的 DOM 元素上装载应用程序实例的根组件
   }).mount('#app');
</script>
```

运行上述程序，渲染的效果和上面的示例相同。

4.1.3 用在组件上

当在一个自定义组件上使用 class 属性时，这些类将被添加到该组件的根元素上面。这个元素上已经存在的类不会被覆盖。

例如，声明组件 my-component：

```
Vue.component('my-component', {
  template: '<p class="style1 style2">Hello</p>'
})
```

然后在使用它的时候添加 class 样式 style3 和 style4：

```
<my-component class=" style3 style4"></my-component>
```

HTML 将被渲染为：

```
<p class=" style1 style2 style3 style4">Hello</p>
```

对于带数据绑定的 class 也同样适用：

```
<my-component v-bind:class="{ style5: isActive }"></my-component>
```

当 isActive 为 true 时，HTML 将被渲染成为：

```
<p class=" style1 style2 style5">Hello</p>
```

4.2 绑定内联样式(style)

内联样式是将 CSS 样式编写到元素的 style 属性中。

4.2.1 对象语法

与使用属性为元素设置 class 样式相同，在 Vue.js 中，也可以使用对象的方式为元素设置 style 样式。

v-bind:style 的对象语法十分直观——看着非常像 CSS，但其实是一个 JavaScript 对象。CSS 属性名可以用驼峰式(camelCase)或短横线分隔(kebab-case，记得用引号包裹起来)来命名。

【例 4.3】(实例文件：ch04\4.3.html)style 对象语法示例。

```
<div id="app">
    <div v-bind:style="{color:'red',fontSize:'30'}">对象语法</div>
</div>
<!--引入 vue 文件-->
<script src="https://unpkg.com/vue@3/dist/vue.global.js"></script>
<script>
    //创建一个应用程序实例
    const vm= Vue.createApp({
    //在指定的 DOM 元素上装载应用程序实例的根组件
    }).mount('#app');
</script>
```

运行上述程序，按 F12 键打开控制台，渲染效果如图 4-4 所示。

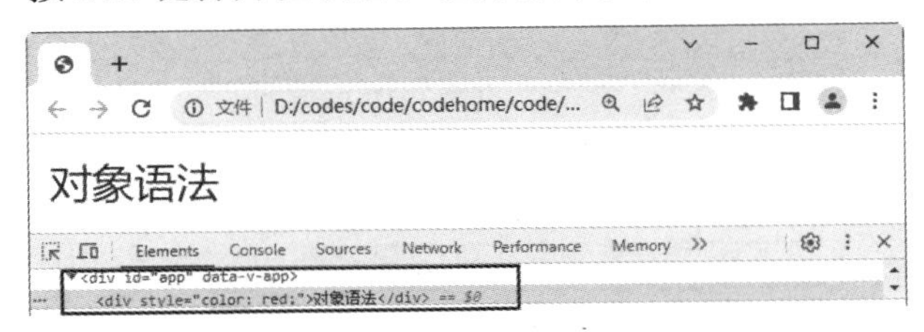

图 4-4　style 对象语法示例效果

也可以在 Vue.js 实例对象中定义属性，用来代替样式值，例如：

```
<div id="app">
   <div v-bind:style="{ color: styleColor, fontSize: fontSize + 'px' }">
      对象语法</div>
</div>
<!--引入 vue 文件-->
<script src="https://unpkg.com/vue@3/dist/vue.global.js"></script>
<script>
   //创建一个应用程序实例
   const vm= Vue.createApp({
      //该函数返回数据对象
      data() {
         return {
            styleColor: 'red',
            fontSize: 30
         }
      },
   //在指定的 DOM 元素上装载应用程序实例的根组件
   }).mount('#app');
</script>
```

运行上述代码，渲染效果和上例相同。

同样地，也可以直接绑定一个样式对象变量，这样代码看起来会更加简洁美观：

```
<div id="app">
   <div v-bind:style="styleObject">对象语法</div>
</div>
<!--引入 vue 文件-->
<script src="https://unpkg.com/vue@3/dist/vue.global.js"></script>
<script>
   //创建一个应用程序实例
   const vm= Vue.createApp({
      //该函数返回数据对象
      data() {
         return {
            styleObject: {
               color: 'blue',
               fontSize: '30px'
            }
         }
      },
   //在指定的 DOM 元素上装载应用程序实例的根组件
   }).mount('#app');
</script>
```

运行上述程序，按 F12 键打开控制台，渲染效果如图 4-5 所示。

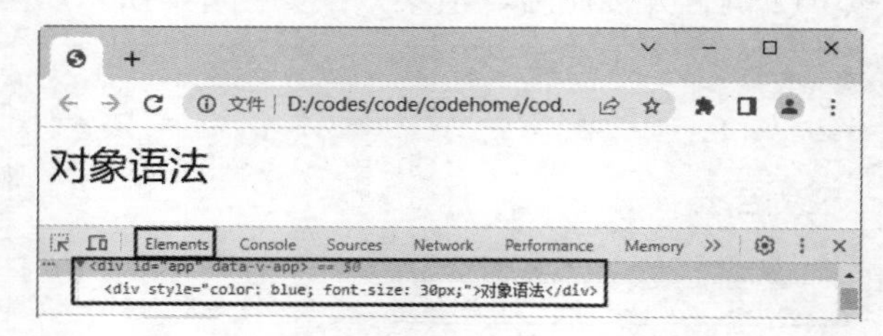

图 4-5　绑定样式对象变量的渲染效果

同样地，对象语法常常结合返回对象的计算属性使用：

```
<div id="app">
    <div v-bind:style="styleObject">对象语法</div>
</div>
<!--引入 vue 文件-->
<script src="https://unpkg.com/vue@3/dist/vue.global.js"></script>
<script>
    //创建一个应用程序实例
    const vm= Vue.createApp({
        //计算属性
        computed:{
            styleObject:function(){
                return {
                    color: 'blue',
                    fontSize: '30px'
                }
            }
        }
    //在指定的 DOM 元素上装载应用程序实例的根组件
    }).mount('#app');
</script>
```

运行上述程序，渲染的效果和上面的示例相同。

4.2.2　数组语法

v-bind:style 的数组语法可以将多个样式对象应用到同一个元素上，样式对象可以是 data 中定义的样式对象和计算属性中 return 的对象。

【例 4.4】(实例文件：ch04\4.4.html)style 数组语法示例。

```
<div id="app">
    <div v-bind:style="[styleObject1,styleObject2]">数组语法</div>
</div>
<!--引入 vue 文件-->
<script src="https://unpkg.com/vue@3/dist/vue.global.js"></script>
<script>
    //创建一个应用程序实例
    const vm= Vue.createApp({
        //该函数返回数据对象
        data() {
            return {
             styleObject1: {
                color: 'blue',
                fontSize: '30px'
```

```
            }
        }
    },
    //计算属性
    computed:{
        styleObject2:function(){
            return {
                border: '1px solid red',
                padding: '30px'
            }
        }
    }
  //在指定的 DOM 元素上装载应用程序实例的根组件
  }).mount('#app');
</script>
```

运行上述程序，按 F12 键打开控制台，渲染效果如图 4-6 所示。

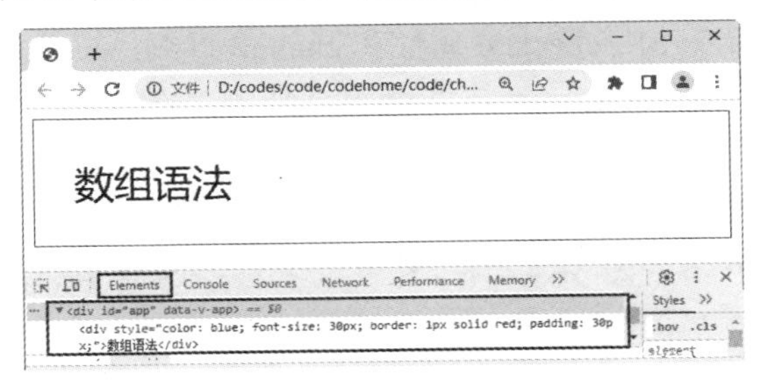

图 4-6　style 数组语法渲染效果

提示

当 v-bind:style 使用需要添加浏览器引擎前缀的 CSS 属性，例如 transform，这时 Vue.js 会自动侦测并添加相应的前缀。

4.3　双向绑定

对于数据的绑定，不管是使用插值表达式({{}})还是 v-text 指令，数据间的交互都是单向的，只能将 Vue.js 实例中的值传递给页面，页面对数据值的任何操作都无法传递给 model。

MVVM 模式最重要的一个特性就是数据的双向绑定，而 Vue.js 作为一个 MVVM 框架，也实现了数据的双向绑定。在 Vue.js 中，使用内置的 v-model 指令完成数据在 View 与 Model 间的双向绑定。

可以通过 v-model 指令在表单<input>、<textarea>及<select>元素上创建双向数据绑定。v-model 会根据控件类型自动选取正确的方法来更新元素。v-model 本质上是语法糖，它负责监听用户的输入事件以更新数据，并对一些极端场景进行特殊处理。

v-model 会忽略所有表单元素的 value、checked、selected 特性的初始值，而总是将 Vue.js 实例的数据作为数据来源。我们应该通过 JavaScript 在组件的 data 选项中声明初始值。

提示

表单元素可以与用户进行交互，所以使用 v-model 指令在表单控件或者组件上创建双向绑定。

4.4 基本用法

v-model 相当于把 Vue.js 中的属性绑定到元素(input)上，如果该数据属性有值，则其值会显示在 input 中，同时元素中输入的内容也决定了 Vue.js 中的属性值。

v-model 在内部为不同的输入元素使用不同的属性并抛出不同的事件。

- text 和 textarea 元素使用 value 属性和 input 事件。
- checkbox 和 radio 使用 checked 属性和 change 事件。
- select 字段将 value 作为 prop 并将 change 作为事件。

注意

对于需要使用输入法(如中文、日文、韩文等)的语言，会发现 v-model 不会在输入法组合文字过程中得到更新。如果想处理这种情况，可使用 input 事件。

4.4.1 文本

文本绑定是最常用的绑定，它可以将数据动态地显示在 HTML 元素中。在下面的示例中，绑定了 name 和 age 两个属性。

【**例 4.5**】(实例文件：ch04\4.5.html)绑定文本。

```
<div id="app">
    <label for="name">姓名：</label>
    <input v-model="name" type="text" id="name">
    <p>{{name}}</p>
    <label for="age">年龄：</label>
    <input v-model="age" type="text" id="age">
    <p>{{age}}</p>
</div>
<!--引入 vue 文件-->
<script src="https://unpkg.com/vue@3/dist/vue.global.js"></script>
<script>
    //创建一个应用程序实例
    const vm= Vue.createApp({
        //该函数返回数据对象
        data() {
            return {
                name:'张三丰',
                age:'16'
            }
        },
    //在指定的 DOM 元素上装载应用程序实例的根组件
    }).mount('#app');
</script>
```

运行上述程序，效果如图 4-7 所示；把“姓名”改为“小明”，“年龄”改为“18”，p 标签中的内容也将随着改变，如图 4-8 所示。

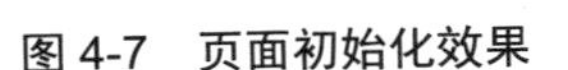

图 4-7　页面初始化效果

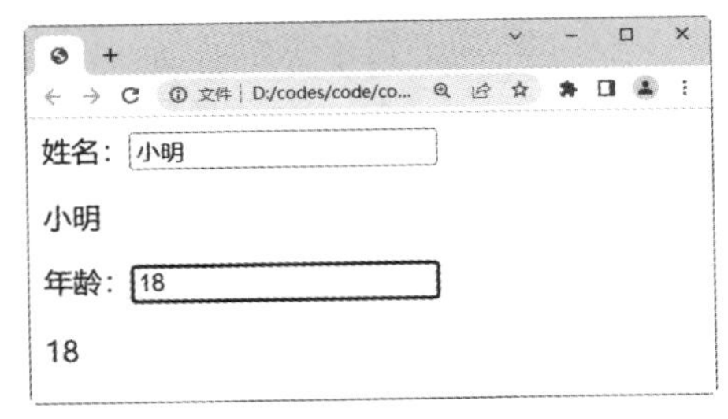

图 4-8　修改文本后的效果

4.4.2　多行文本

把示例 4.5 中的 p 标签换成 textarea 标签，即可实现多行文本的绑定。

【例 4.6】(实例文件：ch04\4.6.html)绑定多行文本。

```
<div id="app">
    <span>多行文本:</span>
    <p style="white-space: pre-line;">{{message}}</p>
    <textarea v-model="message"></textarea>
</div>
<!--引入 vue 文件-->
<script src="https://unpkg.com/vue@3/dist/vue.global.js"></script>
<script>
    //创建一个应用程序实例
    const vm= Vue.createApp({
        //该函数返回数据对象
        data(){
          return{
            message:""
          }
        }
    //在指定的 DOM 元素上装载应用程序实例的根组件
    }).mount('#app');
</script>
```

运行上述程序，在 textarea 标签中输入多行文本，效果如图 4-9 所示。

图 4-9　绑定多行文本的效果

4.4.3 复选框

单个复选框绑定到布尔值。

【例 4.7】(实例文件：ch04\4.7.html)绑定单个复选框。

```
<div id="app">
    <input type="checkbox" id="checkbox" v-model="checked">
    <label for="checkbox">{{ checked }}</label>
</div>
<!--引入 vue 文件-->
<script src="https://unpkg.com/vue@3/dist/vue.global.js"></script>
<script>
    //创建一个应用程序实例
    const vm= Vue.createApp({
        //该函数返回数据对象
        data() {
            return {
                checked:false
            }
        },
    //在指定的 DOM 元素上装载应用程序实例的根组件
    }).mount('#app');
</script>
```

运行上述程序，效果如图 4-10 所示；当选中复选框后，效果如图 4-11 所示。

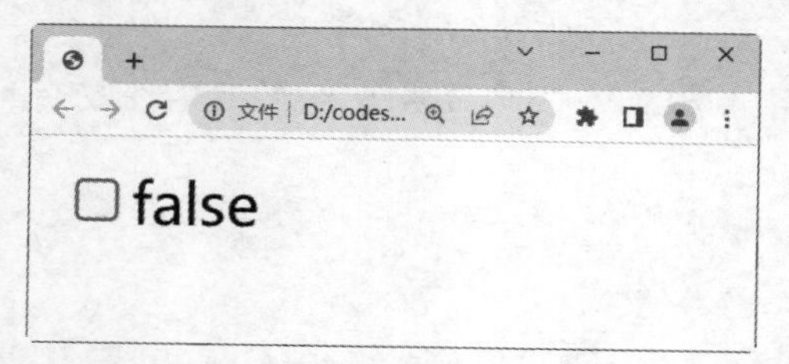

图 4-10　页面初始化效果

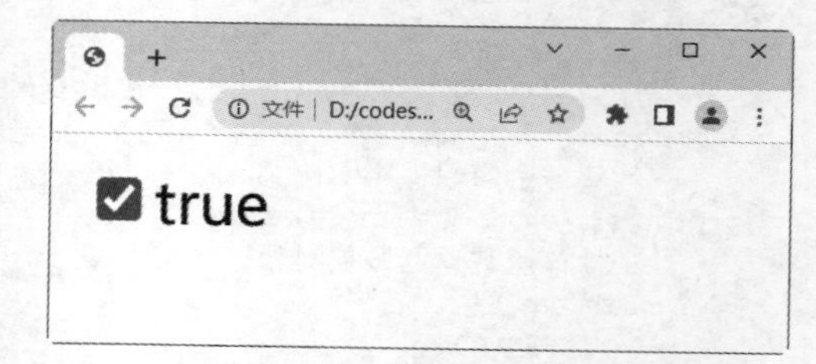

图 4-11　选中复选框效果

多个复选框绑定到同一个数组，被选中的复选框添加到数组中。

【例 4.8】(实例文件：ch04\4.8.html)绑定多个复选框。

```
<div id="app">
    <input type="checkbox" id="name1" value="小明" v-model="checkedNames">
    <label for="name1">小明</label>
    <input type="checkbox" id="name2" value="小兰" v-model="checkedNames">
    <label for="name2">小兰</label>
    <input type="checkbox" id="name3" value="小花" v-model="checkedNames">
    <label for="name3">小花</label>
    <p><span>选出最优秀的学生: {{ checkedNames }}</span></p>
</div>
<!--引入 vue 文件-->
<script src="https://unpkg.com/vue@3/dist/vue.global.js"></script>
<script>
    //创建一个应用程序实例
    const vm= Vue.createApp({
        //该函数返回数据对象
        data() {
```

```
            return {
                checkedNames: [],     //定义空数组
            }
        },
    //在指定的 DOM 元素上装载应用程序实例的根组件
    }).mount('#app');
</script>
```

运行上述程序，选中前两个复选框，选中的内容显示在数组中，如图 4-12 所示。

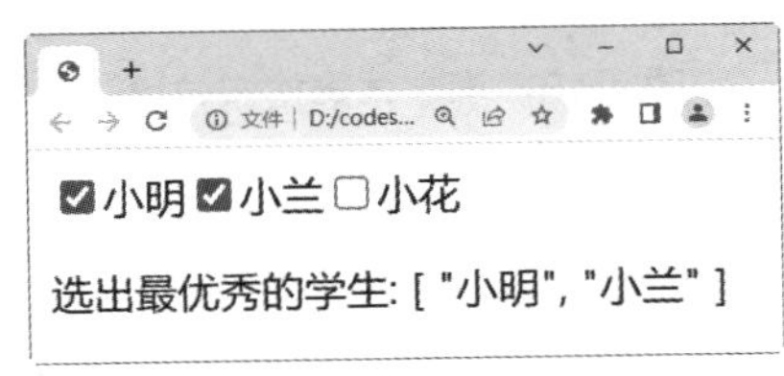

图 4-12　绑定多个复选框效果

4.4.4　单选按钮

单选按钮一般都有多个条件可供选择，既然是单选按钮，自然希望实现互斥效果，可以使用 v-model 指令配合单选按钮的 value 来实现。

在下面的示例中，多个单选按钮，绑定到同一个数组，被选中的单选按钮添加到数组中。

【例 4.9】(实例文件：ch04\4.9.html)绑定单选按钮。

```
<div id="app">
    <h3>单选题</h3>
    <input type="radio" id="one" value="A" v-model="picked">
    <label for="one">A</label><br/>
    <input type="radio" id="two" value="B" v-model="picked">
    <label for="two">B</label><br/>
    <input type="radio" id="three" value="C" v-model="picked">
    <label for="three">C</label><br/>
    <input type="radio" id="four" value="D" v-model="picked">
    <label for="four">D</label>
    <p><span>选择: {{ picked }}</span></p>
</div>
<!--引入 vue 文件-->
<script src="https://unpkg.com/vue@3/dist/vue.global.js"></script>
<script>
    //创建一个应用程序实例
    const vm= Vue.createApp({
        //该函数返回数据对象
        data() {
            return {
                picked: ''
            }
        },
    //在指定的 DOM 元素上装载应用程序实例的根组件
    }).mount('#app');
</script>
```

运行上述程序，选中“B”单选按钮，效果如图 4-13 所示。

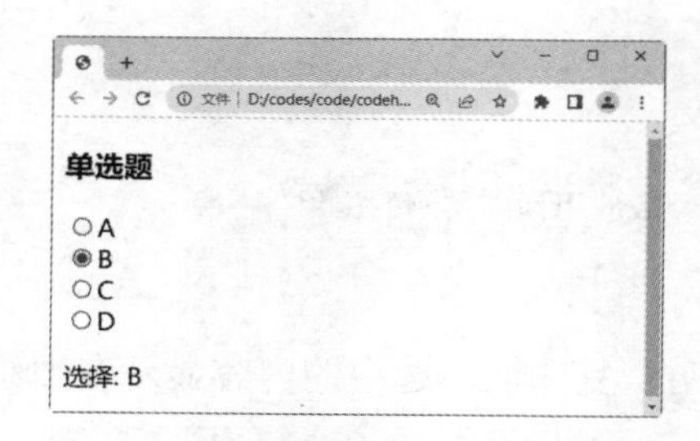

图 4-13　绑定单选按钮效果

4.4.5　选择框

本节将详细讲述如何绑定下拉列表框、列表框和用 v-for 渲染的动态选项。

1. 下拉列表框

不需要为<select>标签添加任何属性，即可实现单选。

【例 4.10】(实例文件：ch04\4.10.html)绑定下拉列表框。

```
<div id="app">
    <h3>选择您最喜欢吃的水果</h3>
    <select v-model="selected">
        <option disabled value="">可以选择的水果如下</option>
        <option>苹果</option>
        <option>香蕉</option>
        <option>橘子</option>
    </select>
    <span>选择结果: {{ selected }}</span>
</div>
<!--引入 vue 文件-->
<script src="https://unpkg.com/vue@3/dist/vue.global.js"></script>
<script>
    //创建一个应用程序实例
    const vm= Vue.createApp({
        //该函数返回数据对象
        data() {
            return {
                selected: ' '
            }
        },
    //在指定的 DOM 元素上装载应用程序实例的根组件
    }).mount('#app');
</script>
```

运行上述程序，效果如图 4-14 所示。

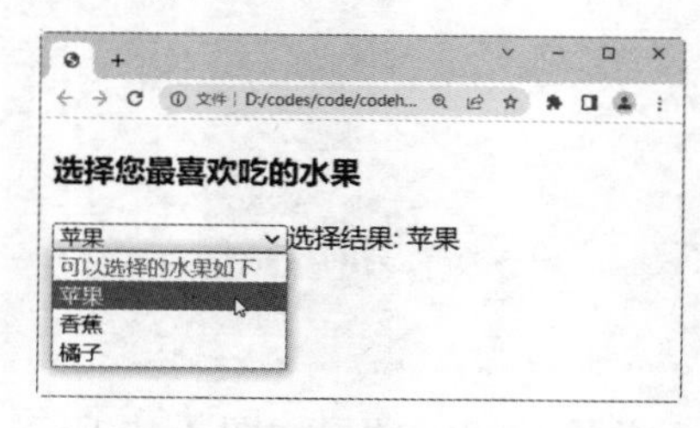

图 4-14　绑定下拉列表框效果

提示

如果 v-model 表达式的初始值未能匹配任何选项，<select>元素将被渲染为“未选中”状态。在 iOS 中，这会使用户无法选择第一个选项。因为这样的情况下，iOS 不会触发 change 事件。因此，更推荐上面这样提供一个值为空的禁用选项。

2. 列表框(绑定到一个数组)

为<select>标签添加 multiple 属性，即可实现多选。

【例 4.11】(实例文件：ch04\4.11.html)绑定列表框。

```
<div id="app">
   <h3>选择你喜欢吃的水果</h3>
   <select v-model="selected" multiple style="height: 100px">
      <option disabled value="">可以选择的水果如下</option>
      <option>苹果</option>
      <option>香蕉</option>
      <option>橘子</option>
      <option>草莓</option>
   </select>
   <span>选择结果: {{ selected }}</span>
</div>
<!--引入 vue 文件-->
<script src="https://unpkg.com/vue@3/dist/vue.global.js"></script>
<script>
   //创建一个应用程序实例
   const vm= Vue.createApp({
      //该函数返回数据对象
      data() {
         return {
            selected: []
         }
      },
   //在指定的 DOM 元素上装载应用程序实例的根组件
   }).mount('#app');
</script>
```

运行上述程序，按住 Ctrl 键可以选择多个选项，效果如图 4-15 所示。

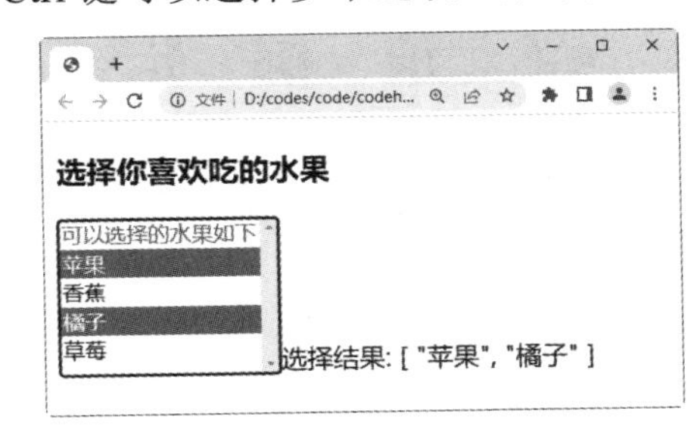

图 4-15 绑定列表框

3. 用 v-for 渲染的动态选项

在实际应用场景中，<select>标签中的<option>一般是通过 v-for 指令动态输出的，其中每一项的 value 或 text 都可以使用 v-bind 动态输出。

【例 4.12】(实例文件：ch04\4.12.html)用 v-for 渲染的动态选项。

```
<div id="app">
    <select v-model="selected">
        <option v-for="option in options" v-bind:value="option.value">
            {{option.text}}</option>
    </select>
    <span>选择结果：{{ selected }}</span>
</div>
<!--引入 vue 文件-->
<script src="https://unpkg.com/vue@3/dist/vue.global.js"></script>
<script>
    //创建一个应用程序实例
    const vm= Vue.createApp({
        //该函数返回数据对象
        data() {
            return {
            selected: '苹果',
            options: [
                { text: 'One', value: '苹果' },
                { text: 'Two', value: '香蕉' },
                { text: 'Three', value: '芒果' }
            ]
            }
        },
    //在指定的 DOM 元素上装载应用程序实例的根组件
    }).mount('#app');
</script>
```

运行上述程序，在下拉列表框中选择 Three 选项，效果如图 4-16 所示。

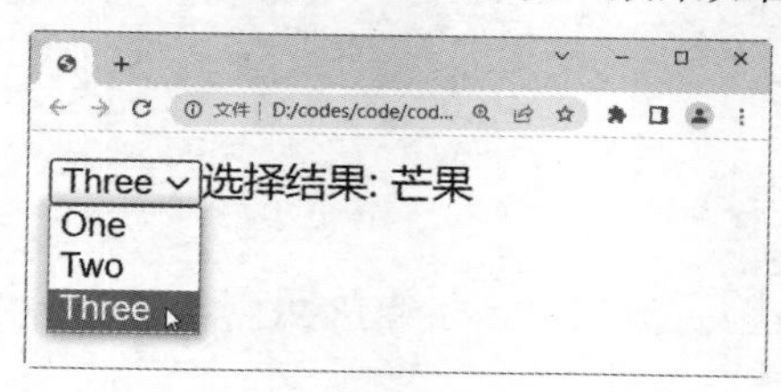

图 4-16　v-for 渲染的动态选项

4.5　值　绑　定

对于单选按钮、复选框及选择框的选项，v-model 绑定的值通常是静态字符串(对于复选框也可以是布尔值)。但有时可能想把值绑定到 Vue 实例的一个动态属性上，这时可以用 v-bind 实现，并且这个属性的值可以不是字符串。

4.5.1　复选框

在下面的示例中，true-value 和 false-value 特性并不会影响输入控件的 value 特性，因为浏览器在提交表单时并不会包含未被选中的复选框。如果要确保表单中这两个值中的一个能够被提交，例如“yes”或“no”，可使用单选按钮。

【例 4.13】(实例文件：ch04\4.13.html)动态绑定复选框。

```
<div id="app">
    <input type="checkbox" v-model="toggle" true-value="yes" false-value="no">
    <span>{{toggle}}</span>
</div>
<!--引入 vue 文件-->
<script src="https://unpkg.com/vue@3/dist/vue.global.js"></script>
<script>
    //创建一个应用程序实例
    const vm= Vue.createApp({
        //该函数返回数据对象
        data() {
            return {
                toggle:''
            }
        },
    //在指定的 DOM 元素上装载应用程序实例的根组件
    }).mount('#app');
</script>
```

运行上述程序，选中复选框，如图 4-17 所示，反之如图 4-18 所示。

图 4-17　选中复选框效果

图 4-18　未选中复选框效果

4.5.2　单选按钮

首先为单选按钮绑定一个属性 a，定义属性值为“该单选按钮已被选中”；然后使用 v-model 指令为单选按钮绑定 pick 属性，当单选按钮被选中后，pick 的值等于 a 的属性值。

【例 4.14】(实例文件：ch04\4.14.html)动态绑定单选按钮的值。

```
<div id="app">
    <input type="radio"  v-model="pick" v-bind:value="a">
    <span>{{ pick}}</span>
</div>
<!--引入 vue 文件-->
<script src="https://unpkg.com/vue@3/dist/vue.global.js"></script>
<script>
    //创建一个应用程序实例
    const vm= Vue.createApp({
        //该函数返回数据对象
        data() {
            return {
                a:'该单选按钮已被选中',
                pick:'',
            }
        },
```

```
    //在指定的 DOM 元素上装载应用程序实例的根组件
    }).mount('#app');
</script>
```

运行上述程序，选中效果如图 4-19 所示。

图 4-19　单选按钮选中效果

4.5.3　选择框的选项

在下面的示例中，定义了 4 个 option 选项，使用 v-bind 进行绑定。

【例 4.15】(实例文件：ch04\4.15.html)动态绑定选择框的选项。

```
<div id="app">
    <select v-model="selected" multiple>
        <option v-bind:value="{ number: 1 }">A</option>
        <option v-bind:value="{ number: 2 }">B</option>
        <option v-bind:value="{ number: 3 }">C</option>
        <option v-bind:value="{ number: 4 }">D</option>
    </select>
    <p><span>{{ selected }}</span></p>
</div>
<!--引入 vue 文件-->
<script src="https://unpkg.com/vue@3/dist/vue.global.js"></script>
<script>
    //创建一个应用程序实例
    const vm= Vue.createApp({
        //该函数返回数据对象
        data() {
            return {
                selected:[]
            }
        },
    //在指定的 DOM 元素上装载应用程序实例的根组件
    }).mount('#app');
</script>
```

运行上述程序，选择 C 选项，在 p 标签中显示相应的 number 值，如图 4-20 所示。

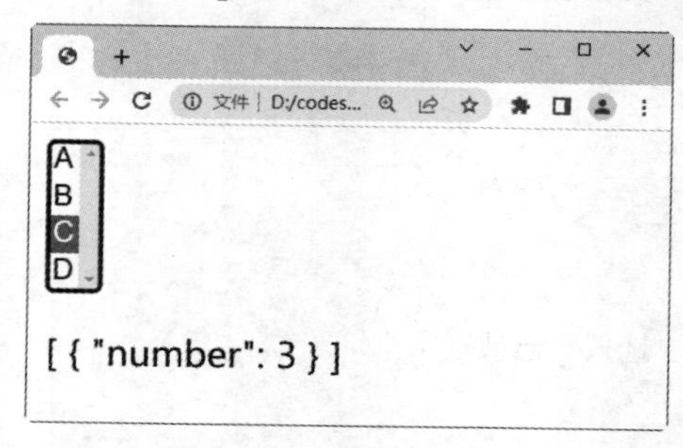

图 4-20　动态绑定选择框的选项

4.6　修　饰　符

对于 v-model 指令，还有 3 个常用的修饰符：lazy、number 和 trim。下面分别进行介绍。

4.6.1　lazy

在输入框中，v-model 默认是同步数据，使用 lazy 会转变为在 change 事件中同步，也就是在失去焦点或者按下 Enter 键时才更新。

【例 4.16】(实例文件：ch04\4.16.html)lazy 修饰符示例。

```
<div id="app">
    <input v-model.lazy="message">
    <span>{{ message }}</span>
</div>
<!--引入 vue 文件-->
<script src="https://unpkg.com/vue@3/dist/vue.global.js"></script>
<script>
    //创建一个应用程序实例
    const vm= Vue.createApp({
        //该函数返回数据对象
        data() {
            return {
                message:'abc'
            }
        },
    //在指定的 DOM 元素上装载应用程序实例的根组件
    }).mount('#app');
</script>
```

运行上述程序，输入“123456789”，如图 4-21 所示；失去焦点后同步数据，如图 4-22 所示。

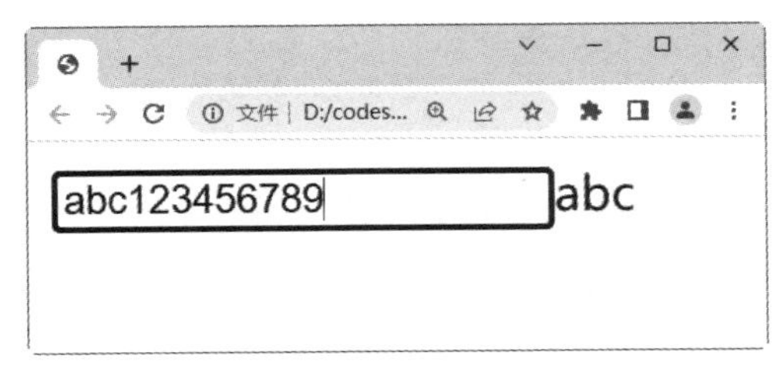

图 4-21　输入数据

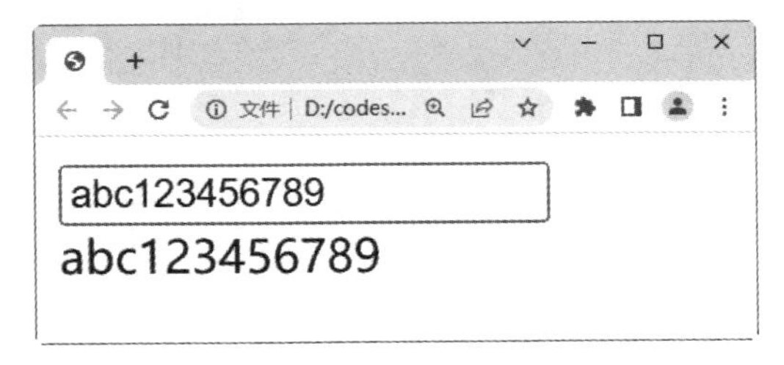

图 4-22　失去焦点同步数据

4.6.2　number

number 修饰符可以将输入的值转换为 Number 类型，否则虽然输入的是数字但它的类型其实是 String，在数字输入框中较常用。

如果想自动将用户的输入值转换为数值类型，可以给 v-model 添加 number 修饰符。因为即使在 type="number"时，HTML 输入元素的值也总会返回字符串。如果这个值无法被 parseFloat()解析，则会返回原始的值。

【例 4.17】(实例文件：ch04\4.17.html)number 修饰符示例。

```
<div id="app">
        <p>.number 修饰符</p>
        <input type="number" v-model.number="val">
        <p>数据类型是：{{ typeof(val) }}</p>
</div>
<!--引入 vue 文件-->
<script src="https://unpkg.com/vue@3/dist/vue.global.js"></script>
<script>
    //创建一个应用程序实例
    const vm= Vue.createApp({
        //该函数返回数据对象
        data() {
            return {
                val:'',
            }
        },
    //在指定的 DOM 元素上装载应用程序实例的根组件
    }).mount('#app');
</script>
```

运行上述程序，输入“123456789”，由于使用了 number 修饰符，所以显示的数据类型为 number，如图 4-23 所示。

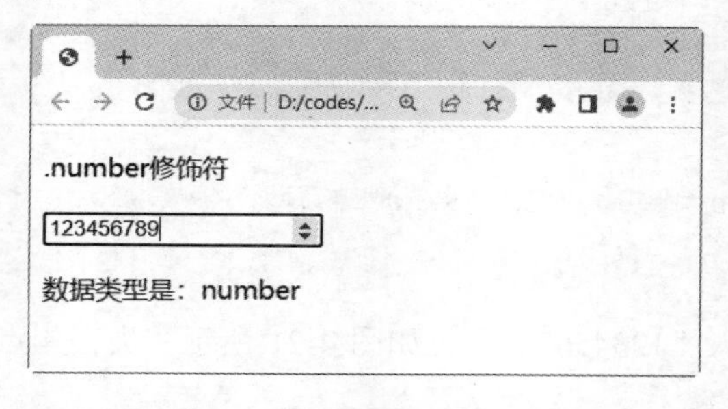

图 4-23　number 修饰符示例效果

4.6.3　trim

如果要自动过滤用户输入的首尾空格，可以给 v-model 添加 trim 修饰符。

【例 4.18】(实例文件：ch04\4.18.html)trim 修饰符示例。

```
<div id="app">
    <p>.trim 修饰符</p>
    <input type="text" v-model.trim="val">
    <p>val 的长度是：{{ val.length }}</p>
</div>
<!--引入 vue 文件-->
<script src="https://unpkg.com/vue@3/dist/vue.global.js"></script>
<script>
    //创建一个应用程序实例
    const vm= Vue.createApp({
        //该函数返回数据对象
        data() {
            return {
                val:''
```

```
            }
        },
    //在指定的 DOM 元素上装载应用程序实例的根组件
    }).mount('#app');
</script>
```

运行上述程序，在 input 前后输入了许多空格，并输入“123”，可以看到，val 的长度为 3，效果如图 4-24 所示。

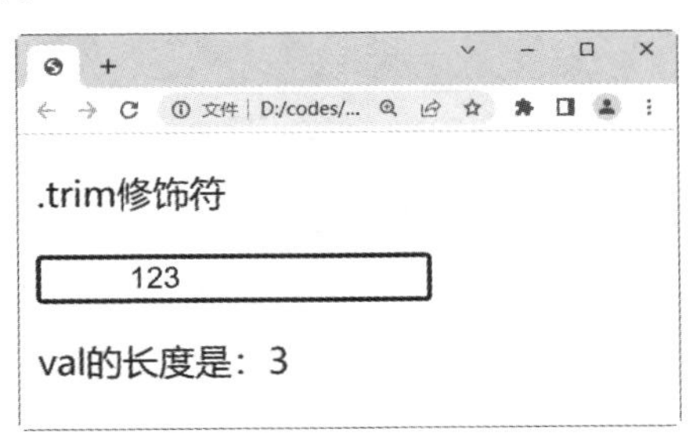

图 4-24　trim 修饰符示例效果

4.7　综合案例 1——破坏瓶子小游戏

本案例应用前面所学的知识，来编写一个简单的破坏瓶子的小游戏。这个游戏其实是一张图片对应一些按钮，通过不断地单击按钮，当单击一定次数后，用一张新图片替换原来的图片。

程序运行效果如图 4-25 所示；当我们不断单击“敲瓶子”按钮后，瓶子会被破坏，效果如图 4-26 所示。

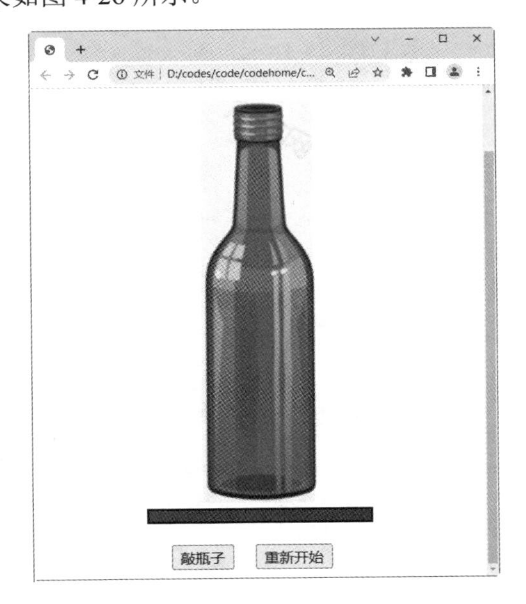

图 4-25　完整的瓶子

图 4-26　被敲碎后的瓶子

下面来看一下实现的步骤。

(1) 先来看一下 HTML 结构。包括图片、提示信息、破坏进度和控制按钮。

```
<div id="app">
    <!--图片-->
    <div id="bottle" v-bind:class="{ burst:boole }"></div>
    <!--提示破碎的信息-->
    <div id="state">{{ state }}</div>
    <!--破坏进度情况-->
    <div id="bottle-health">
        <div v-bind:style="{width:health + '%' }"></div>
    </div>
    <!--控制按钮-->
    <div id="controls">
        <button v-on:click="beat" v-show="!boole">敲瓶子</button>
        <button v-on:click="restart">重新开始</button>
    </div>
</div>
```

(2) 设计样式。

```
<style>
    #bottle{
        width:150px;                            /*定义宽度*/
        height: 500px;                          /*定义高度*/
        margin: 0 auto;                         /*定义外边距*/
        background: url(001.png) center no-repeat;  /* 定义图片 居中 不平铺*/
        background-size: 80%;                   /*定义背景图片尺寸*/
    }
    #bottle.burst{
        background-image:url(002.png);          /* 定义背景图片*/
    }
    #state{
        color: red;                             /*定义字体颜色*/
        text-align: center;                     /*定义水平居中*/
    }
    #bottle-health{
        width:200px;                            /*定义宽度*/
        border: 2px solid #000;                 /*定义边框*/
        margin: 0 auto 20px auto;               /*定义外边距*/
    }
    #bottle-health div{
        height:10px;                            /*定义高度*/
        background: #dc2b57;                    /*定义背景颜色*/
    }
    #controls{
        width: 200px;                           /*定义宽度*/
        margin: 0 auto;                         /*定义外边距*/
    }
    #controls button{
        margin-left: 20px;                      /*定义左侧外边距*/
    }
</style>
```

(3) 设计 Vue.js 逻辑。

```
<!--引入 vue 文件-->
<script src="https://unpkg.com/vue@3/dist/vue.global.js"></script>
```

```
<script>
    //创建一个应用程序实例
    const vm= Vue.createApp({
        //该函数返回数据对象
        data() {
            return {
                health:100,    //定义破坏的进度条
                boole:false,
                state:""
            }
        },
        methods:{
            // 破坏瓶子
            beat:function () {
                this.health-=10;     //每次单击按钮触发 beat 方法，health 宽度减小 10%
                if (this.health<=0){
                    this.boole=true; //当 this.health<=0 时，this.boole 的值为 true，
                                     //应用 burst 类更换背景图片
                    this.state="瓶子被敲碎了"    //提示“瓶子被敲碎”信息
                }
            },
            //重新开始
            restart:function(){
                this.health=100;     //进度条恢复 100
                this.boole=false;    //this.boole 回到定义时的值(false)，显示瓶子
                                     //没破坏前图片
            }
        }
    //在指定的 DOM 元素上装载应用程序实例的根组件
    }).mount('#app');
</script>
```

4.8　综合案例 2——设计网上商城购物车效果

该案例主要是设计网上商城购物车效果。用户可以修改商品的数量，购物车将自动计算商品的重量和价格。

设计商城购物车源代码如下：

```
<!DOCTYPE html>
<html>
<head>
<meta charset="UTF-8">
<meta name="viewport" content="width=device-width, initial-scale=1.0">
<style>
    body {
        margin: 0px;
        padding: 0px;
    }
    #app {
        width: 100%;
        max-width: 750px;
        margin: 0 auto;
    overflow: hidden;
    }
    .top {
        width: 100%;
```

```
    max-width: 750px;
    height: 50px;
    background: #55aaff;
    color: white;
    display: flex;
    align-items: center;
    justify-content: center;
}
img {
    width: 100px;
}
table tr td {
    border-bottom: 1px solid #dbdbdb;
    text-align: center;
}
.t1 {
    width: 30px;
    text-align: center;
}
.footer {
    width: 100%;
    max-width: 750px;
    height: 50px;
    background: #0094ff;
    color: white;
    position: fixed;
    bottom: 0;
    line-height: 50px;
}
.footer i {
    font-style: normal;
    padding-left: 50px;
}
</style>
</head>
<body>
    <div id="app" v-cloak>
        <div class="top">网上商城购物车</div>
        <table width="100%" cellpadding="5" cellspacing="0">
            <tr v-for="(item,i) in cartList" :key="i">
                <td v-if="item.check"><input type="checkbox" checked
                    @click="checkBtn(i)" /></td>
                <td v-else><input type="checkbox" @click="checkBtn(i)"/></td>
                <td><img :src="item.imgUrl" /></td>
                <td>名称:{{item.title}}<br />价格:{{item.price}}元/公斤</td>
                <td><button @click="btnSub(i)">-</button><input type="text"
                    class="t1" :value="item.num" /><button
                    @click="btnAdd(i)">+</button></td>
            </tr>
        </table>
        <div class="footer"><em v-if="allCheck == cartList.length">
            <input type="checkbox" checked
                    @click="allBtn" />全选</em><em v-else>
                        <input type="checkbox"
                    @click="allBtn" />全选</em><i>总数量:{{allNum}}公斤</i>
                        <i>总价格:{{allPrice}}元</i></div>
    </div>
<script src="https://unpkg.com/vue@3/dist/vue.global.js"></script>
<script>
const vm= Vue.createApp({
```

```
//该函数返回数据对象
data() {
    return {
      //记录选中的总条数
      allCheck: 0,
      // 获取产品总价格
      allPrice: 0,
      //选中的总数量
      allNum: 0,
      msg: 'Hello World',
      cartList: [{
        id: 1,
        imgUrl: "images/1.jpg",
        title: '苹果',
        price: 6,
        num: 1,
        check: false
       },
       {
        id: 2,
        imgUrl: "images/2.jpg",
        title: '西瓜',
        price: 2,
        num: 1,
        check: false
       },
       {
        id: 3,
        imgUrl: "images/3.jpg",
        title: '葡萄',
        price: 8,
        num: 1,
        check: false
        },
      ]
    }
},
    methods: {
      // 数量加减功能
      btnSub(i) {
        if (this.cartList[i].num < 1) {
          return
        }
        this.cartList[i].num -= 1;
        this.getAllPrice();
        this.getAllNum();
      },
      btnAdd(i) {
        if (this.cartList[i].num == 5) {
          return
        }
        this.cartList[i].num += 1;
        this.getAllPrice();
        this.getAllNum();
      },
      // 底部全选功能
      allBtn(e) {
        console.log(e.target);
        // 打印出: <input type="checkbox"/>
        console.log(e.target.checked);
```

```
          // 打印出: true
          if(e.target.checked){for(var i=0; i<this.cartList.length; i++)
          {
            this.cartList[i].check = true;
          }
        } else {
          for (var i = 0; i < this.cartList.length; i++) {
            this.cartList[i].check = false;
          }
        }
        this.getAllPrice();this.getAllNum();
      },
      // 判断是否全选
      getAllCheck(){var num = 0;for(var i=0; i<this.cartList.length; i++)
      {
        if (this.cartList[i].check) {
          num++;
        }
      }
      this.allCheck = num;
  },
  //0.获取产品总价格
  getAllPrice() {
      var num = 0;
      for (var i = 0; i < this.cartList.length; i++) {
        if (this.cartList[i].check) {
          num += parseInt(this.cartList[i].num) * parseInt
             (this.cartList[i].price);
        }
      }
      this.allPrice = num;
  },
  //1.获取选中总数量
  getAllNum() {
      var num = 0;
      for (var i = 0; i < this.cartList.length; i++) {
        if (this.cartList[i].check) {
          num += parseInt(this.cartList[i].num);
        }
      }
      this.allNum = num;
  },
  //2.修改产品的选中状态
  checkBtn(i) {
      console.log(this.cartList[i]);
      this.cartList[i].check = !this.cartList[i].check;
      // 获取总数量
      this.getAllNum();
      // 获取总价格
      this.getAllPrice();
      // 获取选中个数
      this.getAllCheck();
  },
  }
}).mount('#app');
    </script>
  </body>
</html>
```

在 Chrome 浏览器中运行程序，效果如图 4-27 所示。

图 4-27　商城购物车效果

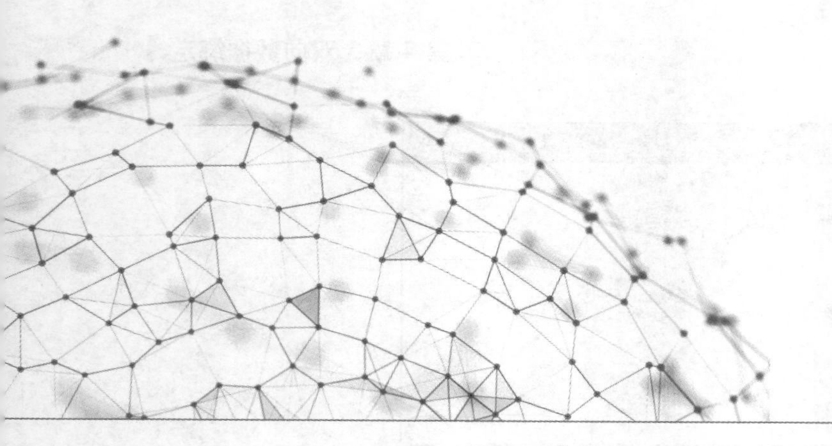

第5章 事件处理

在前面的章节中曾经介绍过内置指令，简单地介绍了 v-on 的基本用法。本章将详细地介绍 Vue 实现绑定事件的方法，使用 v-on 指令监听 DOM 事件来触发一些 JavaScript 代码。

5.1 监听事件

事件其实就是在程序运行当中，可以调用方法以改变对应的内容。下面先来看一个简单的示例：

```
<div id="app">
    <p>张三丰的年龄是:{{ age }}岁</p>
</div>
<!--引入 vue 文件-->
<script src="https://unpkg.com/vue@3/dist/vue.global.js"></script>
<script>
    //创建一个应用程序实例
    const vm= Vue.createApp({
        //该函数返回数据对象
        data() {
            return {
                age:"16"
            }
        },
    //在指定的 DOM 元素上装载应用程序实例的根组件
    }).mount('#app');
</script>
```

程序运行的结果为“张三丰的年龄是:16 岁”。

在上面的示例中，如果想要改变张三丰的年龄，就可以通过事件来完成。

在 JavaScript 中可以使用的事件，在 Vue.js 中也都可以使用。使用事件时，需要 v-on 指令监听 DOM 事件。

下面我们在上面的示例中添加两个按钮，当单击按钮时就可以增加或减少张三丰的年龄。

【例 5.1】(实例文件：ch05\5.1.html)添加单击事件。

```
<div id="app">
    <button v-on:click="age--">减少 1 岁</button>
    <button v-on:click="age++">增加 1 岁</button>
    <p>张三丰的年龄:{{ age }}岁</p>
</div>
<!--引入 vue 文件-->
<script src="https://unpkg.com/vue@3/dist/vue.global.js"></script>
<script>
    //创建一个应用程序实例
    const vm= Vue.createApp({
        //该函数返回数据对象
        data() {
            return {
                age:"16"
            }
        },
    //在指定的 DOM 元素上装载应用程序实例的根组件
    }).mount('#app');
</script>
```

运行上述程序，不断单击“增加 1 岁”按钮，张三丰的年龄不断增长，如图 5-1 所示。

图 5-1　单击事件的应用

为什么要在 HTML 中监听事件呢？这种事件监听的方式违背了关注点分离这个长期以来的优良传统。但不必担心，因为所有的 Vue.js 事件处理方法和表达式都严格绑定在当前视图的 ViewModel 上，它不会导致任何维护上的困难。实际上，使用 v-on 有以下三个好处。

(1)　扫一眼 HTML 模板，便能轻松定位在 JavaScript 代码里对应的方法。

(2)　因为无须在 JavaScript 里手动绑定事件，ViewModel 代码是非常纯粹的逻辑，和 DOM 完全解耦，更易于测试。

(3)　当一个 ViewModel 被销毁时，所有的事件处理器都会自动被删除，无须担心如何清理它们。

5.2　事件处理方法

在上一节介绍的示例中，我们是直接操作属性，但在实际项目开发中，是不可能直接对属性进行操作的。例如，在上面的示例中，如果单击一次按钮，张三丰的年龄增加或减少 10 岁，怎么办呢？

许多事件处理逻辑会更为复杂，所以直接把 JavaScript 代码写在 v-on 指令中是不可行的。在 Vue 中，v-on 还可以接受一个需要调用的方法名称，我们可以在方法中来完成复杂的逻辑。

下面我们在方法中来实现单击按钮增加或减少 10 岁的操作。

【例 5.2】(实例文件：ch05\5.2.html)事件处理方法。

```
<div id="app">
    <button v-on:click="reduce">减少 10 岁</button>
    <button v-on:click="add">增加 10 岁</button>
    <p>张三丰的年龄:{{ age }}岁</p>
</div>
<!--引入 vue 文件-->
<script src="https://unpkg.com/vue@3/dist/vue.global.js"></script>
<script>
    //创建一个应用程序实例
    const vm= Vue.createApp({
        //该函数返回数据对象
        data() {
            return {
                age:16
            }
        },
        methods:{
            add:function(){
                this.age+=10
            },
            reduce:function(){
                this.age-=10
            }
        }
    //在指定的 DOM 元素上装载应用程序实例的根组件
    }).mount('#app');
</script>
```

运行上述程序，单击“减少 10 岁”按钮，张三丰的年龄减少 10 岁，如图 5-2 所示。

图 5-2　事件处理方法

提示

v-on: 可以使用“@”代替，例如:

```
<button @click="reduce">减少 10 岁</button>
<button @click="add">增加 10 岁</button>
```

v-on:和@作用是一样的，可以根据自己的喜好进行选择。

这样就把逻辑代码写到了方法中。相对于上面的示例，还可以通过传入参数的方法来实现，在调用方法时，传入想要增加或减少的数量，在 Vue 中定义一个 change 参数。

【例 5.3】(实例文件：ch05\5.3.html)事件处理方法的参数。

```
<div id="app">
    <button v-on:click="reduce(10)">减少 10 岁</button>
    <button v-on:click="add(10)">增加 10 岁</button>
    <p>张三丰的年龄:{{ age }}岁</p>
</div>
<!--引入 vue 文件-->
```

```
<script src="https://unpkg.com/vue@3/dist/vue.global.js"></script>
<script>
    //创建一个应用程序实例
    const vm= Vue.createApp({
        //该函数返回数据对象
        data() {
            return {
                age:16
            }
        },
        methods:{
           //在方法中定义一个参数 change，接受 HTML 中传入的参数
            add:function(change){
                this.age+=change
            },
            reduce:function(change){
                this.age-=change
            }
        }
    //在指定的 DOM 元素上装载应用程序实例的根组件
    }).mount('#app');
</script>
```

运行上述程序，单击“增加 10 岁”按钮，张三丰的年龄增加 10 岁，如图 5-3 所示。

图 5-3　事件处理方法的参数

对于定义的方法，多个事件都可以调用。例如，在上面的示例中，再添加两个按钮，分别添加双击事件，并调用 add()和 reduce()方法。单击事件传入参数 1，双击事件传入参数 10，在 Vue 中使用 change 参数。

【**例 5.4**】(实例文件：ch05\5.4.html)多个事件调用方法。

```
<div id="app">
    <div>单击:
        <button v-on:click="reduce(1)">减少 1 岁</button>
        <button v-on:click="add(1)">增加 1 岁</button>
    </div>
    <p>张三丰的年龄:{{ age }}岁</p>
    <div>双击:
        <button v-on:dblclick="reduce(10)">减少 10 岁</button>
        <button v-on:dblclick="add(10)">增加 10 岁</button>
    </div>
</div>
<!--引入 vue 文件-->
<script src="https://unpkg.com/vue@3/dist/vue.global.js"></script>
<script>
    //创建一个应用程序实例
    const vm= Vue.createApp({
        //该函数返回数据对象
        data() {
```

```
            return {
                age:16
            }
        },
        methods:{
            add:function(change){
                this.age+=change
            },
            reduce:function(change){
                this.age-=change
            }
        }
    //在指定的 DOM 元素上装载应用程序实例的根组件
    }).mount('#app');
</script>
```

运行上述程序，单击或者双击按钮，张三丰的年龄随之改变，效果如图 5-4 所示。

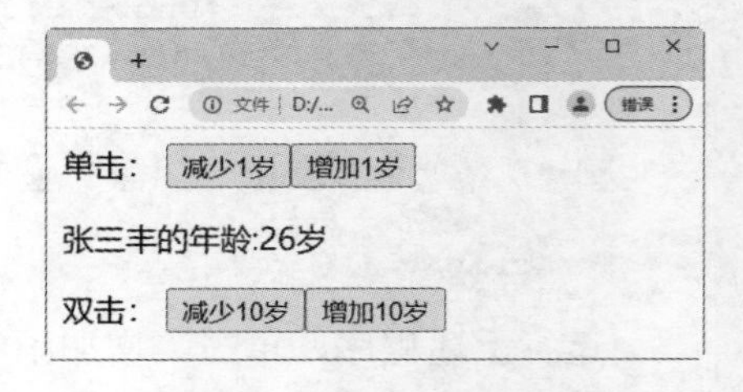

图 5-4　多个事件调用方法

除了上述的单击和双击事件，再介绍一个 mousemove 事件，当鼠标在元素内部移动时会不断触发该事件，可以通过该事件获取鼠标在元素上的位置。下面通过一个示例进行介绍。

在示例中首先定义一个 area 元素，并设置简单样式，然后使用 v-on:绑定 mousemove 事件。在 Vue 中定义 position 方法，通过 event 事件对象获取鼠标的位置，并赋值给 x 和 y，最后在页面中渲染 x 和 y。

提示

event 对象代表事件的状态，例如事件中元素的状态、键盘按键的状态、鼠标的位置、鼠标按钮的状态等。当一个事件发生的时候，和当前这个对象发生的这个事件有关的一些详细信息都会被临时保存到一个指定的地方——event 对象，供我们在需要的时候调用。这个对象是在执行事件时，浏览器通过函数传递过来的。

【例 5.5】(实例文件：ch05\5.5.html)mousemove 事件。

```
<style>
    .area{
        width: 400px;                /*定义宽度*/
        height: 200px;               /*定义高度*/
        border:1px solid black;      /*定义边框*/
        text-align:center;           /*水平居中*/
        line-height:200px;           /*定义行高*/
        font-size: 20px;             /*定义字体大小*/
    }
</style>
<div id="app">
    <div class="area" @mousemove="position">
        {{x}},{{y}}
    </div>
</div>
<!--引入 vue 文件-->
```

```
<script src="https://unpkg.com/vue@3/dist/vue.global.js"></script>
<script>
    //创建一个应用程序实例
    const vm= Vue.createApp({
        //该函数返回数据对象
        data() {
            return {
               x:0,
               y:0
            }
        },
        methods:{
            position:function(event){
                console.log(event)
                // 获取鼠标的坐标点
                this.x=event.offsetX;
                this.y=event.offsetY;
            }
        }
    //在指定的 DOM 元素上装载应用程序实例的根组件
    }).mount('#app');
</script>
```

运行上述程序，在方框中移动鼠标，会显示鼠标的相对位置，如图 5-5 所示。

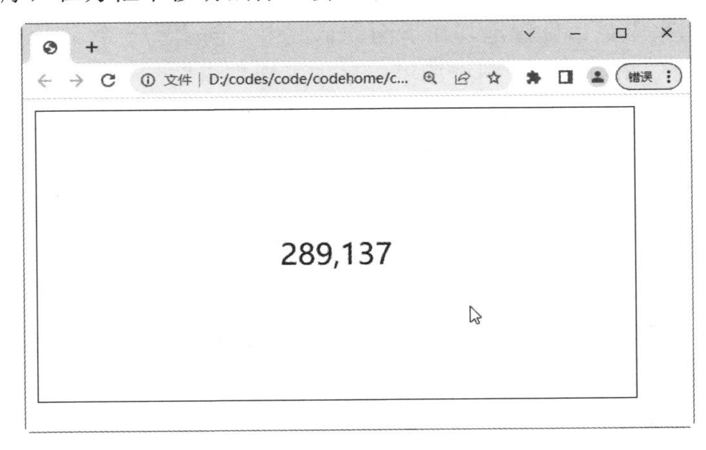

图 5-5　mousemove 事件作用效果

注意

在 Vue.js 事件中，可以使用事件名称 add 或 reduce 进行调用，也可以使用事件名加上“()”的形式，例如 add()、reduce()。但是在具有参数时需要使用 add()、reduce()的形式。在{{}}中调用方法时，必须使用 add()、reduce()形式。

5.3　事件修饰符

对事件添加一些通用的限制，例如阻止事件冒泡，Vue 对这种事件的限制提供了特定的写法，称之为修饰符，其语法如下：

```
v-on:事件.修饰符
```

在事件处理程序中调用 event.preventDefault()(阻止默认行为)或 event.stopPropagation()(阻止事件冒泡)是常见的需求。尽管可以在方法中轻松实现这一点，但更好的方式是使用纯粹的数据逻辑，而不是去处理 DOM 事件细节。

在 Vue 中，事件修饰符处理了许多 DOM 事件的细节，让我们不再花费大量的时间去处理这些烦恼的事情，而留出更多的精力专注于程序的逻辑处理。在 Vue 中事件修饰符主要有以下几个。

- stop：等同于 JavaScript 中的 event.stopPropagation()，阻止事件冒泡。
- capture：与事件冒泡的方向相反，事件捕获由外到内。
- self：只会触发自己范围内的事件。
- once：只会触发一次。
- prevent：等同于 JavaScript 中的 event.preventDefault()，阻止默认事件的发生。
- passive：执行默认行为。

下面分别介绍每个修饰符的用法。

5.3.1 stop

stop 修饰符用来阻止事件冒泡。在下面的示例中，创建了一个 div 元素，在其内部也创建一个 div 元素，并为它们分别添加单击事件。根据事件的冒泡机制可以得知，当单击内部的 div 元素之后，会扩散到父元素 div，从而触发父元素的单击事件。

【例 5.6】(实例文件：ch05\5.6.html)冒泡事件。

```
<style>
    .outside{
        width: 200px;                    /*定义宽度*/
        height: 200px;                   /*定义高度*/
        border: 1px solid red;           /*定义边框*/
        text-align: center;              /*文本水平居中*/
    }
    .inside{
        width: 100px;                    /*定义宽度*/
        height: 100px;                   /*定义高度*/
        border:1px solid black;          /*定义边框*/
        margin:  25%;                    /*定义外边距*/
    }
</style>
<body>
<div id="app">
    <div class="outside" @click="outside">
        <div class="inside" @click ="inside">冒泡事件</div>
    </div>
</div>
<!--引入 vue 文件-->
<script src="https://unpkg.com/vue@3/dist/vue.global.js"></script>
<script>
    //创建一个应用程序实例
    const vm= Vue.createApp({
        methods: {
            outside: function () {
                alert("外面的div")
```

```
            },
            inside: function () {
                alert("内部的 div")
            }
        }
    //在指定的 DOM 元素上装载应用程序实例的根组件
    }).mount('#app');
</script>
```

运行上述程序，单击内部的 inside 元素，触发自身事件，效果如图 5-6 所示；根据事件的冒泡机制，也会触发外部的 outside 元素，效果如图 5-7 所示。

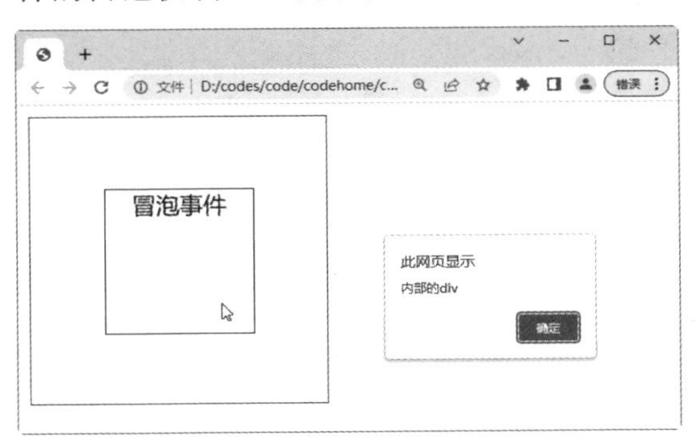

图 5-6　触发内部元素事件

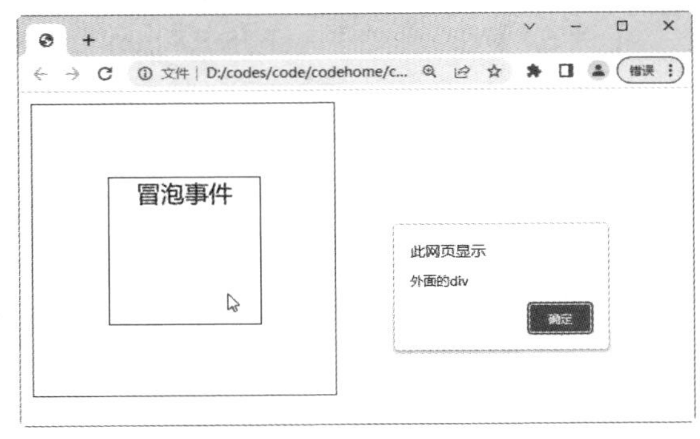

图 5-7　触发外部元素事件

如果不希望出现事件冒泡，则可以使用 Vue 内置的修饰符 stop 便捷地阻止事件冒泡的产生。因为是单击内部 div 元素后产生的事件冒泡，所以只需要在内部 div 元素的单击事件上加上 stop 修饰符即可。

【例 5.7】(实例文件：ch05\5.7.html)stop 修饰符示例。

更改上面 HTML 对应的代码：

```
<div id="app">
    <div class="outside" @click="outside">
        <div class="inside" @click.stop="inside">阻止事件冒泡</div>
    </div>
</div>
```

运行上述程序，单击内部的 inside 之后，将不再触发父元素单击事件，如图 5-8 所示。

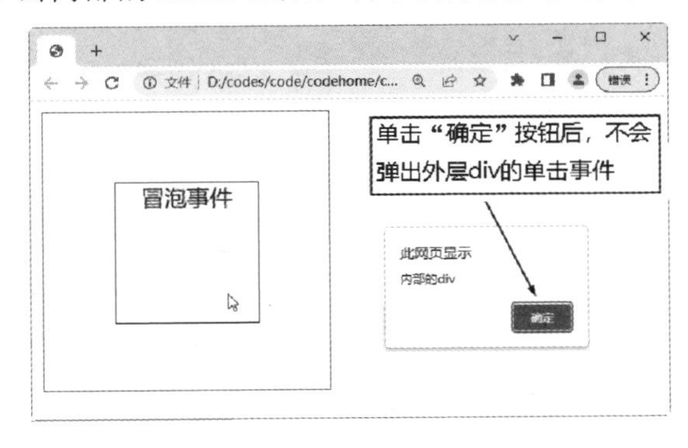

图 5-8　只触发内部元素事件

5.3.2 capture

事件捕获模式与事件冒泡模式是一对相反的事件处理流程，当想要将页面元素的事件流改为事件捕获模式时，只需要在父级元素的事件上使用 capture 修饰符即可。若有多个该修饰符，则由外而内触发。

在下面的示例中，创建了 3 个 div 元素，把它们分别嵌套，并添加单击事件。为外层的两个 div 元素添加 capture 修饰符。当单击内部的 div 元素时，将从外部向内触发含有 capture 修饰符的 div 元素的事件。

【例 5.8】(实例文件：ch05\5.8.html)capture 修饰符示例。

```
<style>
    .outside{
        width: 300px;                               /*定义宽度*/
        height: 300px;                              /*定义高度*/
        color:white;                                /*定义字体颜色*/
        font-size: 30px;
        background: red;                            /*定义背景色*/
    }
    .center{
        width: 200px;                               /*定义宽度*/
        height: 200px;                              /*定义高度*/
        background: #17a2b8;                        /*定义背景色*/
    }
    .inside{
        width: 100px;                               /*定义宽度*/
        height: 100px;                              /*定义高度*/
        background: #a9b4ba;                        /*定义背景色*/
    }
</style>
<div id="app">
    <div class="outside" @click.capture="outside">
        <div class="center" @click.capture="center">
            <div class="inside" @click="inside">内部</div>
            中间
        </div>
        外层
    </div>
</div>
<!--引入 vue 文件-->
<script src="https://unpkg.com/vue@3/dist/vue.global.js"></script>
<script>
    //创建一个应用程序实例
    const vm= Vue.createApp({
        methods: {
            outside: function () {
                alert("外面的 div")
            },
            center: function () {
                alert("中间的 div")
            },
            inside: function () {
                alert("内部的 div")
            }
        }
```

```
    //在指定的 DOM 元素上装载应用程序实例的根组件
    }).mount('#app');
</script>
```

运行上述程序，单击内部的 div 元素，会先触发添加了 capture 修饰符的外层 div 元素，如图 5-9 所示；然后触发中间 div 元素，如图 5-10 所示；最后触发单击的内部元素，如图 5-11 所示。

图 5-9　触发外层 div 元素事件

图 5-10　触发中间 div 元素事件

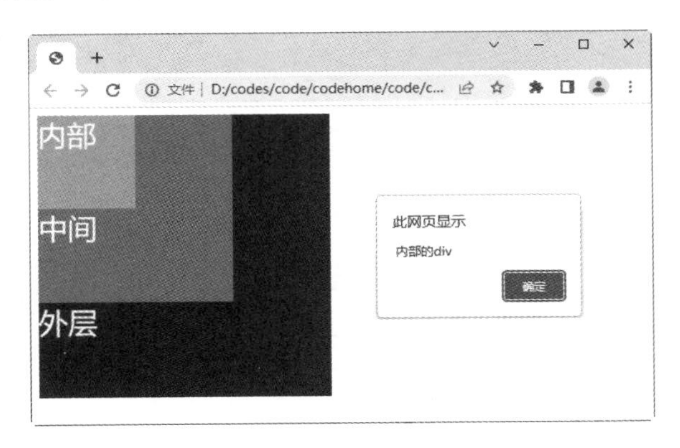

图 5-11　触发内部 div 元素事件

5.3.3　self

self 修饰符可以理解为跳过冒泡事件和捕获事件，只有直接作用在该元素上的事件才可以执行。self 修饰符会监视事件是否直接作用在元素上，若不是，则冒泡跳过该元素。

【例 5.9】(实例文件：ch05\5.9.html)self 修饰符示例。

```
<style>
    .outside{
        width: 300px;                    /*定义宽度*/
        height: 300px;                   /*定义高度*/
        color:white;                     /*定义字体颜色*/
        font-size: 30px;
        background: red;                 /*定义背景色*/
    }
    .center{
        width: 200px;                    /*定义宽度*/
```

```
        height: 200px;                    /*定义高度*/
        background: #17a2b8;              /*定义背景色*/
    }
    .inside{
        width: 100px;                     /*定义宽度*/
        height: 100px;                    /*定义高度*/
        background: #a9b4ba;              /*定义背景色*/
    }
</style>
<div id="app">
    <div class="outside" @click="outside">
        <div class="center" @click.self="center">
            <div class="inside" @click="inside">内部</div>
            中间
        </div>
        外层
    </div>
</div>
<!--引入 vue 文件-->
<script src="https://unpkg.com/vue@3/dist/vue.global.js"></script>
<script>
    //创建一个应用程序实例
    const vm= Vue.createApp({
        methods: {
            outside: function () {
                alert("外面的 div")
            },
            center: function () {
                alert("中间的 div")
            },
            inside: function () {
                alert("内部的 div")
            }
        }
    //在指定的 DOM 元素上装载应用程序实例的根组件
    }).mount('#app');
</script>
```

运行上述程序，单击内部的 div 后，触发该元素的单击事件，效果如图 5-12 所示；由于中间 div 添加了 self 修饰符，并且直接单击该元素，所以会跳过；内部 div 执行完毕，外层的 div 紧接着执行，效果如图 5-13 所示。

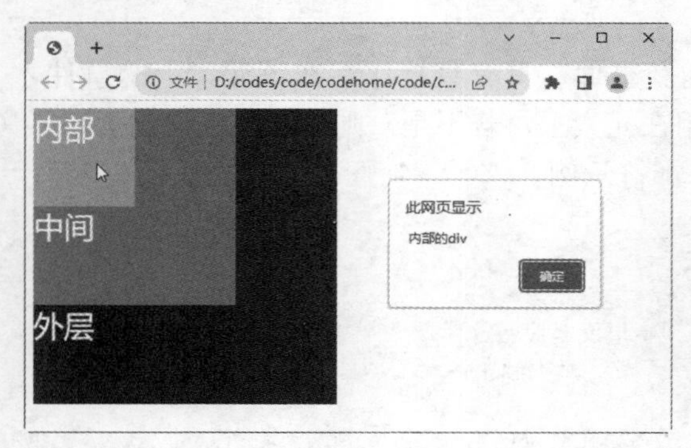

图 5-12　触发内部 div 元素事件

图 5-13　触发外层 div 元素事件

5.3.4　once

有时候，只需要执行一次的操作，例如，微信朋友圈点赞，这时便可以使用 once 修饰符来完成。

提示

不像其他只能对原生的 DOM 事件起作用的修饰符，once 修饰符还能被用到自定义的组件事件上。

【例 5.10】(实例文件：ch05\5.10.html)once 修饰符示例。

```
<div id="app">
    <button @click.once="add">点赞 {{ num }}</button>
</div>
<!--引入 vue 文件-->
<script src="https://unpkg.com/vue@3/dist/vue.global.js"></script>
<script>
    //创建一个应用程序实例
    const vm= Vue.createApp({
        //该函数返回数据对象
        data() {
            return {
                num:0
            }
        },
        methods:{
            add:function(){
                this.num+=1
            },
        }
    //在指定的 DOM 元素上装载应用程序实例的根组件
    }).mount('#app');
</script>
```

运行上述程序，单击“点赞 0”按钮，num 值从 0 变成 1，之后，不管再单击多少次，num 的值仍然是 1，效果如图 5-14 所示。

图 5-14　once 修饰符示例效果

5.3.5　prevent

prevent 修饰符用于阻止默认行为，例如<a>标签，当单击标签时，默认行为会跳转到对应的链接，如果添加 prevent 修饰符将不会跳转到对应的链接。

注意

不要把 prevent 和 passive 修饰符一起使用，因为 prevent 将会被忽略，同时浏览器可能会显示一个警告。passive 修饰符会告诉浏览器不想阻止事件的默认行为。

【例 5.11】(实例文件：ch05\5.11.html)prevent 修饰符示例。

```
<div id="app">
    <a @click.prevent="alert()" href="https://cn.vuejs.org" >Vue.js 官网</a>
</div>
<!--引入 vue 文件-->
<script src="https://unpkg.com/vue@3/dist/vue.global.js"></script>
<script>
    //创建一个应用程序实例
    const vm= Vue.createApp({
        methods:{
            alert:function(){
                alert("阻止<a>标签的链接")
            }
        }
    //在指定的 DOM 元素上装载应用程序实例的根组件
    }).mount('#app');
</script>
```

运行上述程序，单击“Vue.js 官网”链接，将触发 alert()事件，弹出“阻止<a>标签的链接”提示框，效果如图 5-15 所示；单击“确定”按钮，发现页面将不再跳转。

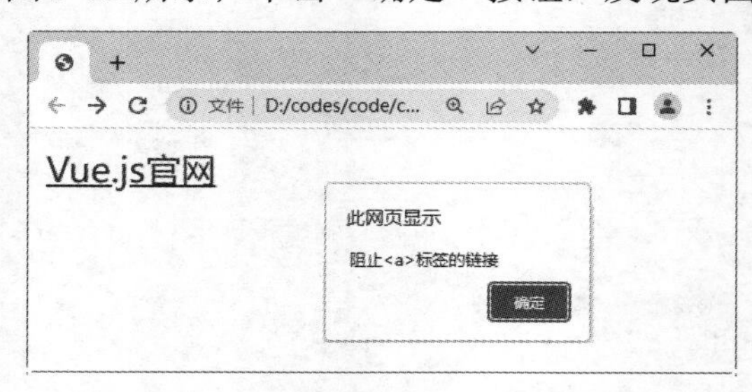

图 5-15　prevent 修饰符示例效果

5.3.6　passive

明明默认执行的行为，为什么还要使用 passive 修饰符呢？原因是浏览器只有等内核线程执行到事件监听器对应的 JavaScript 代码时，才能知道内部是否会调用 preventDefault 函数来阻止事件的默认行为，所以浏览器本身是没有办法对这种场景进行优化的。这种场景下，用户的手势事件无法快速产生，会导致页面无法快速执行滑动逻辑，从而让用户感觉页面卡顿。

通俗地说就是每次事件产生，浏览器都会去查询一下是否有 preventDefault 阻止该次事件的默认动作。加上 passive 修饰符就是为了告诉浏览器，不用查询了，没有 preventDefault 阻止默认行为。

提示

passive 修饰符能够有效地提升移动端的性能。

passive 修饰符一般用在滚动监听、@scoll 和@touchmove 中。因为在滚动监听过程中，移动每个像素都会产生一次事件，每次都使用内核线程查询 prevent 会使滑动卡顿。

通过 passive 修饰符跳过内核线程查询，可以大大提升滑动的流畅度。

注意

使用修饰符时，顺序很重要，相应的代码会以同样的顺序产生。因此，用 v-on:click.prevent.self 会阻止所有的单击，而 v-on:click.self.prevent 只会阻止对元素自身的单击。

5.4 按键修饰符

在 Vue 中可以使用以下三种键盘事件。

- keydown：键盘按键按下时触发。
- keyup：键盘按键抬起时触发。
- keypress：键盘按键按下、抬起间隔期间触发。

在日常的页面交互中，经常会遇到这种需求：例如，用户输入账号和密码后按 Enter 键，或通过单击列表框后自动加载符合选中条件的数据。在传统的前端开发中，当碰到这种类似的需求时，往往需要知道 JavaScript 中需要监听的按键所对应的 keyCode，然后通过判断 keyCode 得知用户是按下了哪个按键，继而执行后续的操作。

提示

keyCode 返回 keypress 事件触发的键值的字符代码或 keydown、keyup 事件的键的代码。

下面来看一个示例，当触发键盘事件时，调用一个方法。在示例中，为两个 input 输入框绑定 keyup 事件，用键盘在输入框中输入内容时触发，每次输入内容都会触发并调用 name 或 password 方法。

【例 5.12】(实例文件：ch05\5.12.html)触发键盘事件。

```
<div id="app">
    <label for="name">姓名：</label>
    <input v-on:keyup="name" type="text" id="name">
    <label for="pass">密码：</label>
    <input v-on:keyup="password" type="password" id="pass">
</div>
<!--引入 vue 文件-->
<script src="https://unpkg.com/vue@3/dist/vue.global.js"></script>
<script>
    //创建一个应用程序实例
    const vm= Vue.createApp({
        methods: {
            name:function(){
                console.log("正在输入姓名...")
            },
            password:function(){
                console.log("正在输入密码...")
            }
        }
```

```
    //在指定的 DOM 元素上装载应用程序实例的根组件
    }).mount('#app');
</script>
```

运行上述程序，按 F12 键打开控制台，然后在输入框中输入姓名和密码。可以发现，当每次输入时，都会调用对应的方法打印内容，如图 5-16 所示。

图 5-16　每次输入内容都会触发

在 Vue 中，提供了一种便捷的方式去实现监听按键事件。在监听键盘事件时，经常需要查找常见的按键所对应的 keyCode，而 Vue 为常用的按键提供了按键码的别名，主要包括 enter(回车键)、tab(换行键)、delete(捕获“删除”和“退格”键)、esc(退出键)、space(空格键)、up(向上键)、down(向下键)、left(向左键)、right(向右键)。

对于上面的示例，每次输入都会触发 keyup 事件，有时候不需要每次输入都触发该事件，例如发 QQ 消息，希望所有的内容都输入完成后再发送。这时可以为 keyup 事件添加 enter 按键码，当键盘上的 Enter 键抬起时才会触发 keyup 事件。

例如，更改上面的示例，在 keyup 事件后添加 enter 按键码。

【例 5.13】(实例文件：ch05\5.13.html)添加 enter 按键码。

```
<div id="app">
    <label for="name">姓名：</label>
    <input v-on:keyup.enter="name" type="text" id="name">
</div>
<!--引入 vue 文件-->
<script src="https://unpkg.com/vue@3/dist/vue.global.js"></script>
<script>
    //创建一个应用程序实例
    const vm= Vue.createApp({
        methods: {
            name:function(){
                console.log("正在输入姓名...")
            }
        }
    //在指定的 DOM 元素上装载应用程序实例的根组件
    }).mount('#app');
</script>
```

运行上述程序，在 input 输入框中输入“zhangsangfeng”，然后按下 Enter 键，弹起后将触发 keyup 方法，打印“正在输入姓名...”，效果如图 5-17 所示。

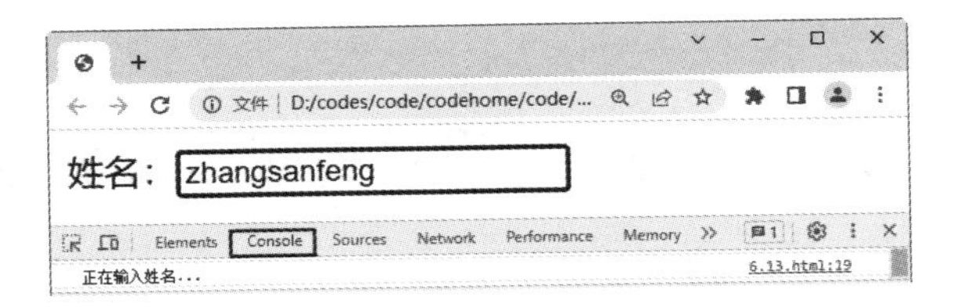

图 5-17　按下 Enter 键并弹起时触发

5.5　系统修饰键

可以用修饰符来实现仅在按下相应按键时才触发鼠标或键盘事件的监听器，系统修饰键有 ctrl、alt、shift、meta。

注意

系统修饰键与常规按键不同，在和 keyup 事件一起使用时，事件触发时修饰键必须处于按下状态。换句话说，只有在按住 Ctrl 键的情况下释放其他按键，才能触发 keyup.ctrl。而仅仅释放 Ctrl 键也不会触发事件。

【例 5.14】(实例文件：ch05\5.14.html)系统修饰键。

```
<div id="app">
   <label for="name">姓名：</label>
   <!--添加 shift 按键码-->
   <input v-on:keyup.shift.enter="name" type="text" id="name">
</div>
<!--引入 vue 文件-->
<script src="https://unpkg.com/vue@3/dist/vue.global.js"></script>
<script>
    //创建一个应用程序实例
    const vm= Vue.createApp({
        methods: {
            name:function(){
                console.log("正在输入姓名...")
            }
        }
    //在指定的 DOM 元素上装载应用程序实例的根组件
    }).mount('#app');
</script>
```

运行上述程序，在 input 中输入完成后，按下 Enter 键是无法激活 keyup 事件的，首先需要按下 Shift 键，再按 Enter 键才可以触发，效果如图 5-18 所示。

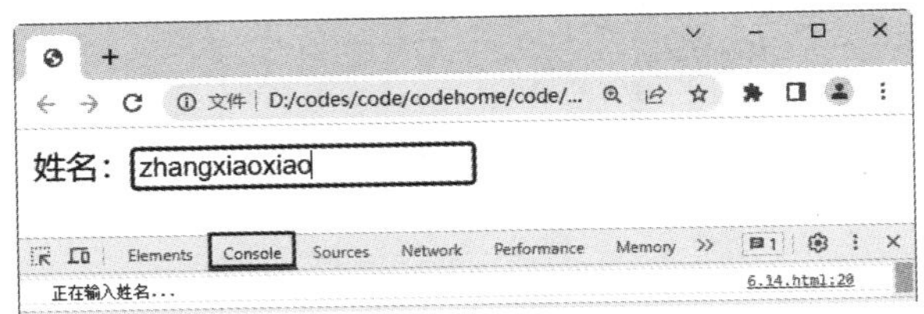

图 5-18　系统修饰键

5.6　综合案例——设计商城 tab 栏切换

该案例使用事件来定义 tab 栏。首先，为导航栏的每个 a 标签设置 curId 的值，如果 curId 的值等于 0，则第一个 a 标签添加 cur 类名；如果 curId 的值等于 1，则第二个 a 标签添加 cur 类名，以此类推。添加了 cur 类名，a 标签就会改变样式。

然后，根据 curId 的值显示 tab 栏的内容，如果 curId 的值等于 0，第一个 div 显示，其他三个 div 不显示。如果 curId 的值等于 1，则第二个 div 显示，其他三个 div 不显示，以此类推。

具体的实现代码如下：

```
<!DOCTYPE html>
<html>
<head>
    <meta charset="UTF-8">
    <title>Title</title>
</head>
<body>
<div id="tab">
    <div class="tab-tit">
        <a href="javascript:;" @click="curId=0" :class="{'cur':curId===0}">女装</a>
        <a href="javascript:;" @click="curId=1" :class="{'cur':curId===1}">鞋子</a>
        <a href="javascript:;" @click="curId=2" :class="{'cur':curId===2}">包包</a>
        <a href="javascript:;" @click="curId=3" :class="{'cur':curId===3}">男装</a>
    </div>
    <div class="tab-con">
        <div v-show="curId===0">
            <img src="001.jpg">
        </div>
        <div v-show="curId===1">
            <img src="002.jpg" >
        </div>
        <div v-show="curId===2">
            <img src="003.jpg">
        </div>
        <div v-show="curId===3">
            <img src="004.jpg" >
        </div>
    </div>
</div>
</body>
<!--引入 vue 文件-->
<script src="https://unpkg.com/vue@3/dist/vue.global.js"></script>
<script>
    //创建一个应用程序实例
    const vm= Vue.createApp({
        //该函数返回数据对象
        data() {
            return {
                curId: 0
            }
        },
    //在指定的 DOM 元素上装载应用程序实例的根组件
    }).mount('#tab');
```

```
</script>
</html>
```

样式代码如下：

```
<style>
    #tab{
        width: 600px;
        margin: 0 auto;
    }
    .tab-tit{
        font-size: 0;
        width: 600px;
    }
    .tab-tit a{
        display: inline-block;
        height: 40px;
        line-height: 40px;
        font-size: 16px;
        width: 25%;
        text-align: center;
        background: #e1e1e1;
        color: #333;
        text-decoration: none;
    }
    .tab-tit .cur{
        background: #09f;
        color: #fff;
    }
    .tab-con div{
        border: 1px solid #e7e7e7;
        height: 400px;
        padding-top: 20px;
    }
</style>
```

运行上述程序，效果如图 5-19 所示。

图 5-19　tab 栏切换效果

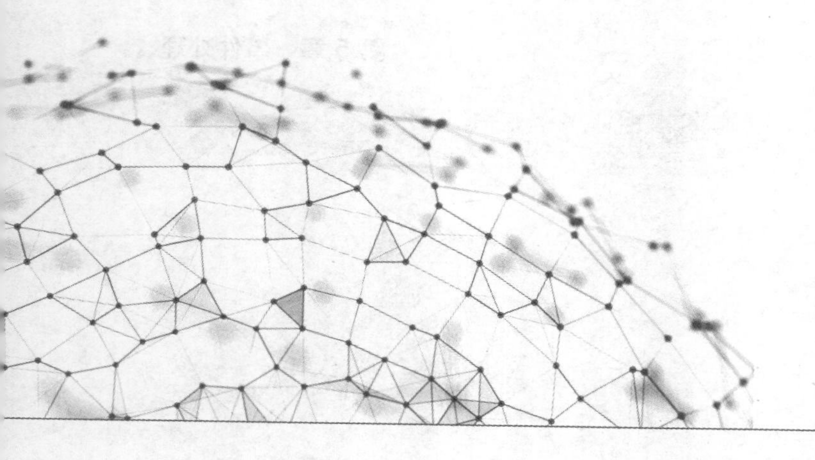

第 6 章

精通组件和组合 API

在前面章节的学习中，我们了解了 Vue.js 的一些基础语法，通过之前的代码可以清晰地看出，在使用 Vue.js 的整个过程中，都是在对 Vue.js 实例进行一系列的操作。这里就会引出一个问题，把所有对 Vue.js 实例的操作全部写在一起，将导致这个方法又长又不好理解。那么，如何在 Vue.js 中解决上述问题呢？这就需要用到组件技术了。

Vue.js 3.x 新增了组合 API，它是一组附加的、基于函数的 API，允许灵活地组合组件逻辑。本章将重点学习组件和组合 API 的使用方法和技巧。

6.1 组件是什么

组件是 Vue.js 中的一个重要概念，它是一种抽象的、可以复用的 Vue.js 实例，它拥有独一无二的名称，可以扩展 HTML 元素，并能以组件名称的方式作为自定义的 HTML 标签。因为组件是可复用的 Vue.js 实例，所以它们与 new_Vue()接受相同的选项，例如 data、computed、watch、methods 以及生命周期钩子等。仅有的例外是像 el 这样的根实例选项。

例如，在绝大多数的系统网页中，都包含 header、menu、body、footer 等部分，很多时候，同一个系统中的多个页面，可能仅仅是页面中 body 部分显示的内容不同，因此，我们可以将系统中重复出现的页面元素设计成一个个的组件，当需要使用这些组件的时候，引用该组件即可。

模块化主要是为了实现每个模块的功能相对独立，一般是从代码逻辑的角度进行划分；而 Vue.js 中的组件化，更多的是为了实现前端 UI 组件的重用。

6.2 组件的注册

在 Vue.js 中创建一个新的组件后，为了能在模板中使用，该组件必须先进行注册，以便 Vue.js 能够识别它。在 Vue.js 中有两种组件的注册类型：全局注册和局部注册。

6.2.1 全局注册

全局注册组件使用应用程序实例的 component()方法来注册组件。该方法有两个参数，第一个参数是组件的名称，第二个参数是函数对象或者选项对象。其语法格式如下：

```
app.component({string}name,{Function|Object} definition(optional))
```

因为组件最后会被解析成自定义的 HTML 代码，因此，可以直接在 HTML 中使用组件名称作为标签。

【例 6.1】(实例文件：ch06\6.1.html)全局注册组件。

```
<div id="app">
   <!--使用 my-component 组件-->
   <my-component></my-component>
</div>
<!--引入 vue 文件-->
<script src="https://unpkg.com/vue@3/dist/vue.global.js"></script>
<script>
    //创建一个应用程序实例
     const vm= Vue.createApp({});
    vm.component('my-component', {
        data(){
          return{
            message:" 这是我们创建的全局组件"
          }
        },
        template: '
            <div><h2>{{message}}</h2></div>'
        });
    //在指定的 DOM 元素上装载应用程序实例的根组件
    vm.mount('#app');
</script>
```

运行上述程序，按 F12 键打开控制台，切换到 Elements 选项卡，效果如图 6-1 所示。

图 6-1 全局注册组件

从控制台中可以看到，自定义的组件被解析成了 HTML 元素。需要注意的是，当采用小驼峰(如，myCom)的方式命名组件时，需要将大写字母改成小写字母，同时两个字母之间使用“-”连接，例如<my-com>。

6.2.2 局部注册

有时候注册的组件只想在一个 Vue.js 实例中使用，这时可以使用局部注册的方式来注册组件。在 Vue.js 实例中，可以通过 components 选项注册仅在当前实例作用域下可用的组件。

【例 6.2】(实例文件：ch06\6.2.html)局部注册组件。

```
<div id="app">
    本次招聘员工的剩余名额：<button-counter></button-counter>
</div>
<!--引入 vue 文件-->
<script src="https://unpkg.com/vue@3/dist/vue.global.js"></script>
<script>
    const MyComponent = {
          data() {
              return {
                  num: 1000
              }
           },
          template:
                  '<button v-on:click="num--">
                        {{ num }}
                  </button>'
           }
    //创建一个应用程序实例
    const vm= Vue.createApp({
          components: {
              ButtonCounter: MyComponent
            }
    });
    //在指定的 DOM 元素上装载应用程序实例的根组件
    vm.mount('#app');
</script>
```

运行上述代码，单击数字按钮，将会逐步递减数字，效果如图 6-2 所示。

图 6-2 局部注册组件

6.3 使用 prop 向子组件传递数据

组件通常是当作自定义元素来使用的，而元素一般是具有属性的，同样组件也是具有属性的。在使用组件时，为元素设置属性，组件内部如何接受呢？首先需要在组件代码中注册一些自定义的属性，称为 prop，这些 prop 是放在组件的 props 选项中定义的；在使用组件时，就可以把这些 prop 的名字作为元素的属性名来使用，通过属性向组件传递数据，这些数据将作为组件实例的属性被使用。

6.3.1 prop 的基本用法

下面看一个示例，使用 prop 属性向子组件传递数据，这里传递“风急天高猿啸哀，渚清沙白鸟飞回。”，在子组件的 props 选项中接受 prop 属性，然后使用插值语法在模板中渲染 prop 属性。

【例 6.3】(实例文件\ch06\6.3.html)使用 prop 属性向子组件传递数据。

```
<div id="app">
    <blog-content date-title="风急天高猿啸哀，渚清沙白鸟飞回。"></blog-content>
</div>
<!--引入 vue 文件-->
<script src="https://unpkg.com/vue@3/dist/vue.global.js"></script>
<script>
    //创建一个应用程序实例
     const vm= Vue.createApp({});
    vm.component('blog-content', {
        props: ['dateTitle'],
        template: '<h3>{{ dateTitle }}</h3>',
        //在该组件中可以使用 this.dateTitle 这种形式调用 prop 属性
        created(){
            console.log(this.dateTitle);
        }
      });
    //在指定的 DOM 元素上装载应用程序实例的根组件
    vm.mount('#app');
</script>
```

运行上述程序，效果如图 6-3 所示。

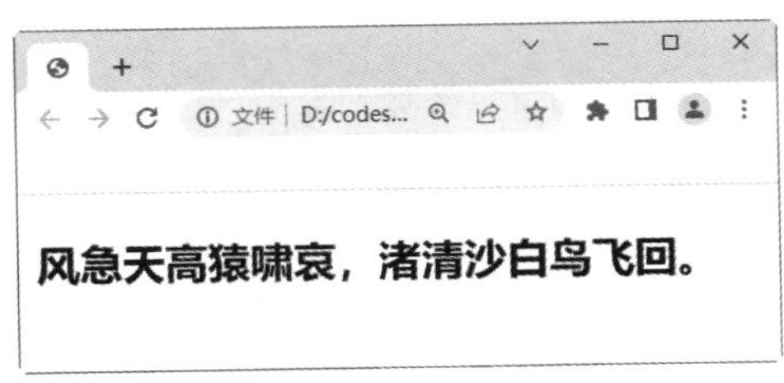

图 6-3　使用 prop 属性向子组件传递数据

在上面的示例中，使用 prop 属性向子组件传递了字符串值，还可以传递数字。这只是它的一个简单用法。通常情况下，使用 v-bind 来传递动态的值，传递数组和对象时也需要使用 v-bind 指令。

修改上面的示例，在 Vue.js 实例中定义 title 属性，以传递到子组件中去。

【例 6.4】(实例文件：ch06\6.4.html)传递 title 属性到子组件。

```
<div id="app">
    <blog-content v-bind:date-title="content"></blog-content>
</div>
<!--引入 vue 文件-->
<script src="https://unpkg.com/vue@3/dist/vue.global.js"></script>
<script>
    //创建一个应用程序实例
     const vm= Vue.createApp({
```

```
        //该函数返回数据对象
        data(){
          return{
            content:"无边落木萧萧下，不尽长江滚滚来。"
          }
        }
    });
    vm.component('blog-content', {
        props: ['dateTitle'],
        template: '<h3>{{ dateTitle }}</h3>',
      });
    //在指定的 DOM 元素上装载应用程序实例的根组件
    vm.mount('#app');
</script>
```

运行上述程序，效果如图 6-4 所示。

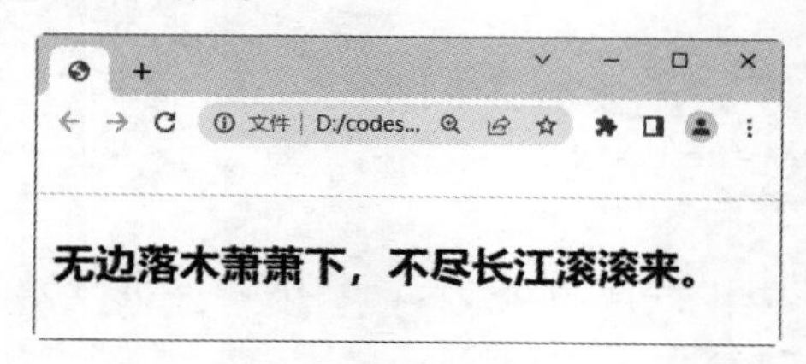

图 6-4　传递 title 属性到子组件

在上面的示例中，是在 Vue.js 实例中向子组件传递数据，通常情况下都是组件向组件传递数据。下面的示例创建了两个组件，在页面中渲染其中一个组件，而在这个组件中使用另外一个组件，并传递 title 属性。

【例 6.5】(实例文件：ch06\6.5.html)组件之间传递数据。

```
<div id="app">
    <!--使用 blog-content 组件-->
    <blog-content></blog-content>
</div>
<!--引入 vue 文件-->
<script src="https://unpkg.com/vue@3/dist/vue.global.js"></script>
<script>
    //创建一个应用程序实例
    const vm= Vue.createApp({ });
    vm.component('blog-content', {
        // 使用 blog-title 组件，并传递 content
        template: '<div><blog-title v-bind:date-title="title"></blog-title>
            </div>',
        data:function(){
            return{
                title:"山月不知心里事，水风空落眼前花，摇曳碧云斜。"
            }
        }
    });
    vm.component('blog-title', {
        props: ['dateTitle'],
        template: '<h3>{{ dateTitle }}</h3>',
    });
    //在指定的 DOM 元素上装载应用程序实例的根组件
    vm.mount('#app');
</script>
```

运行上述程序，效果如图 6-5 所示。

图 6-5　组件之间传递数据

如果组件需要传递多个值，可以定义多个 prop 属性。

【例 6.6】(实例文件：ch06\6.6.html)传递多个值。

```
<div id="app">
    <!--使用 blog-content 组件-->
    <blog-content></blog-content>
</div>
<!--引入 vue 文件-->
<script src="https://unpkg.com/vue@3/dist/vue.global.js"></script>
<script>
    //创建一个应用程序实例
    const vm= Vue.createApp({ });
    vm.component('blog-content', {
        // 使用 blog-title 组件，并传递 content
        template: '<div><blog-title :name="name" :num="num" :ranking=
            "ranking "></blog-title></div>',
        data:function(){
            return{
                name:"张三丰",
                num:"298 分",
                ranking:"第 6 名"
            }
        }
    });
    vm.component('blog-title', {
        props: ['name','num','ranking'],
        template: '<ul><li>{{name}}</li><li>{{num}}</li><li>{{ranking}}
            </li></ul> ',
    });
    //在指定的 DOM 元素上装载应用程序实例的根组件
    vm.mount('#app');
</script>
```

运行上述程序，效果如图 6-6 所示。

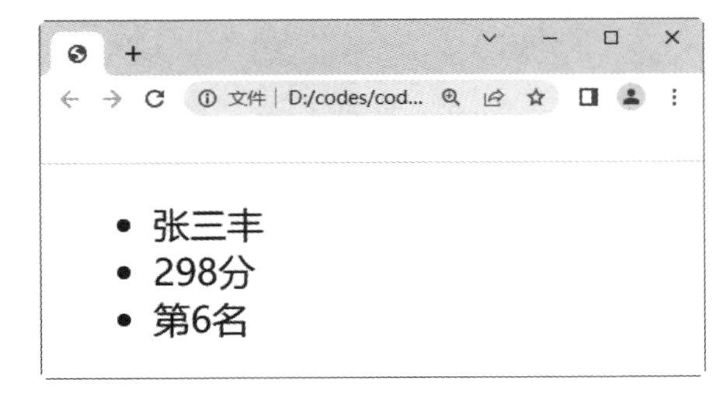

图 6-6　传递多个值

从上面的示例可以看到，代码以字符串数组形式列出多个 prop 属性：

```
props: ['name','num','ranking'],
```

但是，我们通常希望每个 prop 属性都有指定的值类型。这时，可以以对象形式列出 prop，这些 property 的名称和值分别是 prop 各自的名称和类型，例如：

```
props: {
   name: String,
   num: String,
   ranking: String,
}
```

6.3.2 单向数据流

所有的 prop 属性传递数据都是单向的。父组件的 prop 属性的更新会向下流动到子组件中，但是反过来则不行。这样会防止从子组件意外变更父级组件的数据，从而导致应用的数据流向难以理解。

另外，每次父组件发生变更时，子组件中所有的 prop 属性都将刷新为最新的值。这意味着不应该在一个子组件内部改变 prop 属性。如果这样做，Vue.js 会在浏览器的控制台中发出警告。

有两种情况可能需要改变组件的 prop 属性。

第一种情况是定义 prop 属性，以方便父组件传递初始值，在子组件内将这个 prop 作为本地的 prop 数据来使用。遇到这种情况，解决办法是在本地的 data 选项中定义一个属性，然后将 prop 属性值作为其初始值，后续操作只访问这个 data 属性。示例代码如下：

```
props: ['initDate'],
data: function () {
   return {
      title: this.initDate
   }
}
```

第二种情况是 prop 属性接收数据后需要转换才能使用。这种情况可以使用计算属性来解决。示例代码如下：

```
props: ['size'],
computed: {
   nowSize:function(){
      return this.size.trim().toLowerCase()
   }
}
```

后续的内容直接访问计算属性 nowSize 即可。

6.3.3 prop 验证

当开发一个可复用的组件时，父组件希望通过 prop 属性传递的数据类型都是符合要求的。例如，组件定义 prop 属性是一个对象类型，结果父组件传递的是一个字符串的值，这明显不合适。因此，Vue.js 提供了 prop 属性的验证规则，在定义 props 选项时，使用一个带验证需求的对象来代替之前使用的字符串数组(props: ['name','price','city'])。代码说明如下：

```
vm.component('my-component', {
  props: {
    // 基础的类型检查 ('null'和'undefined'会通过任何类型验证)
    name: String,
    // 多个可能的类型
    price: [String, Number],
    // 必填的字符串
    city: {
      type: String,
      required: true
    },
    // 带有默认值的数字
    prop1: {
      type: Number,
      default: 100
    },
    // 带有默认值的对象
    prop2: {
      type: Object,
      // 对象或数组默认值必须从一个工厂函数获取
      default: function () {
        return { message: 'hello' }
      }
    },
    // 自定义验证函数
    prop3: {
      validator: function (value) {
        // 这个值必须匹配下列字符串中的一个
        return ['success', 'warning', 'danger'].indexOf(value) !== -1
      }
    }
  }
})
```

为组件的 prop 指定验证要求后，如果有一个需求没有被满足，则 Vue.js 会在浏览器控制台中发出警告。

上面代码验证的 type 可以是下面原生构造函数中的一个：String、Number、Boolean、Array、Object、Date、Function 或 Symbol。

另外，type 还可以是一个自定义的构造函数，并且通过 instanceof 来进行检查确认。例如，给定下列现成的构造函数：

```
function Person (firstName, lastName) {
  this.firstName = firstName
  this.lastName = lastName
}
```

可以通过以下代码验证 name 的值是否通过 new Person 创建的。

```
vm.component('blog-content', {
  props: {
    name: Person
  }
})
```

6.3.4 非 prop 的属性

在使用组件的时候，父组件可能会向子组件传入未定义 prop 的属性值，其实这样也是可以的。组件可以接受任意的属性，而这些外部设置的属性会被添加到子组件的根元素上。

【例 6.7】(实例文件：ch06\6.7.html)非 prop 的属性。

```
<style>
    .bg1{
        background: #C1FFE4;
    }
    .bg2{
        width: 120px;
    }
</style>
<div id="app">
    <!--使用 blog-content 组件-->
    <input-con class="bg2" type="text"></input-con>
</div>
<!--引入 vue 文件-->
<script src="https://unpkg.com/vue@3/dist/vue.global.js"></script>
<script>
    //创建一个应用程序实例
    const vm= Vue.createApp({ });
    vm.component('input-con', {
        template: '<input class="bg1">',
    });
    //在指定的 DOM 元素上装载应用程序实例的根组件
    vm.mount('#app');
</script>
```

运行上述程序，输入“惆怅东栏一株雪”，按 F12 键打开控制台，效果如图 6-7 所示。

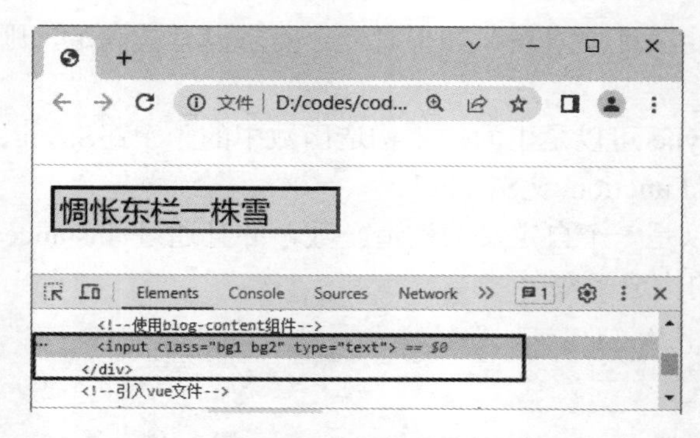

图 6-7　非 prop 的属性

从上面的示例可以看出，input-con 组件没有定义任何 prop，根元素是<input>，在 DOM 模板中使用<input-con>元素时设置了 type 属性，这个属性将被添加到 input-con 组件的根元素 input 上，渲染结果为<input type="text">。另外，在 input-con 组件的模板中还使用了 class 属性 bg1，同时在 DOM 模板中也设置了 class 属性 bg2，这种情况下，两个 class 属性的值会被合并，最终渲染的结果为<input class="bg1 bg2" type="text">。

需要注意的是，只有 class 和 style 属性的值会合并，对于其他属性而言，从外部提供给组件的值会替换掉组件内容设置好的值。假设 input-con 组件的模板是<input type="text">，如果父组件传入 type="password"，就会替换掉 type="text"，最后渲染结果就变成了<input type="password">。

修改上面的示例：

```
<div id="app">
   <!--使用 blog-content 组件-->
   <input-con class="bg2" type="password"></input-con>
</div>
<!--引入 vue 文件-->
<script src="https://unpkg.com/vue@3/dist/vue.global.js"></script>
<script>
   //创建一个应用程序实例
   const vm= Vue.createApp({ });
   vm.component('input-con', {
      template: '<input class="bg1" type="text">',
   });
   //在指定的 DOM 元素上装载应用程序实例的根组件
   vm.mount('#app');
</script>
```

运行上述程序，输入“123456789”，可以发现 input 的类型为“password”，效果如图 6-8 所示。

图 6-8 外部组件的值替换组件设置好的值

如果不希望组件的根元素继承外部设置的属性，可以在组件的选项中设置 inheritAttrs: false。修改上面的示例代码：

```
Vue.component('input-con', {
   template: '<input class="bg1" type="text">',
   inheritAttrs: false,
});
```

再次运行程序，可以发现父组件传递的 type="password"，子组件并没有继承。

6.4　子组件向父组件传递数据

前面介绍了父组件通过 prop 属性向子组件传递数据的方法，下面学习子组件向父组件传递数据的方法。

6.4.1　监听子组件事件

在 Vue.js 中可以通过自定义事件来实现子组件向父组件传递数据的操作。子组件使用$emit()方法触发事件，父组件使用 v-on 指令监听子组件的自定义事件。$emit()方法的语法形式如下：

```
vm.$emit(myEvent, [...args])
```

其中，myEvent 是自定义的事件名称，args 是附加参数，这些参数会传递给监听器的回调函数。如果要向父组件传递数据，可以通过第二个参数来传递。

【例 6.8】(实例文件：ch06\6.8.html)子组件向父组件传递数据。

这里定义一个子组件，子组件的按钮接收到 click 事件后，调用$emit()方法触发一个自定义事件。在父组件中使用子组件时，可以使用 v-on 指令监听自定义的 date 事件。

```
<div id="app">
   <parent></parent>
</div>
<!--引入 vue 文件-->
<script src="https://unpkg.com/vue@3/dist/vue.global.js"></script>
<script>
   //创建一个应用程序实例
   const vm= Vue.createApp({ });
   vm.component('child', {
      data:function () {
          return{
             info:{
                name:"张三丰",
                num:"298 分",
                ranking:"第 6 名"
             }
          }
      },
      methods:{
          handleClick(){
             //调用实例的$emit()方法触发自定义事件 greet，并传递 info
             this.$emit("date",this.info)
          },
      },
      template:'<button v-on:click="handleClick">显示子组件的数据</button>'
   });
   vm.component('parent', {
   data:function(){
     return{
        name:'',
        num:'',
        ranking:'',
     }
```

```
    },
    methods:{
        // 接收子组件传递的数据
        childDate(info){
            this.name=info.name;
            this.price=info.num;
            this.num=info.ranking;
        }
    },
    template:'
        <div>
            <child v-on:date="childDate"></child>
            <ul>
                <li>{{name}}</li>
                <li>{{num}}</li>
                <li>{{price}}</li>
            </ul>
        </div>
    '
    });
    //在指定的 DOM 元素上装载应用程序实例的根组件
    vm.mount('#app');
</script>
```

运行上述程序，单击“显示子组件的数据”按钮，将显示子组件传递过来的数据，效果如图 6-9 所示。

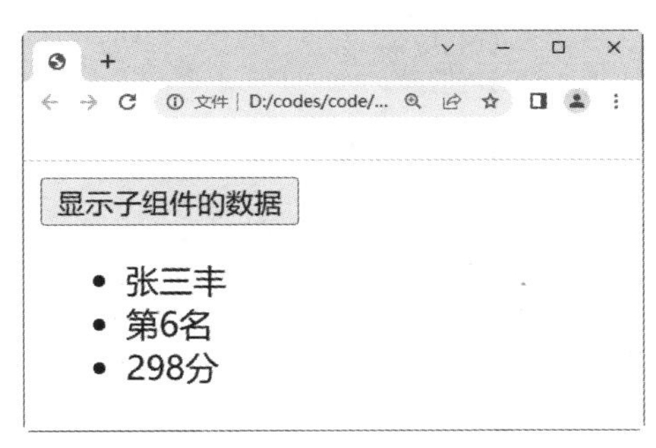

图 6-9　子组件要向父组件传递数据

6.4.2　将原生事件绑定到组件

在组件的根元素上可以直接监听一个原生事件，使用 v-on 指令时添加一个.native 修饰符即可。例如：

```
<base-input v-on:focus.native="onFocus"></base-input>
```

这种方法在有的情形下很有用，但在尝试监听一个类似<input>的非特定元素时，这并不是一个好方法。比如<base-input>组件如果做了以下重构，那么根元素实际上是一个<label>元素：

```
<label>
    {{ label }}
    <input
        v-bind="$attrs"
        v-bind:value="value"
```

```
    v-on:input="$emit('input', $event.target.value)"
  >
</label>
```

这时父组件的.native 监听器将静默失败。它不会产生任何报错，但是 onFocus 处理函数却不会如预期一般被调用。

为了解决这个问题，Vue.js 提供了一个$listeners 属性，它是一个对象，里面包含了作用在这个组件上的所有监听器。例如：

```
{
  focus: function (event) { /* ... */ }
  input: function (value) { /* ... */ },
}
```

有了这个$listeners 属性，就可以配合 v-on="$listeners"，将所有的事件监听器指向这个组件的某个特定的子元素。对于那些需要 v-model 的元素(如 input)来说，可以为这些监听器创建一个计算属性，例如下面代码中的 inputListeners。

```
vm.component('base-input', {
  inheritAttrs: false,
  props: ['label', 'value'],
  computed: {
    inputListeners: function () {
      var vm = this
      // 'Object.assign' 将所有的对象合并为一个新对象
      return Object.assign({},
        // 我们从父级添加所有的监听器
        this.$listeners,
        // 然后我们添加自定义监听器，或覆写一些监听器的行为
        {
          // 这里确保组件配合 'v-model' 的工作
          input: function (event) {
            vm.$emit('input', event.target.value)
          }
        }
      )
    }
  },
  template:'
    <label>
      {{ label }}
      <input
        v-bind="$attrs"
        v-bind:value="value"
        v-on="inputListeners"
      >
    </label>
  '
})
```

现在<base-input>组件是一个完全透明的包裹器了，也就是说，它可以完全像一个普通的<input>元素一样使用，所有跟它相同的属性和监听器都可以工作，不必再使用.native 修饰符。

6.4.3 sync 修饰符

在有些情况下，可能需要对一个 prop 属性进行“双向绑定”。但是真正的双向绑定会

带来维护上的问题，因为子组件可以变更父组件，且父组件和子组件都没有明显的变更来源。Vue.js 推荐以 update:myPropName 模式触发事件来实现双向绑定。

【例 6.9】(实例文件：ch06\6.9.html)设计商品的剩余数量。

子组件代码如下：

```
vm.component('child', {
        data:function () {
            return{
                count:this.value
            }
        },
        props:{
          value:{
              type:Number,
              default:1000
          }
        },
        methods:{
            handleClick(){
                this.$emit("update:value",++this.count)
            },
        },
        template:'
            <div>
                <sapn>子组件：商品的剩余数量：{{value}}台</sapn>
                <button v-on:click="handleClick">减少</button>
            </div>
        '
});
```

在这个子组件中有一个 prop 属性 value，在按钮的 click 事件处理器中，调用$emit()方法触发 update:value 事件，并将加 1 后的计数值作为事件的附加参数。

在父组件中，使用 v-on 指令监听 update:value 事件，这样就可以接收到子组件传来的数据，然后使用 v-bind 指令绑定子组件的 prop 属性 value，即可给子组件传递父组件的数据，这样就实现了双向数据绑定。示例代码如下：

```
div id="app">
    父组件：商品的剩余数量：{{counter}}台
    <child v-bind:value="counter" v-on:update:value="counter=$event"></child>
</div>
<!--引入 vue 文件-->
<script src="https://unpkg.com/vue@3/dist/vue.global.js"></script>
<script>
    //创建一个应用程序实例
     const vm= Vue.createApp({
        data(){
          return{
            counter:1000
          }
        }
      });
    //在指定的 DOM 元素上装载应用程序实例的根组件
    vm.mount('#app');
</script>
```

其中，$event 是自定义事件的附加参数。运行上述程序，单击 6 次“减少”按钮，可以看到父组件和子组件中购买数量是同步变化的，效果如图 6-10 所示。

图 6-10　同步更新父组件和子组件的数据

为了方便起见，Vue.js 为 prop 属性的“双向绑定”提供了一个缩写，即 sync 修饰符，修改上面示例的<child>的代码：

```
<child v-bind:value.sync="counter"></child>
```

注意

带有 sync 修饰符的 v-bind 不能和表达式一起使用，bind:title.sync="doc.title + '!'"是无效的。例如：

```
v-bind:value.sync="doc.title+'!' "
```

上面代码是无效的，取而代之的是，只能提供你想要绑定的属性名，类似 v-model。

当用一个对象同时设置多个 prop 属性时，也可以将 sync 修饰符和 v-bind 配合使用：

```
<child v-bind.sync="doc"></child >
```

这样会把 doc 对象中的每一个属性都作为一个独立的 prop 传进去，然后各自添加用于更新的 v-on 监听器。

6.5　插　　槽

组件是当作自定义的 HTML 元素来使用的，其元素可以包括属性和内容，通过组件定义的 prop 来接收属性值，组件的内容则使用插槽(slot 元素)来解决。

6.5.1　插槽的基本用法

下面定义一个组件：

```
vm.component('page', {
    template: '<div><slot></slot></div>'
});
```

在 page 组件中，div 元素内容定义了 slot 元素，可以把它理解为占位符。

在 Vue.js 实例中使用这个组件：

```
<div id="app">
    <page>枕上诗书闲处好，门前风景雨来佳。</page>
</div>
```

page 元素给出了内容，在渲染组件时，这个内容会置换组件内部的<slot>元素。

运行上述程序，渲染的效果如图 6-11 所示。

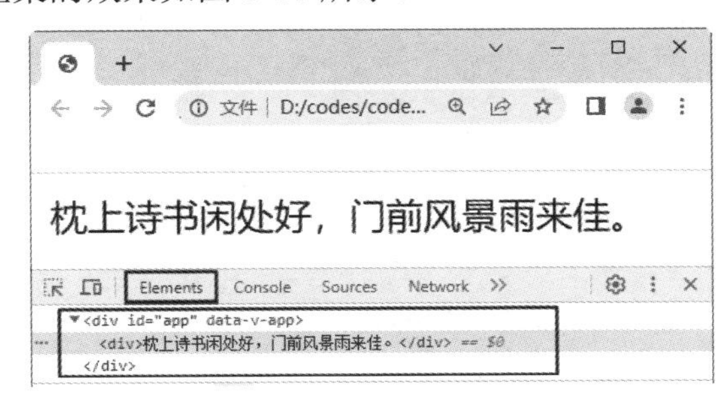

图 6-11　插槽的基本用法

如果 page 组件中没有 slot 元素，<page>元素中的内容将不会渲染到页面上。

6.5.2　编译作用域

当想通过插槽向组件传递动态数据，例如：

```
<page>欢迎来到{{name}}的官网</page>
```

以上代码中，name 属性是在父组件作用域下解析的，而不是 page 组件的作用域。而在 page 组件中定义的属性，父组件是访问不到的，这就是编译作用域。

编译作用域的规则是：父组件模板里的所有内容都是在父级作用域中编译的；子组件模板里的所有内容都是在子作用域中编译的。

6.5.3　默认内容

有时为一个插槽设置默认内容是很有用的，它会在没有提供内容的时候被渲染。例如在一个<submit-button>组件中：

```
<button type="submit">
    <slot></slot>
</button>
```

如果希望在<button>内很多情况下都渲染文本“Submit”，则可以将“Submit”作为默认内容，把它放在<slot>标签内：

```
<button type="submit">
    <slot>Submit</slot>
</button>
```

下面在一个父组件中使用<submit-button>，并且不提供任何插槽内容：

```
<submit-button></submit-button>
```

默认内容“Submit”将会被渲染：

```
<button type="submit">
    Submit
```

```
</button>
```

如果提供内容：

```
<submit-button>
    提交
</submit-button>
```

则这个提供的内容将会替换掉默认值 Submit，渲染如下：

```
<button type="submit">
    提交
</button>
```

【例 6.10】(实例文件：ch06\6.10.html)设置插槽的默认内容。

```
<div id="app">
    <page>若似月轮终皎洁，不辞冰雪为卿热。</page>
</div>
<!--引入 vue 文件-->
<script src="https://unpkg.com/vue@3/dist/vue.global.js"></script>
<script>
    //创建一个应用程序实例
    const vm= Vue.createApp({ });
    vm.component('page', {
        template: '<button type="submit">
                    <slot>Submit</slot>
                  </button>
                  '
    });
    //在指定的 DOM 元素上装载应用程序实例的根组件
    vm.mount('#app');
</script>
```

运行上述程序，渲染的效果如图 6-12 所示。

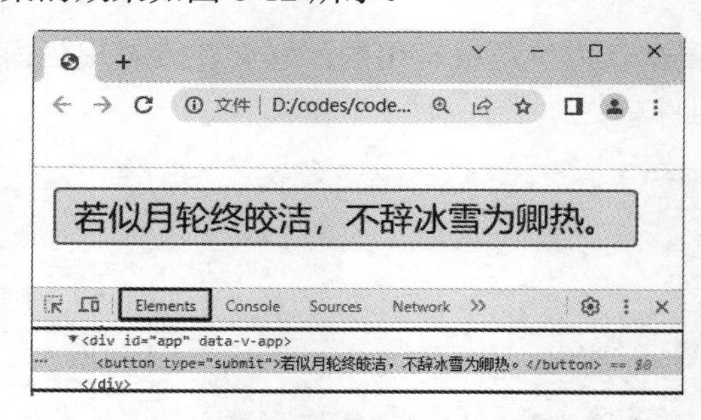

图 6-12　设置插槽的默认内容

6.5.4　命名插槽

在组件开发中，有时需要使用多个插槽。例如，对于一个带有如下模板的<page-layout>组件：

```
<div class="container">
    <header>
        <!-- 把页头放这里 -->
```

```
  </header>
  <main>
    <!--把主要内容放这里 -->
  </main>
  <footer>
    <!--把页脚放这里 -->
  </footer>
</div>
```

对于这样的情况，<slot>元素有一个特殊的属性 name，它用来命名插槽。因此可以定义多个不同名字的插槽，例如：

```
<div class="container">
  <header>
    <slot name="header"></slot>
  </header>
  <main>
    <slot></slot>
  </main>
  <footer>
    <slot name="footer"></slot>
  </footer>
</div>
```

一个不带 name 的<slot>元素，它有默认的名字“default”。

在向命名插槽提供内容的时候，可以在一个<template>元素上使用 v-slot 指令，并以 v-slot 参数的形式提供其名称：

```
<page-layout>
  <template v-slot:header>
    <h1>这里有一个页面标题</h1>
  </template>
  <p>这里有一段主要内容</p>
  <p>和另一个主要内容</p>
  <template v-slot:footer>
    <p>这是一些联系方式</p>
  </template>
</page-layout>
```

现在<template>元素中的所有内容都将会被传入相应的插槽。任何没有被包裹在带有 v-slot 的<template>中的内容都会被视为默认插槽的内容。

如果希望更明确一些，仍然可以在一个<template>中包裹默认命名插槽的内容：

```
<page-layout>
  <template v-slot:header>
    <h1>这里有一个页面标题</h1>
  </template>
  <template v-slot:default>
    <p>这里有一段主要内容</p>
    <p>和另一个主要内容</p>
  </template>
  <template v-slot:footer>
    <<p>这是一些联系方式</p>
  </template>
</page-layout>
```

上面两种写法都会渲染出以下代码：

```
<div class="container">
    <header>
        <h3>这里有一个页面标题</h3>
    </header>
    <main>
        <p>这里有一段主要内容</p>
        <p>和另一个主要内容</p>
    </main>
    <footer>
        <p>这是一些联系方式</p>
    </footer>
</div>
```

【例 6.11】(实例文件：ch06\6.11.html)命名插槽。

```
<div id="app">
    <page-layout>
        <template v-slot:header>
            <h2 align='center'>题秋江独钓图</h2>
        </template>
        <template v-slot:main>
            <h3>一蓑一笠一扁舟，一丈丝纶一寸钩。</h3>
            <h3>一曲高歌一樽酒，一人独钓一江秋。</h3>
        </template>
        <template v-slot:footer>
            <p align='right'>古诗欣赏</p>
        </template>
    </page-layout>
</div>
<!--引入 vue 文件-->
<script src="https://unpkg.com/vue@3/dist/vue.global.js"></script>
<script>
    //创建一个应用程序实例
    const vm= Vue.createApp({ });
    vm.component('page-layout', {
        template:'
            <div class="container">
                <header>
                    <slot name="header"></slot>
                </header>
                <main>
                    <slot name="main"></slot>
                </main>
                <footer>
                    <slot name="footer"></slot>
                </footer>
            </div>
        '
    });
    //在指定的 DOM 元素上装载应用程序实例的根组件
    vm.mount('#app');
</script>
```

运行上述程序，效果如图 6-13 所示。

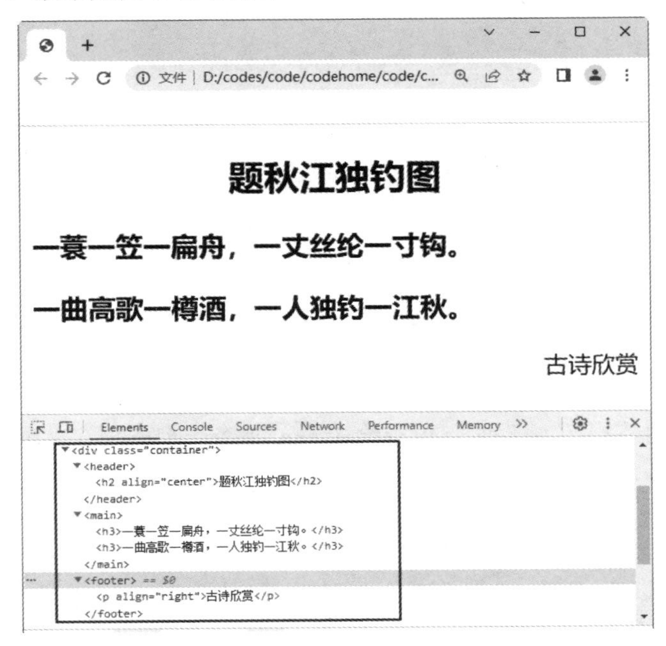

图 6-13　命名插槽

与 v-on 和 v-bind 一样，v-slot 也有缩写，即把参数之前的所有内容(v-slot:)替换为字符#。例如：

```
<page-layout>
    <template #header>
        <h1>这里有一个页面标题</h1>
    </template>
    <template #main>
        <p>这里有一段主要内容</p>
        <p>和另一个主要内容</p>
    </template>
    <template #footer>
        <<p>这是一些联系方式</p>
    </template>
</page-layout>
```

6.5.5　作用域插槽

在父级作用域下，在插槽的内容中是无法访问到子组件的数据属性的，但有时候需要在父级插槽内容中访问子组件的属性，我们可以在子组件的<slot>元素上使用 v-bind 指令绑定一个 prop 属性。例如：

```
vm.component('page-layout', {
    data:function(){
      return{
          info:{
              name:'冰箱',
              price:6800,
```

```
            city:"上海"
         }
      }
    },
    template:'
       <button>
          <slot v-bind:values="info">
             {{info.name}}
          </slot>
       </button>
    '
});
```

这个按钮可以显示 info 对象中的任意一个，为了让父组件可以访问 info 对象，在<slot>元素上使用 v-bind 指令绑定一个 values 属性，称为插槽 prop，这个 prop 不需要在 props 选项中声明。

在父级作用域下使用该组件时，可以给 v-slot 指令一个值来定义组件提供的插槽 prop 的名字。代码如下：

```
<page-layout>
   <template v-slot:default="slotProps">
      {{slotProps.values.name}}
   </template>
</page-layout>
```

因为<page-layout>组件内的插槽是默认插槽，所以这里使用其默认的名字 default，然后给出一个名字 slotProps，这个名字可以随便取，代表的是包含组件内所有插槽 prop 的一个对象，然后就可以在父组件中利用这个对象访问子组件的插槽 prop。因为 prop 是绑定到 info 数据属性上的，所以可以进一步访问 info 的内容。

【例 6.12】(实例文件：ch06\6.12.html)访问插槽的内容。

```
<div id="app">
   <page-layout>
      <template v-slot:default="slotProps">
         {{slotProps.values.class}}
      </template>
   </page-layout>
</div>
<!--引入 vue 文件-->
<script src="https://unpkg.com/vue@3/dist/vue.global.js"></script>
<script>
   //创建一个应用程序实例
    const vm= Vue.createApp({ });
   vm.component('page-layout', {
      data:function(){
        return{
           info:{
              name:'张三丰',
              age:16,
              class:"6 班"
           }
        }
      },
      template:'
         <button>
            <slot v-bind:values="info">
```

```
                {{info.class}}
            </slot>
        </button>
        '
    });
    //在指定的 DOM 元素上装载应用程序实例的根组件
    vm.mount('#app');
</script>
```

运行上述程序，效果如图 6-14 所示。

图 6-14　命名插槽

6.5.6　解构插槽 prop

作用域插槽的内部工作原理是将插槽内容传入到函数的单个参数里：

```
function (slotProps) {
   // 插槽内容
}
```

这意味着 v-slot 的值实际上可以是任何能够作为函数定义中的参数的 JavaScript 表达式。所以在支持的环境下(单文件组件或现代浏览器)，也可以使用 ES6 解构来传入具体的插槽 prop，示例代码如下：

```
<current-verse v-slot="{ verse }">
   {{ verse.firstContent }}
</current-user>
```

这样可以使模板更简洁，尤其是在该插槽提供了多个 prop 的时候。它同样开启了 prop 重命名等其他可能，例如将 verse 重命名为 poetry：

```
<current-verse v-slot="{ verse: poetry }">
   {{ poetry.firstContent }}
</current-verse>
```

甚至可以定义默认的内容，用于插槽 prop 是 undefined 的情形：

```
<current-verse v-slot="{ verser = { firstContent: '古诗' } }">
   {{ verse.Content}}
</current-verser>
```

【例 6.13】(实例文件：ch06\6.13.html)解构插槽 prop。

```
<div id="app">
   <current-verse>
      <template v-slot="{verse:poetry}">
         {{poetry.firstContent }}
      </template>
   </current-verse>
</div>
```

```
<!--引入 vue 文件-->
<script src="https://unpkg.com/vue@3/dist/vue.global.js"></script>
<script>
    //创建一个应用程序实例
    const vm= Vue.createApp({ });
    vm.component('currentVerse', {
        template: ' <span><slot :verse="verse">{{ verse.lastContent }}
            </slot></span>',
        data:function(){
            return {
                verse: {
                    firstContent: '若似月轮终皎洁，不辞冰雪为卿热。',
                   secondContent: '卧看满天云不动，不知云与我俱东。'
                }
            }
        }
    });
    //在指定的 DOM 元素上装载应用程序实例的根组件
    vm.mount('#app');
</script>
```

运行上述程序，效果如图 6-15 所示。

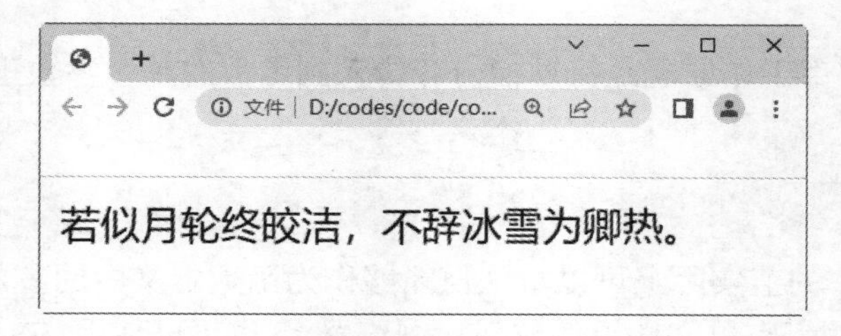

图 6-15　解构插槽 prop

6.6　为什么要引入组合 API

通过创建 Vue.js 组件，可以将接口的可重复部分及其功能提取到可重用的代码段中，从而提高应用程序的可维护性和灵活性。随着应用程序越来越复杂，拥有几百个组件的应用程序仅仅依靠组件则很难满足共享和重用代码的需求。

通过组件的选项(data、computed、methods、watch)组织逻辑在大多数情况下都很有效。然而，当组件变得更大时，逻辑关注点的列表也会更长。这样将导致组件难以阅读和理解，尤其是对那些一开始就没有编写过这些组件的人来说，这种碎片化使得理解和维护复杂组件变得困难。选项的分离掩盖了潜在的逻辑问题。此外，在处理单个逻辑关注点时，用户必须不断地“跳转”相关代码的选项块。如何才能将同一个逻辑关注点相关的代码配置在一起？这正是组合 API 要解决的问题。

Vue.js 3.x 中新增的组合 API 为用户组织组件代码提供了更大的灵活性。现在，可以将代码编写成函数，每个函数处理一个特定的功能，而不再需要按选项组织代码了。组合 API 还使得在组件之间甚至外部组件之间提取和重用逻辑变得更加简单。

组合 API 可以和 TypeScript 更好地集成，因为组合 API 是一套基于函数的 API。同时，组合 API 也可以和现有的基于选项的 API 一起使用。不过需要特别注意的是，组合

API 会在选项(data、computed 和 methods)之前解析，所以组合 API 是无法访问这些选项中定义的属性的。

6.7　setup()函数

setup()函数是一个新的组件选项，它是组件内部使用组合 API 的入口点。新的 setup 组件选项在创建组件之前执行，一旦 props 被解析，就充当合成 API 的入口点。对于组件的生命周期钩子，setup()函数在 beforeCreate 钩子之前调用。

setup()是一个接受 props 和 context 的函数，而且接受的 props 对象是响应式的，在组件外部传入新的 prop 值时，props 对象会更新，可以调用相应的方法监听该对象并对修改做出响应。

【例 6.14】(实例文件：ch06\6.14.html)使用 setup()函数。

```
<div id="app">
    <post-item :post-content="content"></post-item>
</div>
<!--引入 vue 文件-->
<script src="https://unpkg.com/vue@3/dist/vue.global.js"></script>
<script>
    //创建一个应用程序实例
    const vm= Vue.createApp({
                data(){
                    return {
                        content: '晓镜但愁云鬓改，夜吟应觉月光寒。'
                    }
                }
    });
    vm.component('PostItem', {
                //声明 props
                props: ['postContent'],
                setup(props){
                    Vue.watchEffect(() => {
                        console.log(props.postContent);
                    })
                },
                template: '<h3>{{ postContent }}</h3>'
            });
    //在指定的 DOM 元素上装载应用程序实例的根组件
    vm.mount('#app');
</script>
```

运行上述程序，效果如图 6-16 所示。

图 6-16　使用 setup()函数

6.8 响应式 API

Vue.js 3.x 的核心功能主要是通过响应式 API 实现的，组合 API 将它们公开为独立的函数。

6.8.1 reactive()方法和 watchEffect()方法

下面代码中给出了 Vue.js 3.x 中的响应式对象的例子：

```
setup(){
    const name = ref('test')
    const state = reactive({
        list: []
    })
    return {
        name,
        state
    }
}
```

Vue.js 3.x 提供了一种创建响应式对象的方法 reactive()，其内部就是利用 Proxy API 来实现的，特别是借助 handler 的 set 方法，可以实现双向数据绑定相关的逻辑，这相对于 Vue 2.x 中的 Object.defineProperty()有很大的改变。

(1) Object.defineProperty()只能单一地监听已有属性的修改或者变化，无法检测到对象属性的新增或删除，而 Proxy 则可以轻松实现。

(2) Object.defineProperty()无法监听属性值是数组类型的变化，而 Proxy 则可以轻松实现。

例如，监听数组的变化：

```
let arr = [1]
let handler = {
    set:(obj,key,value)=>{
        console.log('set')
        return Reflect.set(obj, key, value);
    }
}

let p = new Proxy(arr,handler)
p.push(2)
```

watchEffect()方法类似于 Vue 2.x 中的 watch 选项，该方法接受一个函数作为参数，会立即运行该函数，同时响应式地跟踪其依赖项，并在依赖项发生修改时重新运行该函数。

【例 6.15】(实例文件：ch06\6.15.html)reactive()方法和 watchEffect()方法示例。

```
<div id="app">
    <post-item :post-content="content"></post-item>
</div>
<!--引入 vue 文件-->
<script src="https://unpkg.com/vue@3/dist/vue.global.js"></script>
<script>
    const {reactive, watchEffect} = Vue;
```

```
    const state = reactive({
        count: 0
    });
    watchEffect(() => {
        document.body.innerHTML = '本季度销售金额： ${state.count}万元。'
    })
</script>
```

运行上述程序，效果如图 6-17 所示。按 F12 键打开控制台并切换到 Console 选项下，输入“state.count=666”后按 Enter 键，效果如图 6-18 所示。

图 6-17　初始状态

图 6-18　响应式对象的依赖跟踪

6.8.2　ref()方法

ref()方法是一个 JavaScript 对象创建响应式代理。如果需要对一个原始值创建响应式代理对象，可以通过 ref()方法来实现，该方法接受一个原始值，返回一个可变的响应式对象。

【例 6.16】(实例文件：ch06\6.16.html)ref()方法示例。

```
<div id="app">
    <post-item :post-content="content"></post-item>
</div>
<!--引入 vue 文件-->
<script src="https://unpkg.com/vue@3/dist/vue.global.js"></script>
<script>
    const {ref, watchEffect} = Vue;
    const state = ref(0)
    watchEffect(() => {
        document.body.innerHTML = '本季度销售金额： ${state.value}万元。'
    })
</script>
```

运行上述程序，按 F12 键打开控制台并切换到 Console 选项卡，输入“state.value = 1234”后按 Enter 键，效果如图 6-19 所示。这里需要修改 state.value 的值，而不是直接修改 state 对象。

图 6-19　使用 ref()方法

6.8.3　readonly()方法

有时候可能仅仅需要跟踪响应对象，

而不希望应用程序对该对象进行修改。此时可以通过 readonly()方法为原始对象创建一个只读属性，从而防止该对象在注入的地方发生变化，这提供了程序的安全性。例如：

```
import {readonly} from 'vue'
export default {
    name: 'App',
    setup() {
      // readonly:用于创建一个只读的数据，并且是递归只读
      let state = readonly({name:'洗衣机', attr:{price:6800.88, num: 12000}});
      function myFn() {
        state.name = '冰箱';
        state.attr.price = 9988.99;
        state.attr.num = 18000;
        console.log(state); //数据并没有变化
      }
      return {state, myFn};
    }
}
```

6.8.4 computed()方法

computed()方法主要用来创建依赖于其他状态的计算属性，该方法接受一个 getter 函数，并根据 getter 函数的返回值返回一个不可变的响应式对象。

【例 6.17】(实例文件：ch06\6.17.html)computed()方法示例。

```
<div id="app">
    <p>原始字符串：{{ message }}</p>
    <p>反转字符串：{{ reversedMessage }}</p>
</div>
<script src="https://unpkg.com/vue@3/dist/vue.global.js"></script>
<script>
    const {ref, computed} = Vue;
        const vm = Vue.createApp({
            setup(){
             const message = ref('不知江月待何人，但见长江送流水。');
             const reversedMessage = computed(() =>
                 message.value.split('').reverse().join('')
              );
              return {
                  message,
                  reversedMessage
              }
          }
    }).mount('#app');
</script>
```

运行上述程序，效果如图 6-20 所示。

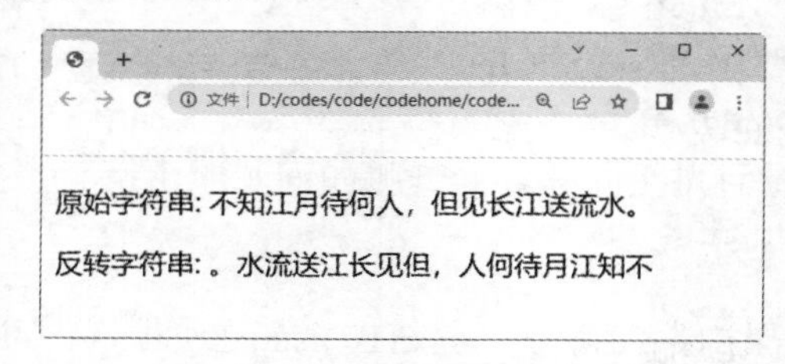

图 6-20 使用 computed()方法

6.8.5　watch()方法

watch()方法需要监听特定的数据源，并在单独的回调函数中应用。当被监听的数据源发生变化时，才会调用回调函数。

例如，下面的代码监听普通类型的对象：

```
let count = ref(1);
const changeCount = () => {
    count.value+=1
};
watch(count, (newValue, oldValue) => { //直接监听
    console.log("count 发生了变化！");
});
```

watch()方法还可以监听响应式对象：

```
let goods = reactive({
    name: "洗衣机",
    price: 6800,
 });
const changeGoodsName = () => {
    goods.name = "电视机";
};
watch(()=>goods.name,()=>{//通过一个函数返回要监听的属性
    console.log('商品的名称发生了变化！')
})
```

对于 Vue 2.x，watch 可以监听多个数据源，并且执行不同的函数。在 Vue.js 3.x 中同样也能实现相同的情景，通过多个 watch 来实现，但在 Vue 2.x 中，只能存在一个 watch。

例如，在 Vue.js 3.x 中监听多个数据源：

```
watch(count, () => {
console.log("count 发生了变化！");
});
watch(
    () => goods.name,
    () => {
        console.log("商品的名称发生了变化！");
    }
);
```

对于 Vue.js 3.x，监听器可以使用数组同时监听多个数据源。例如：

```
watch([() => goods.name, count], ([name, count], [preName, preCount]) => {
    console.log("count 或 goods.name 发生了变化！");
});
```

6.9　综合案例 1——开发待办事项功能

本案例是一个简单的待办事项功能。其中使用了 Vue.js 3.x 组合 API 的具体特性。

(1)　基于响应式数据开发，使用 ref()方法和 reactive()方法创建响应式数据。

(2)　在 setup()方法中使用 return 将数据和函数提供给模板使用。

(3)　使用事件监听器和方法来添加、删除列表项，并更新列表的显示。

【例 6.18】(实例文件：ch06\6.18.html)开发待办事项功能。

```
<div id="app">
    <h1>{{ title }}</h1>
    <ul>
      <li v-for="item in itemList" :key="item.id">
        {{ item.text }}
        <button @click="deleteItem(item.id)">删除</button>
      </li>
    </ul>
    <form @submit.prevent="addItem">
      <input type="text" v-model="newItem" />
      <button type="submit">添加</button>
    </form>
</div>
<!--引入 vue 文件-->
<script src="https://unpkg.com/vue@3/dist/vue.global.js"></script>
<script>
    const vm= Vue.createApp({
  setup() {
    const itemList = Vue.reactive([
      { id: 1, text: '采购办公商品' },
      { id: 2, text: '到北京出差' },
      { id: 3, text: '拜访工程师' },
    ])
    const newItem = Vue.ref('')
    const title = Vue.ref('本周待办事项')
    const addItem = () => {
      if (newItem.value) {
        itemList.push({ id: itemList.length + 1, text: newItem.value })
        newItem.value = ''
      }
    }
    const deleteItem = (id) => {
      const index = itemList.findIndex((item) => item.id === id)
      if (index !== -1) {
        itemList.splice(index, 1)
      }
    }
    return {
      itemList,
      newItem,
      title,
      addItem,
      deleteItem,
    }
  }
   }).mount('#app');
</script>
</script>
```

其中该页面的样式代码如下：

```
<style>
li {
    margin: 0.5rem 0;
    list-style-type: none;
}
button {
    margin-left: 0.5rem;
```

```
}
form {
    margin-top: 1rem;
}
</style>
```

运行上述程序，效果如图 6-21 所示。单击“删除”按钮，即可删除对应的事项；在文本框中输入新的事项，单击“添加”按钮，即可添加新的事项。例如这里删除“拜访工程师”事项，然后添加“开工作总结会”事项，结果如图 6-22 所示。

图 6-21　开发待办事项功能

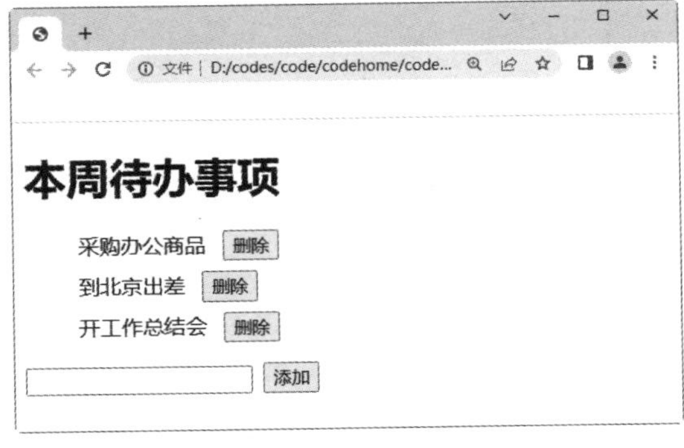

图 6-22　修改待办事项

6.10　综合案例 2——设计商城轮播效果图

本案例是一个商城轮播效果图设计。主要实现的功能是使用左右图标箭头切换图片。在 HTML 页面中引入 my-component 组件，主要内容都在该组件中完成。代码如下：

```
<!DOCTYPE html>
<html>
<head>
    <meta charset="UTF-8">
    <meta name="viewport" content="width=device-width, initial-scale=1.0">
</head>
<body>
<div id="app">
    <!--使用 my-component 组件-->
    <my-component></my-component>
</div>
<!--引入 vue 文件-->
<script src="https://unpkg.com/vue@3/dist/vue.global.js"></script>
<script>
    //创建一个应用程序实例
     const vm= Vue.createApp({});
    vm.component('my-component', {
        data(){
          return{
            currentImageIndex: 0,
      images: [
        '1.jpg',
        '2.jpg',
        '3.jpg',
      ]
```

```
        }
      },
computed: {
    currentSlide() {
      return this.images[this.currentImageIndex];
    },
  },
  methods: {
    previousSlide() {
      if (this.currentImageIndex === 0) {
        this.currentImageIndex = this.images.length - 1;
      } else {
        this.currentImageIndex--;
      }
    },
    nextSlide() {
      if (this.currentImageIndex === this.images.length - 1) {
        this.currentImageIndex = 0;
      } else {
        this.currentImageIndex++;
      }
    },
  },
        template: '
            <div class="carousel">
                <button @click="previousSlide">&lt;</button>
                <img :src="currentSlide" alt="Slider Image" />
                <button @click="nextSlide">&gt;</button>
            </div>'
        });
    //在指定的 DOM 元素上装载应用程序实例的根组件
    vm.mount('#app');
</script>
</body>
</html>
```

相应的样式代码如下：

```
<style>
.carousel {
  display: flex;
  justify-content: center;
  align-items: center;
  border: 1px solid #ccc;
  border-radius: 4px;
  padding: 0.5rem;
}
img {
  width: 500px;
  height: 250px;
  object-fit: cover;
}

button {
  border: none;
  background-color: #007aff;
  color: #fff;
  font-size: 1.5rem;
  padding: 0.5rem;
  border-radius: 50%;
  margin: 0 0.5rem;
```

```
  cursor: pointer;
}
button:hover {
  background-color: #005cff;
}
</style>
```

运行上述程序，效果如图 6-23 所示。

图 6-23　商城轮播效果图

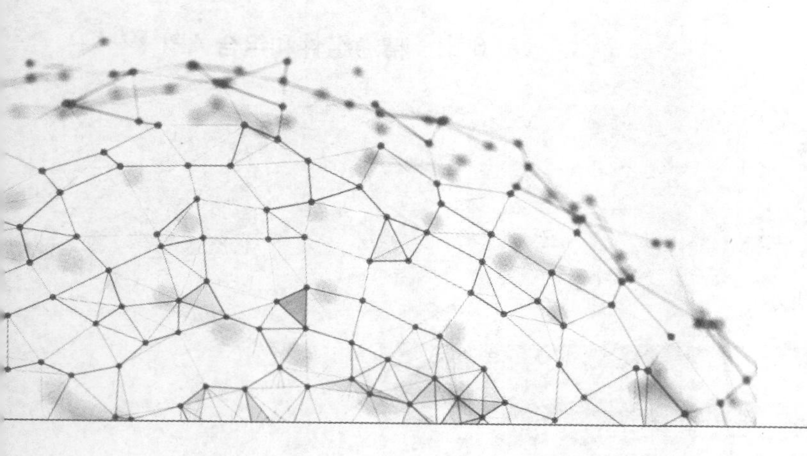

第7章

项目脚手架 vue-cli 和 Vite

vue-cli 是一个官方发布的 Vue.js 项目脚手架，使用 vue-cli 可以快速地创建 Vue.js 项目。Vite 则是 Vue.js 的作者尤雨溪开发的 Web 开发构建工具，跳过打包的这个操作，服务器随启随用。本章将从实际开发的角度出发，分别介绍项目脚手架和 Vite 搭建项目的过程和应用技巧。

7.1 脚手架的组件

脚手架致力于将 Vue.js 生态中的工具基础标准化。它确保各种构建工具能够基于智能的默认配置即可平稳衔接，这样就可以专注在撰写应用上，而不必花费时间去纠结配置的问题。与此同时，脚手架也为每个工具提供了调整配置的灵活性，而无须 eject。

Vue cli 有几个独立的部分——如果了解过 Vue.js 的源代码，将会发现在这个仓库里同时管理了多个单独发布的包。

1. CLI

CLI(@vue/cli)是一个全局安装的 NPM 包，提供了终端里的 Vue 命令。它可以通过 vue create 命令快速创建一个新项目的脚手架，也可以使用 vue ui 命令，通过一套图形化界面管理用户的所有项目。

2. CLI 服务

CLI 服务(@vue/cli-service)是一个开发环境依赖。它是一个 NPM 包，局部安装在每个@vue/cli 创建的项目中。

CLI 服务是构建于 webpack 和 webpack-dev-server 之上的，它包含以下内容。

(1) 加载其他 CLI 插件的核心服务。

(2) 一个针对绝大部分应用优化过的内部的 webpack 配置。

(3) 项目内部的 vue-cli-service 命令，提供 serve、build 和 inspect 命令。

(4) 熟悉 create-react-app 的话，会发现@vue/cli-service 实际上等价于 react-scripts，尽管功能集合不一样。

3. CLI 插件

CLI 插件是向 Vue 项目提供可选功能的 NPM 包，例如 Babel/TypeScript 转译、ESLint 集成、单元测试和 end-to-end 测试等。Vue cli 插件的名字以@vue/cli-plugin-(内建插件)或 vue-cli-plugin- (社区插件)开头，非常容易使用。在项目内部运行 vue-cli-service 命令时，它会自动解析并加载 package.json 中列出的所有 CLI 插件。

插件可以作为项目创建过程的一部分，或在后期加入项目中。它们也可以被归为一组可复用的 preset。

7.2　脚手架环境搭建

新版本的脚手架包名称由 vue-cli 改成了@vue/cli。如果已经全局安装了旧版本的 vue-cli (1.x 或 2.x)，需要先通过 npm uninstall vue-cli -g 或 yarn global remove vue-cli 命令卸载它。Vue CLI 需要安装 Node.js。

(1) 在浏览器中打开 Node.js 官网 https://nodejs.org/en/，如图 7-1 所示，下载推荐版本。

(2) 文件下载完成后，双击安装文件，进入欢迎界面，如图 7-2 所示。

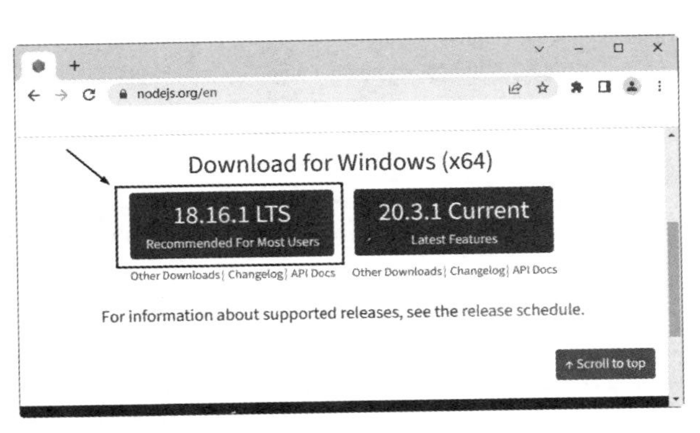

图 7-1　进入 Node 官网

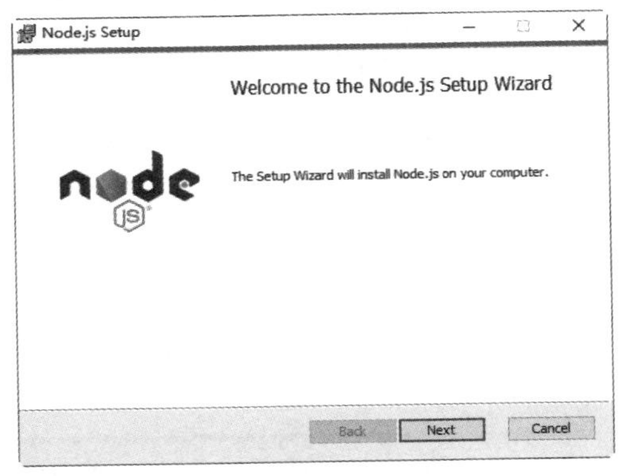

图 7-2　Node.js 安装欢迎界面

(3) 单击 Next 按钮，进入许可协议界面，选中 I accept the terms in the License Agreement 复选框，如图 7-3 所示。

(4) 单击 Next 按钮，进入设置安装路径界面，如图 7-4 所示。

(5) 单击 Next 按钮，进入自定义设置界面，如图 7-5 所示。

(6) 单击 Next 按钮，进入本机模块设置工具界面，如图 7-6 所示。

(7) 单击 Next 按钮，进入准备安装界面，如图 7-7 所示。

(8) 单击 Install 按钮，开始安装并显示安装的进度，如图 7-8 所示。

(9) 进入安装完成界面后，单击 Finish 按钮，完成软件的安装，如图 7-9 所示。

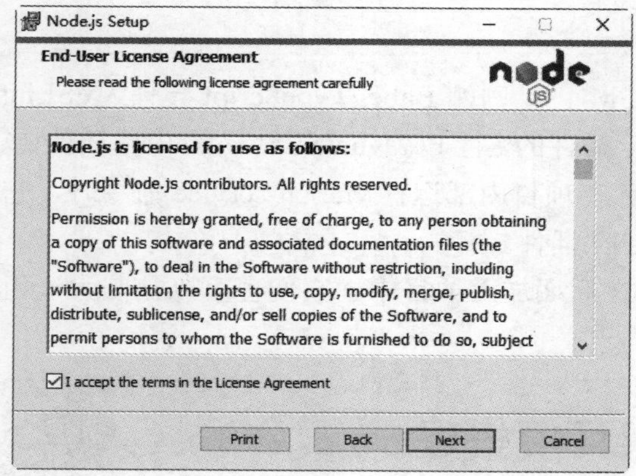

图 7-3　许可协议界面

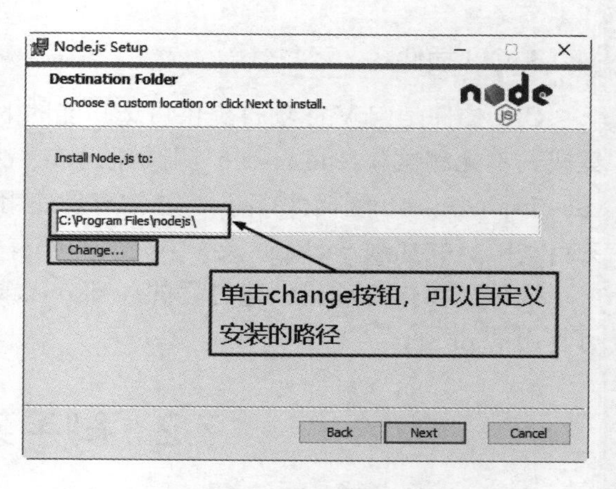

图 7-4　安装路径界面

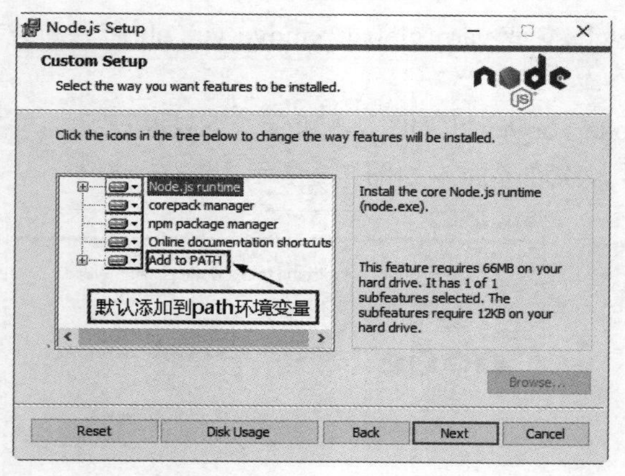

图 7-5　自定义设置界面

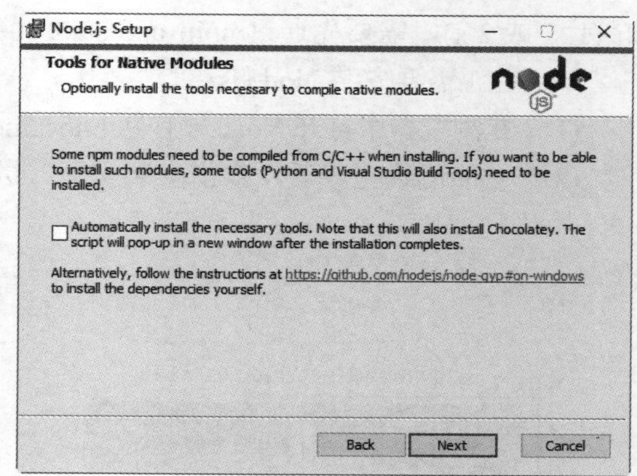

图 7-6　本机模块设置工具界面

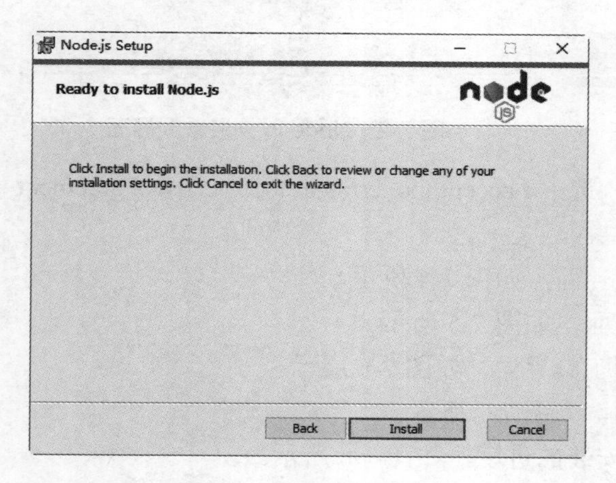

图 7-7　准备安装界面

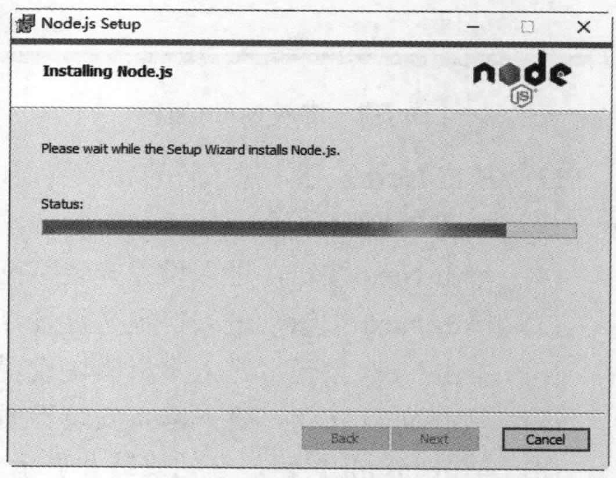

图 7-8　显示安装的进度

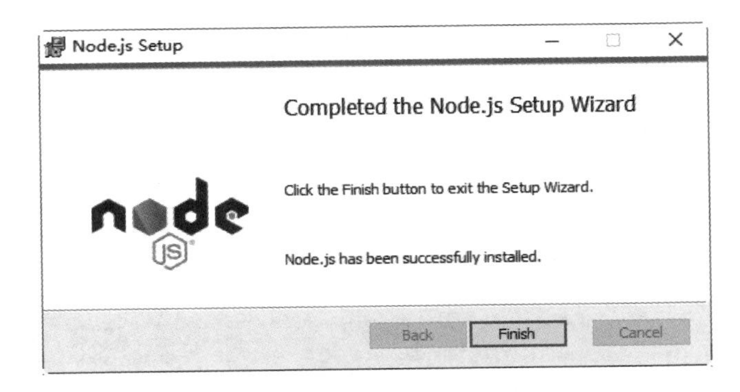

图 7-9　完成软件的安装

安装完成后，需要检测是否安装成功。具体步骤如下。

(1) 使用 Window＋R 组合键打开“运行”对话框，然后在“打开”下拉列表框中输入“cmd”，如图 7-10 所示。

(2) 单击“确定”按钮，即可打开命令提示符窗口，输入命令“node -v”，然后按 Enter 键，如果出现 Node 对应的版本号，则说明安装成功，如图 7-11 所示。

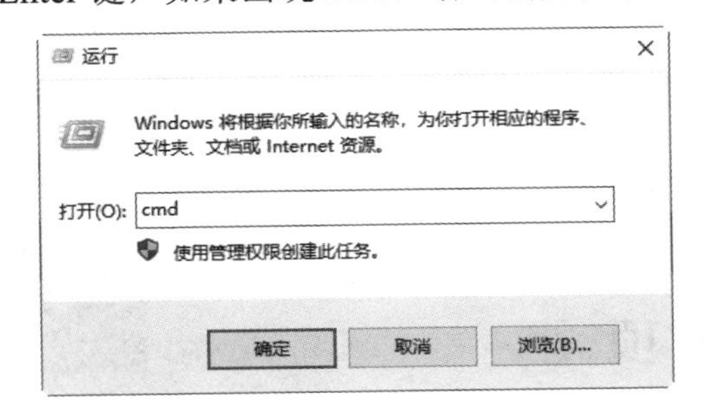

图 7-10　输入“cmd”

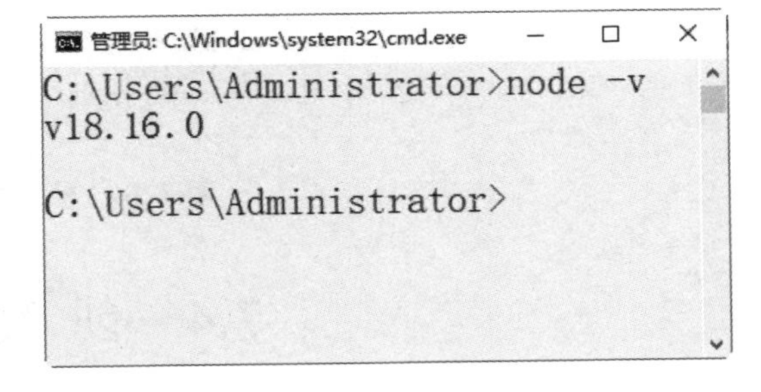

图 7-11　检查 Node 版本

提示

因为 node.js 已经自带 NPM(包管理工具)，直接在命令提示符窗口中输入“npm -v”来检验其版本，如图 7-12 所示。

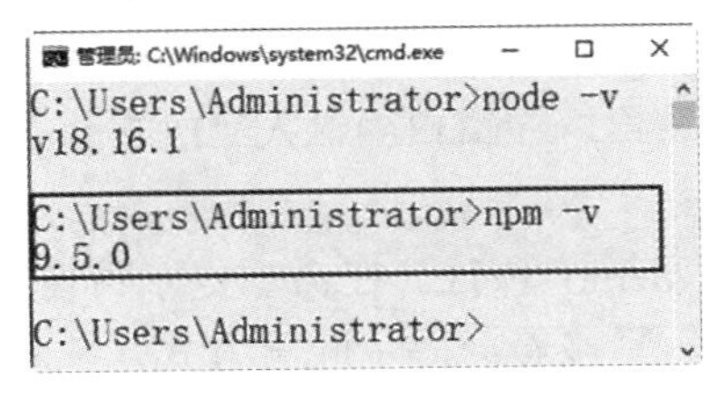

图 7-12　检查 NPM 版本

7.3　安装脚手架

可以使用下列其中一个命令来安装脚手架：

```
npm install -g @vue/cli
```

或者

```
yarn global add @vue/cli
```

这里使用 npm install -g @vue/cli 命令来安装。在窗口中输入命令，并按 Enter 键，即可进行安装，如图 7-13 所示。

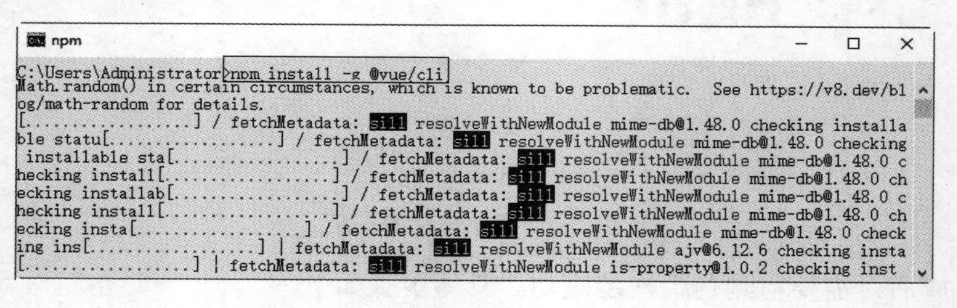

图 7-13　安装脚手架

安装完成之后，可以使用 vue --version 命令来检查脚手架的版本是否正确，如图 7-14 所示。

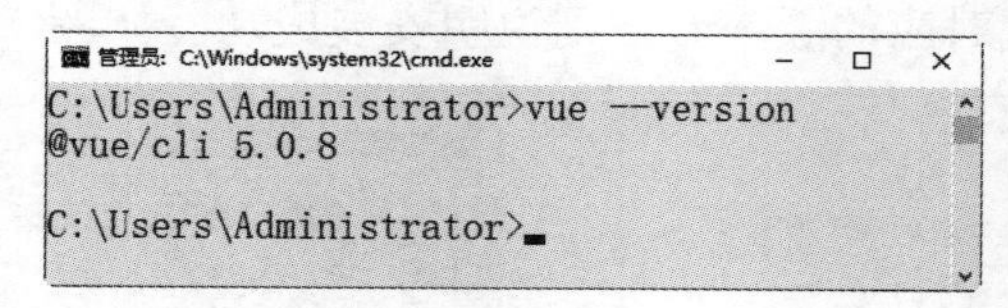

图 7-14　检查脚手架版本

7.4 创 建 项 目

上一节中脚手架的环境已经配置完成了，本节将讲解使用脚手架来快速创建项目。

7.4.1 使用命令创建项目

首先打开创建项目的路径，例如在(D:)磁盘创建项目，项目名称为 mydemo。具体操作步骤说明如下。

(1) 打开命令提示符窗口，在窗口中输入“D:”命令，按 Enter 键进入 D 盘，如图 7-15 所示。

(2) 在 D 盘创建 mydemo 项目。在命令提示符窗口中输入“vue create mydemo”命令，按 Enter 键进行创建。紧接着会提示配置方式，包括 Vue.js 3.x 默认配置、Vue 2.x 默认配置和手动配置，使用方向键选择第一个选项，如图 7-16 所示。

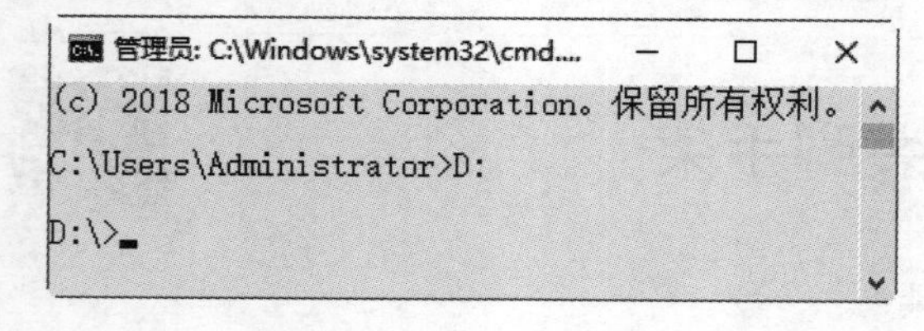

图 7-15　进入项目路径

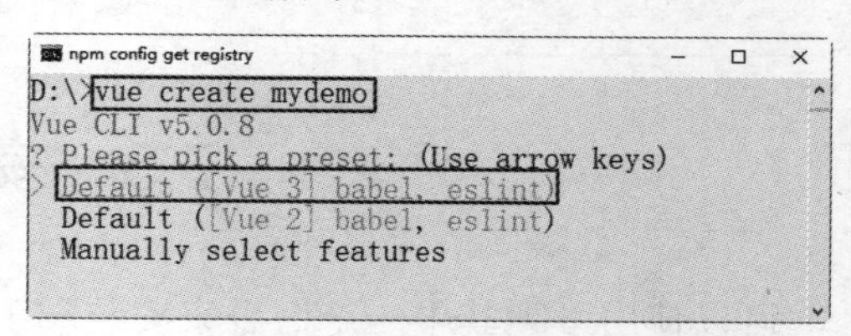

图 7-16　选择配置方式

(3) 这里选择 Vue.js 3.x 默认配置，直接按 Enter 键，即可创建 mydemo 项目，并显示创建的过程，如图 7-17 所示。

(4) 项目创建完成，如图 7-18 所示。

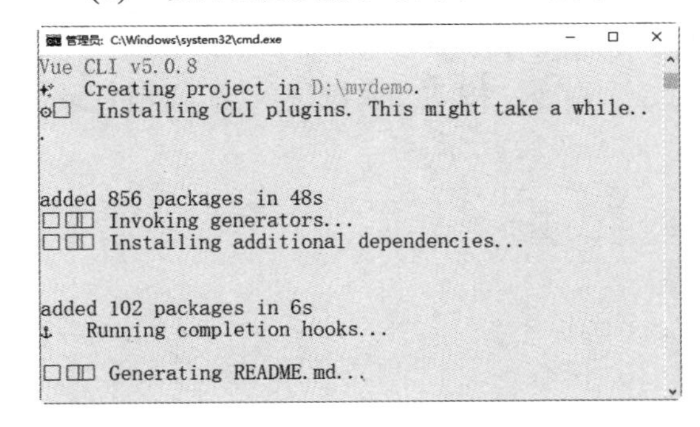

图 7-17　创建 mydemo 项目

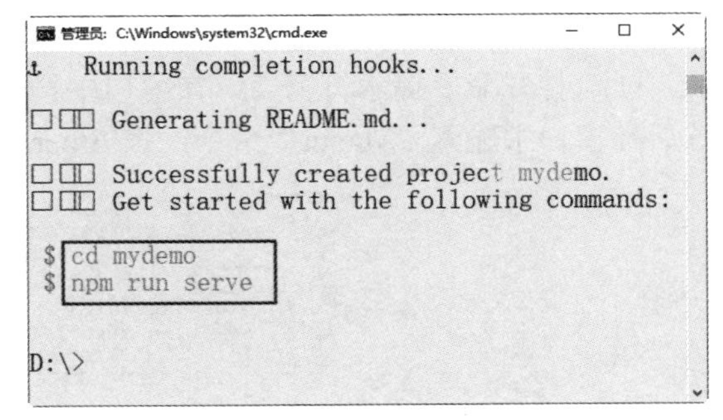

图 7-18　项目创建完成

(5) 这时可在 D 盘上看到创建的项目文件夹，如图 7-19 所示。

(6) 项目创建完成后，可以启动项目。紧接着上面的步骤，使用 cd mydemo 命令进入到项目，然后使用脚手架提供的 npm run serve 命令启动项目，如图 7-20 所示。

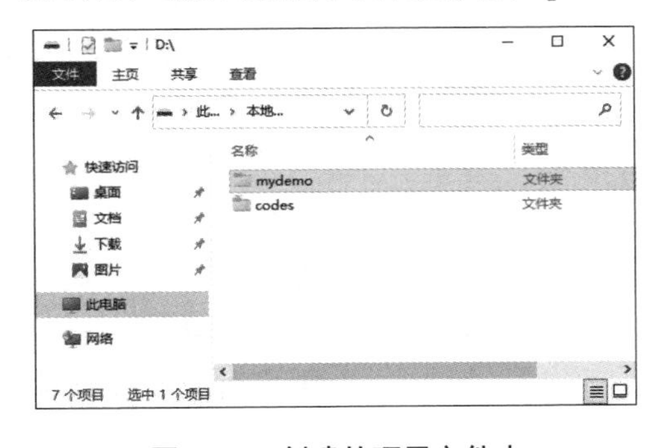

图 7-19　创建的项目文件夹

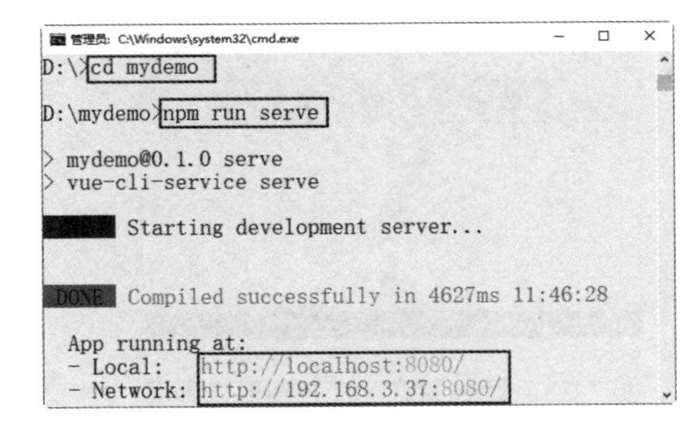

图 7-20　启动项目

(7) 项目启动成功后，会提供本地的测试域名，只需要在浏览器地址栏中输入 "http://localhost:8080/"，即可打开项目，如图 7-21 所示。

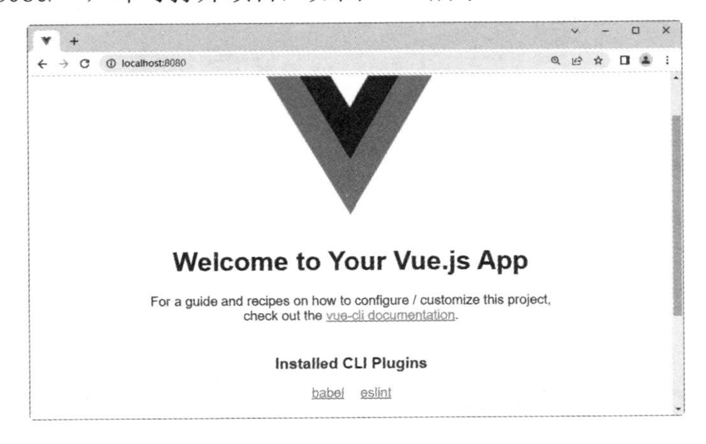

图 7-21　在浏览器中打开项目

7.4.2 使用图形化界面创建项目

除了可以使用命令创建项目外，还可以通过 vue ui 命令以图形化界面方式创建和管理项目。比如，这里创建名称为“myapp”的项目。具体操作步骤如下。

(1) 打开命令提示符窗口，在窗口中输入“d:”命令，按 Enter 键进入 D 盘根目录。然后在窗口中输入“vue ui”命令，按 Enter 键，如图 7-22 所示。

图 7-22　启动图形化界面

(2) 在本地默认的浏览器上打开图形化界面，如图 7-23 所示。

(3) 在图形化界面单击“创建”按钮，将显示创建项目的路径，如图 7-24 所示。

图 7-23　默认浏览器打开图形化界面

图 7-24　单击“创建”按钮

(4) 单击“在此创建新项目”按钮，将显示创建项目的界面，输入项目的名称“myapp”，在“详情”选项卡中，根据需要进行选择，如图 7-25 所示。

(5) 单击“下一步”按钮，将打开“预设”选项卡，如图 7-26 所示。根据需要选择一套预设即可，这里选择第一个预设方案。

图 7-25　详情选项配置

图 7-26　预设选项配置

(6) 单击“创建项目”按钮创建项目，如图 7-27 所示。

(7) 项目创建完成后，在 D 盘下即可看到 myapp 项目的文件夹。浏览器中将显示如图 7-28 所示的“项目仪表盘”界面，其他四个界面：插件、项目依赖、项目配置和任务，分别如图 7-29~图 7-32 所示。

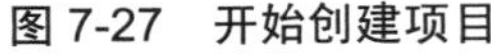
图 7-27　开始创建项目

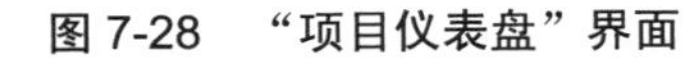
图 7-28　“项目仪表盘”界面

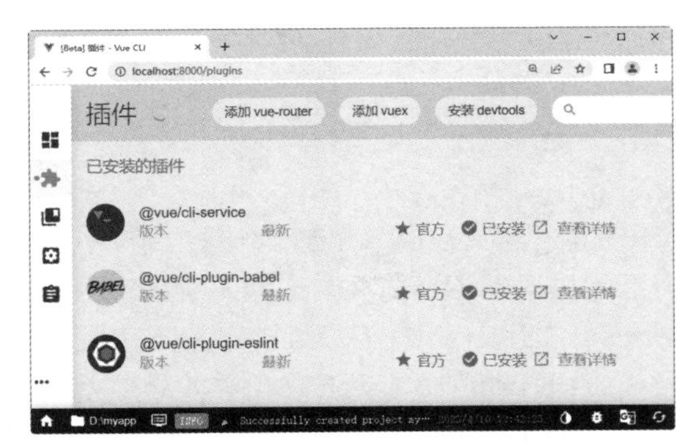

图 7-29　插件配置界面

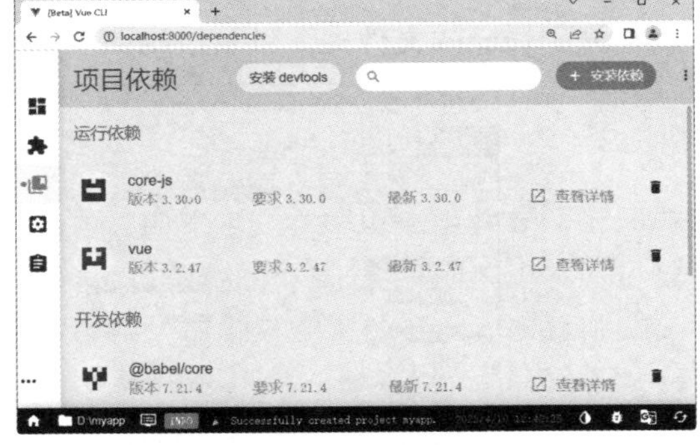

图 7-30　依赖配置界面

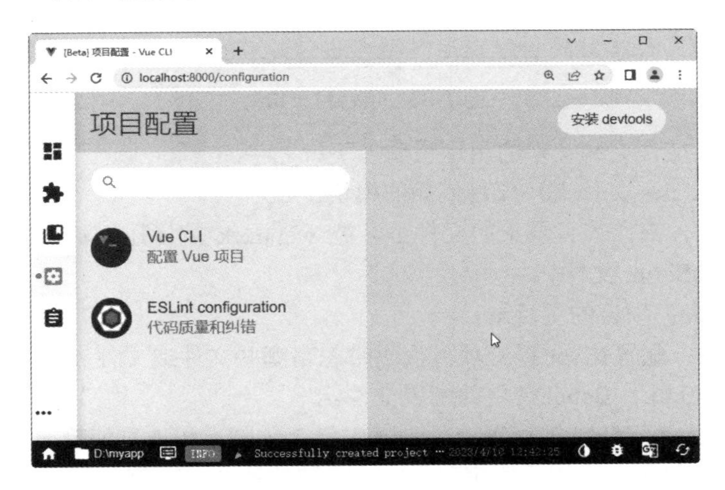

图 7-31　项目配置界面

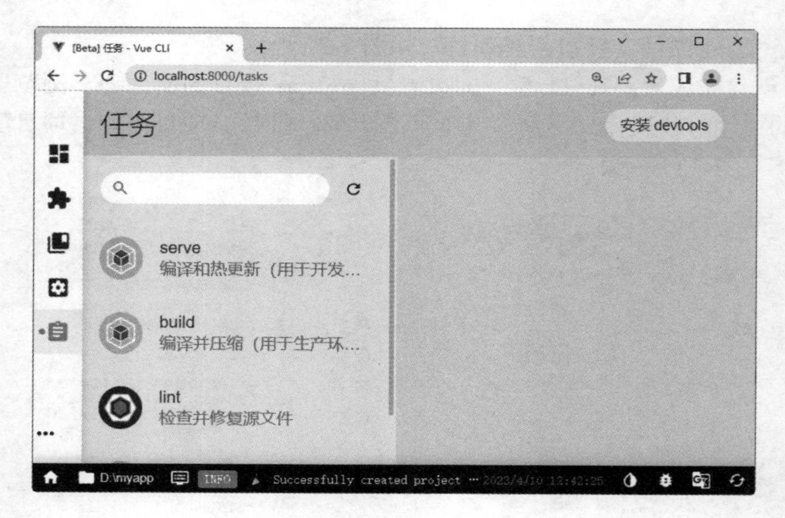

图 7-32 任务界面

7.5 分析项目结构

打开 mydemo 文件夹，目录结构如图 7-33 所示。

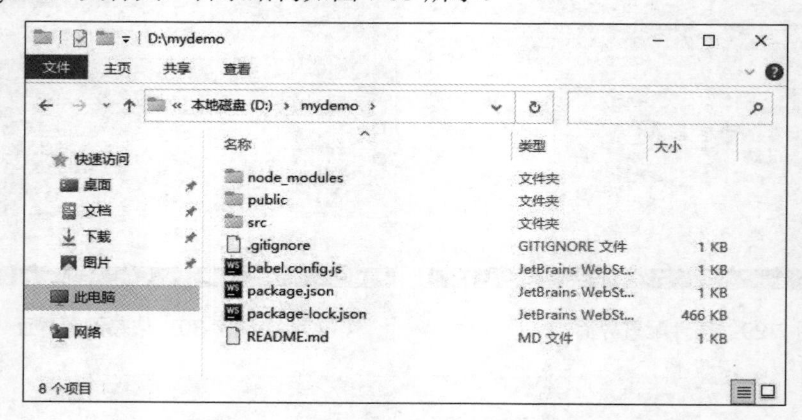

图 7-33 项目目录结构

项目目录下的文件夹和文件的用途说明如下。

(1) node_modules 文件夹：项目依赖的模块。

(2) public 文件夹：该目录下的文件不会被 webpack 编译压缩处理，这里会存放引用的第三方库的 JavaScript 文件。

(3) src 文件夹：项目的主目录。

(4) .gitignore：配置在 git 提交项目代码时忽略哪些文件或文件夹。

(5) babel.config.js：Babel 使用的配置文件。

(6) package.json：NPM 的配置文件，其中设定了脚本和项目依赖的库。

(7) package-lock.json：用于锁定项目实际安装的各个 NPM 包的具体来源和版本号。

(8) README.md：项目说明文件。

下面分析几个关键的文件代码。src 文件夹下的 App.vue 文件和 main.js 文件以及 public 文件夹下的 index.html 文件。

1. App.vue 文件

App.vue 文件是一个单文件组件，包含了组件代码、模板代码和 CSS 样式规则。这里引入 HelloWorld 组件，然后在 template 中使用它。具体代码如下：

```
<template>
   <img alt="Vue logo" src="./assets/logo.png">
   <HelloWorld msg="Welcome to Your Vue.js App"/>
</template>
<script>
import HelloWorld from './components/HelloWorld.vue'
export default {
   name: 'App',
   components: {
      HelloWorld
   }
}
</script>
<style>
#app {
   font-family: Avenir, Helvetica, Arial, sans-serif;
   -webkit-font-smoothing: antialiased;
   -moz-osx-font-smoothing: grayscale;
   text-align: center;
   color: #2c3e50;
   margin-top: 60px;
}
</style>
```

2. main.js 文件

main.js 文件是程序入口的 JavaScript 文件，主要用于加载各种公共组件和项目需要用到的各种插件，并创建 Vue 的根实例。具体代码如下：

```
import { createApp } from 'vue'    //Vue.js 3.x 中新增的 Tree-shaking 支持
import App from './App.vue'       //导入 App 组件

createApp(App).mount('#app')      //创建应用程序实例，加载应用程序实例的根组件
```

3. index.html 文件

index.html 文件是项目的主文件，这里包含一个 id 为 app 的 div 元素，组件实例会自动挂载到该元素上。具体代码如下：

```
<!DOCTYPE html>
<html lang="">
<head>
   <meta charset="utf-8">
   <meta http-equiv="X-UA-Compatible" content="IE=edge">
   <meta name="viewport" content="width=device-width,initial-scale=1.0">
   <link rel="icon" href="<%= BASE_URL %>favicon.ico">
   <title><%= htmlWebpackPlugin.options.title %></title>
</head>
<body>
   <noscript>
```

```
    <strong>We're sorry but <%= htmlWebpackPlugin.options.title %> doesn't
work properly without JavaScript enabled. Please enable it to
continue.</strong>
   </noscript>
   <div id="app"></div>
   <!-- built files will be auto injected -->
</body>
</html>
```

7.6 构建工具 Vite

Vite 是 Vue.js 的作者尤雨溪开发的 Web 开发构建工具，它是一个基于浏览器原生 ES 模块导入的开发服务器，其在开发环境下，利用浏览器解析 import，在服务器端按需编译返回，完全跳过打包这个操作，服务器随启随用。可见，Vite 专注于提供一个快速的开发服务器和基本的构建工具。

不过需要特别注意的是，Vite 是 Vue.js 3.x 新增的开发构建工具，目前仅仅支持 Vue.js 3.x，所以与 Vue.js 3.x 不兼容的库不能与 Vite 一起使用。

Vite 提供了 npm 和 yarm 命令两种方式创建项目。

例如，使用 npm 命令创建项目 myapp，命令如下：

```
npm init vite-app myapp
cd myapp
npm install
npm run dev
```

执行过程如图 7-34 所示。

项目启动成功后，会提供本地的测试域名，只需要在浏览器地址栏中输入“http://localhost:3000/”，即可打开项目，如图 7-35 所示。

```
C:\Users\Administrator>d:

D:\>npm init vite-app myapp
npx: installed 7 in 7.545s
Scaffolding project in D:\myapp...

Done. Now run:

  cd myapp
  npm install (or `yarn`)
  npm run dev (or `yarn dev`)

D:\>cd myapp

D:\myapp>npm install

> esbuild@0.8.57 postinstall D:\myapp\node_modules\esbuild
> node install.js

D:\myapp>npm run dev

> myapp@0.0.0 dev D:\myapp
> vite

[vite] Optimizable dependencies detected:
vue

  Dev server running at:
  > Network:  http://192.168.3.19:3000/
  > Local:    http://localhost:3000/
```

图 7-34　使用 npm 命令创建项目 myapp

图 7-35　在浏览器中打开项目

使用 Vite 生成的项目结构和含义如下：

```
|-node_modules               -- 项目依赖包的目录
|-public                     -- 项目公用文件
```

```
  |--favicon.ico              -- 网站地址栏前面的小图标
|-src                         -- 源文件目录，程序员主要工作的地方
  |-assets                    -- 静态文件目录，图片图标，比如网站 Logo
  |-components                -- Vue 3.x 的自定义组件目录
  |--App.vue                  -- 项目的根组件，单页应用都需要的
  |--index.css                -- 一般项目的通用 CSS 样式都写在这里，在 main.js 中引入该样式文件
  |--main.js                  -- 项目入口文件，SPA 单页应用都需要入口文件
|--.gitignore                 -- git 的管理配置文件，设置哪些目录或文件不需要管理
|-- index.html                -- 项目的默认首页，Vue 的组件需要挂载到这个文件上
|-- package-lock.json         --项目包的锁定文件，用于防止包版本不一样导致的错误
|-- package.json              -- 项目配置文件，包括项目名称、版本和命令
```

其中，配置文件 package.json 的代码如下：

```
{
   "name": "myapp",
   "version": "0.0.0",
   "scripts": {
     "dev": "vite",
     "build": "vite build"
   },
   "dependencies": {
     "vue": "^3.0.4"
   },
   "devDependencies": {
     "vite": "^1.0.0-rc.13",
     "@vue/compiler-sfc": "^3.0.4"
   }
}
```

如果需要构建生产环境下的发布版本，则只需要在终端窗口执行以下命令：

```
npm run build
```

如果使用 yarn 命令创建项目 myapp，则依次执行以下命令：

```
yarn create  vite-app myapp
cd myapp
yarn
yarn de
```

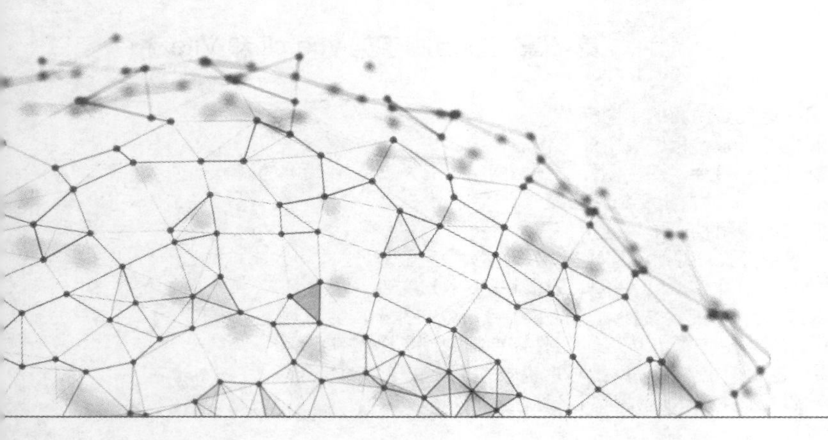

第 8 章

玩转前端路由

前端路由是什么？如果之前从事的是后端的工作，或者虽然有接触前端，但是并没有使用到单页面应用的话，对于这个概念来说还是很陌生的。那么，为什么会在单页面应用中存在这么一个概念，以及前端路由与后端路由有什么不同？本章就来介绍前端路由的知识。

8.1 使用 Vue Router 实现 Vue 前端路由控制

在传统的多页面应用中，网站的每一个 URL 地址都对应于服务器磁盘上的一个实际物理文件。例如，当访问 https://www.yousite.com/index.html 网址的时候，服务器会自动把我们的请求对应到当前站点路径下面的 index.html 文件，然后再给予响应，将这个文件返回给浏览器。当跳转到其他页面上时，则会再重复一遍这个过程。

但是在单页面应用中，整个项目中只存在一个 html 文件，当用户切换页面时，只是通过对这个唯一的 html 文件进行动态重写，从而达到响应用户请求的目的。也就是说，从切换页面这个角度上说，应用只是在第一次打开时请求了服务器。

因为访问的页面并不是真实存在的，所以如何正确地在一个 html 文件中显示出用户想要访问的信息，就成为单页面应用需要考虑的问题，而前端路由就很好地解决了这个问题。

8.1.1 前端路由的实现方式

前端路由的实现主要是通过 hash 路由匹配或者是采用 HTML5 中的 history 路由模式这两种方式。也就是说，不管是使用 hash 路由还是使用 history 路由模式，其实都是基于浏览器自身的特性。

hash 路由在某些情况下，需要定位页面上的某些位置，就像下面的例子中显示的那样，通过锚点进行定位，单击不同的按钮就跳转到指定的位置，这其实就是 hash。

```
<div class="container">
    <a class="btn" href="#image1">图片 1</a>
    <a class="btn" href="#image2">图片 2</a>
</div>
```

```
<img src="image1.jpg" id="image1">
<img src="image2.jpg" id="image2">
```

hash 路由的本质是浏览器 location 对象中的 hash 属性，它会记录链接地址中'#'后面的内容(:#part1)。因此，可以通过监听 window.onhashchange 事件获取到跳转前后访问的地址，从而实现地址切换的目的。

在之前的 html 版本中，可以通过 history.back()、history.forward()和 history.go()方法来完成在用户历史记录中向后和向前的跳转。而 history 路由则是使用了 HTML5 中新增的 pushState 事件和 replaceState()事件。

通过这两个新增的 API，就可以实现无刷新地更改地址栏链接，配合 Ajax 就可以做到整个页面的无刷新跳转。

在 Vue.js 中，Vue Router 是官方提供的路由管理器。它和 Vue.js 的核心深度集成，因此，不管是采用 hash 方式还是 history 路由模式，对实现我们的前端路由都有很好的支持。这里采用 Vue Router 这一组件来实现前端路由。

8.1.2　路由实现

首先需要将 Vue Router 添加到项目中，这里通过直接引用 JavaScript 文件的方式为我们的示例代码添加前端路由支持。下面采用直接引用 CDN 的方式添加前端路由。

```
<script src="https://unpkg.com/vue-router@next"></script>
```

在 Vue.js 中使用 Vue Router 构建单页面应用，只需要将组件(components)映射到定义的路由(routes)规则中，然后告诉 Vue Router 在哪里渲染它们，并将这个路由配置挂载到 Vue.js 实例节点上即可。

在 Vue Router 中，使用 router-link 标签来渲染链接。当然，默认生成的是 a 标签，如果想要将路由信息生成其他的 html 标签，则可以使用 tag 属性指明需要生成的标签类型。

```
<!-- 默认渲染成 a 标签 -->
<router-link to="/home">首页</router-link>
<!--渲染成 button 标签-->
<router-link to="/list" tag="button">列表</router-link>
```

可以看到，当我们指定 tag 属性为 button 后，页面渲染后的标签就变成了 button 按钮，如图 8-1 所示。同样地，它还是会监听单击操作，触发导航。

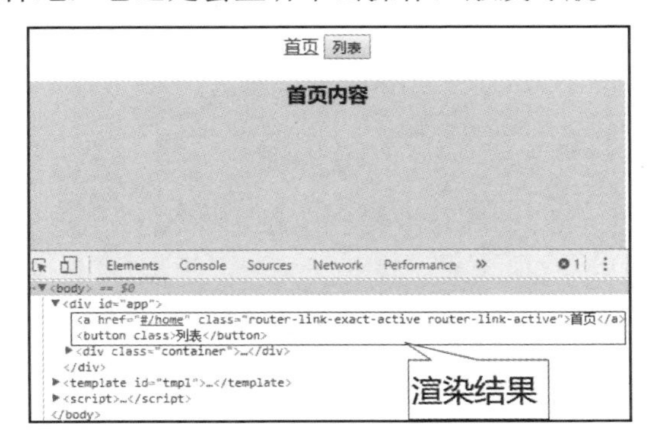

图 8-1　页面渲染后的标签

同时，从图 8-1 可以看出，当前的链接地址为#/home，也就是说，通过 router-link 生成的标签，当页面地址与对应的路由规则匹配成功后，将自动设置 class 属性值为.router-link-active。当然也可以通过指定 active-class 属性或者在构造 VueRouter 对象时使用 linkActiveClass 来自定义链接激活时使用的 CSS 类名。

```
<!-- 使用属性来设定自定义激活类名 -->
<router-link to="/home" active-class="style">首页</router-link>
<!-- 在构造对象时设定全局默认类名 -->
const router = new VueRouter({
    routes: [],
    linkActiveClass: style
})
```

当路由表构建完成后，对于指向路由表中的链接，需要在页面上找到一个地方来显示已经渲染完成后的组件，这时就需要使用 router-view 标签告诉程序需要将渲染后的组件显示在当前位置。

在下面的示例代码中，模拟了 Vue.js 中路由的使用，当访问#/home 时会加载 home 组件，而当链接跳转到#/list 时则会加载 list 组件。同时，可以发现，在 list 组件中又包含了两个子路由，通过单击 list 组件中的子路由地址，从而加载对应的 login 组件和 register 组件。

在下面的示例代码中也使用了嵌套路由和路由的重定向功能。通过路由重定向，可以将用户访问网站的根目录/时重定向到/home，而嵌套路由则可以将 URL 中各段动态路径也按某种结构对应到实际嵌套的各层组件。

例如，这里的 login 组件和 register 组件，它们都是位于 list 组件中的。因此，在构建 url 时，应该将该地址置于/list url 后面，从而更好地表达这种关系。所以，在 list 组件中又添加了一个 router-view 标签，用来渲染嵌套的组件内容。同时，通过在定义 routes 时，在参数中使用 children 属性，从而达到配置嵌套路由信息的目的。

【例 8.1】(实例文件：ch08\8.1.html)路由实现示例。

```
<!DOCTYPE html>
<html>
<head>
    <meta charset="UTF-8">
<style>
        #app{
            text-align: center;
        }
        .container {
            background-color: #73ffd6;
            margin-top: 20px;
            height: 300px;
        }
        .son{
            margin-top: 30px;
        }
</style>
<body>
<div id="app">
    <!-- 通过 router-link 标签来生成导航链接 -->
    <router-link to="/home">首页</router-link>
    <router-link to="/list">列表</router-link>
```

```
    <div class="container">
        <!-- 将选中的路由渲染到 router-view 下-->
        <router-view></router-view>
    </div>
</div>
<template id="tmpl">
    <div>
        <h3>列表内容</h3>
        <!-- 生成嵌套子路由地址 -->
        <router-link to="/list/login">登录</router-link>
        <router-link to="/list/register">注册</router-link>
        <div class="son">
            <!-- 生成嵌套子路由渲染节点 -->
            <router-view></router-view>
        </div>
    </div>
</template>
<!--引入 vue 文件-->
<script src="https://unpkg.com/vue@3/dist/vue.global.js"></script>
<!--引入 Vue Router-->
<script src="https://unpkg.com/vue-router@next"></script>
<script>
    // 1.定义路由跳转的组件模板
    const home = {
        template: '<div><h3>首页内容</h3></div>'
    }
    const list = {
        template: '#tmpl'
    }
    const login = {
        template: '<div> 登录页面内容</div>'
    }

    const register = {
        template: '<div>注册页面内容</div>'
    }
    // 2.定义路由信息
    const routes = [
        // 路由重定向：当路径为/时，重定向到/home 路径
        {
            path: '/',
            redirect: '/home'
        },
        {
            path: '/home',
            component: home
        },
        {
            path: '/list',
            component: list,
            //嵌套路由
            children: [
                {
                    path: 'login',
                    component: login
                },
                {
                    path: 'register',
                    component: register
```

```
                },
                // 当路径为/list时，重定向到/list/login路径
                {
                    path: '/list',
                    redirect: '/list/login'
                }
            ]
        }
    ]
    const router= VueRouter.createRouter({
        //提供要实现的history路由。为了方便起见，这里使用hash history
        history:VueRouter.createWebHashHistory(),
        routes  //简写，相当于routes: routes
    });
    const vm= Vue.createApp({});
    //使用路由器实例，从而让整个应用都有路由功能
    vm.use(router);
    vm.mount('#app');
</script>
</body>
</html>
```

在 Chrome 浏览器中运行上述代码，单击“列表”链接，然后单击“注册”链接，效果如图 8-2 所示。

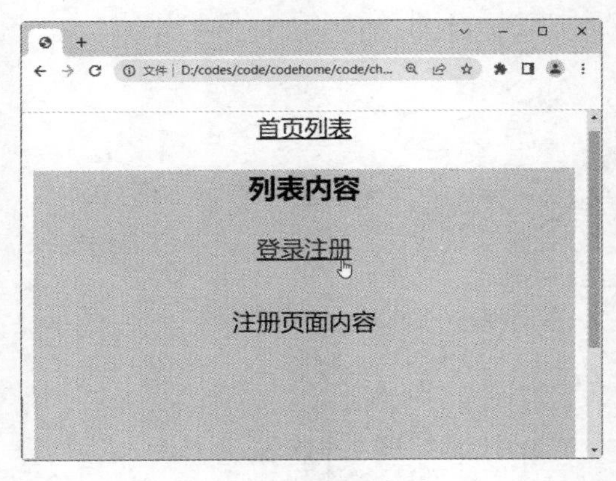

图 8-2　路由实现

8.2　Vue Router 中的常用技术

在上一节中，简单介绍了前端路由的知识，以及如何在 Vue 中使用 Vue Router 来实现前端路由。但是在实际应用中，经常会遇到路由传参或者一个页面是由多个组件组成的情况。本节就来介绍在这两种情况下，Vue Router 的使用方法以及一些可能涉及的知识。

8.2.1　命名路由

在某些时候，生成的路由 URL 地址可能会很长，在使用中会有些不便。这时候通过一个名称来标识一个路由会更方便一些。因此在 Vue Router 中，可以在创建 Router 实例的时候，通过在 routes 配置中给某个路由设置名称，从而方便地调用路由。

```
routes:[
    {
      path: '/form',
      name: 'router1',
      component: '<div>form 组件</div>'
    }
]
```

使用了命名路由之后，在需要使用 router-link 标签进行跳转时，可以采取给 router-link 的 to 属性传一个对象的方式，跳转到指定的路由地址上，例如：

```
<router-link :to="{ name:'router1'}">名称</router-link>
```

【例 8.2】(实例文件：ch08\8.2.html)命名路由。

```
<!DOCTYPE html>
<html>
<head>
    <meta charset="UTF-8">
    <title>命名路由</title>
</head>
<body>
<style>
    #app{
        text-align: center;
    }
    .container {
        background-color: #73ffd6;
        margin-top: 20px;
        height: 300px;
    }
   .son{
        margin-top: 30px;
    }
</style>
<div id="app">
    <router-link :to="{name:'router1'}">首页</router-link>
    <router-link :to="{name:'router2'}">技术服务</router-link>
    <!--路由匹配到的组件将在这里渲染 -->
    <div  class="container">
        <router-view ></router-view>
    </div>
</div>
<!--引入 vue 文件-->
<script src="https://unpkg.com/vue@3/dist/vue.global.js"></script>
<!--引入 Vue Router-->
<script src="https://unpkg.com/vue-router@next"></script>
<script>
    //定义路由组件
    const home={template:'<div>首页的相关内容</div>'};
    const details={template:'<div>技术服务的相关内容</div>'};
    const routes=[
        {path:'/home',component:home,name: 'router1',},
        {path:'/details',component:details,name: 'router2',},
    ];
    const router= VueRouter.createRouter({
        //提供要实现的 history 路由。为了方便起见，这里使用 hash history
        history:VueRouter.createWebHashHistory(),
        routes//简写，相当于 routes: routes
```

```
    });
    const vm= Vue.createApp({});
    //使用路由器实例，从而让整个应用都有路由功能
    vm.use(router);
    vm.mount('#app');
</script>
</body>
</html>
```

在 Chrome 浏览器中运行上述程序，效果如图 8-3 所示。

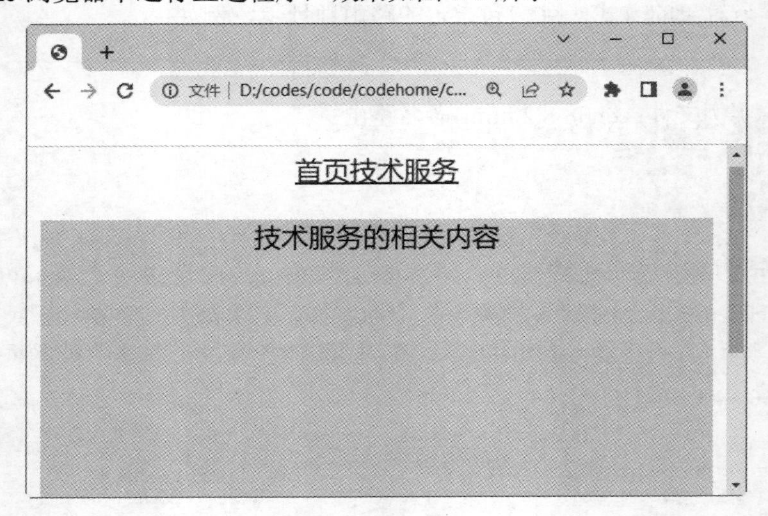

图 8-3　命名路由

还可以使用 params 属性设置参数，例如：

```
<router-link :to="{ name: 'user', params: { userId: 1234 }}">User</router-link>
```

这与代码调用 router.push()是一样的：

```
router.push({ name: 'user', params: { userId: 1234 }})
```

这两种方式都会把路由导航到/user/1234 路径。

8.2.2　命名视图

当打开一个页面时，整个页面可能是由多个组件所构成的。例如，后台管理首页可能是由 sidebar(侧导航)、header(顶部导航)和 main(主内容)这三个组件构成的。此时，通过 Vue Router 构建路由信息时，如果一个 URL 只能对应一个组件，那么整个页面是无法正确显示的。

在上一节的学习中，在构建路由信息的时候，使用到两个特殊的标签：router-view 和 router-link。通过 router-view 标签，可以指定组件渲染显示在什么位置。当需要在一个页面上显示多个组件的时候，就需要在页面中添加多个 router-view 标签。

那么是不是可以通过一个路由对应多个组件，然后按需渲染在不同的 router-view 标签上呢？参照上一节关于 Vue Router 的使用方法，可以很容易地实现下面的代码。

【例 8.3】(实例文件：ch08\8.3.html)测试一个路由对应多个组件。

```
<!DOCTYPE html>
<html>
<head>
   <meta charset="UTF-8">
   <title>测试一个路由对应多个组件</title>
</head>
<body>
<style>
   #app{
     text-align: center;
   }
   .container {
      background-color: #73ffd6;
      margin-top: 20px;
      height: 100px;
   }
</style>
<div id="app">
   <router-view></router-view>
   <div class="container">
      <router-view></router-view>
      <router-view></router-view>
   </div>
</div>
<template id="sidebar">
   <div class="sidebar">
      侧边栏内容
   </div>
</template>
<!--引入 vue 文件-->
<script src="https://unpkg.com/vue@3/dist/vue.global.js"></script>
<!--引入 Vue Router-->
<script src="https://unpkg.com/vue-router@next"></script>
<script>
   // 1.定义路由跳转的组件模板
   const header = {
      template: '<div class="header"> 头部内容 </div>'
   }
   const sidebar = {
      template: '#sidebar',
   }
   const main = {
      template: '<div class="main">主要内容</div>'
   }
   // 2.定义路由信息
   const routes = [{
      path: '/',
      component: header
   }, {
      path: '/',
      component: sidebar
   }, {
      path: '/',
      component: main
   }];
   const router= VueRouter.createRouter({
      //提供要实现的 history 路由。为方便起见，这里使用 hash history
      history:VueRouter.createWebHashHistory(),
      routes   //简写，相当于 routes: routes
   });
```

```
    const vm= Vue.createApp({});
    //使用路由器实例，从而让整个应用都有路由功能
    vm.use(router);
    vm.mount('#app');
</script>
</body>
</html>
```

在 Chrome 浏览器中运行程序，效果如图 8-4 所示。

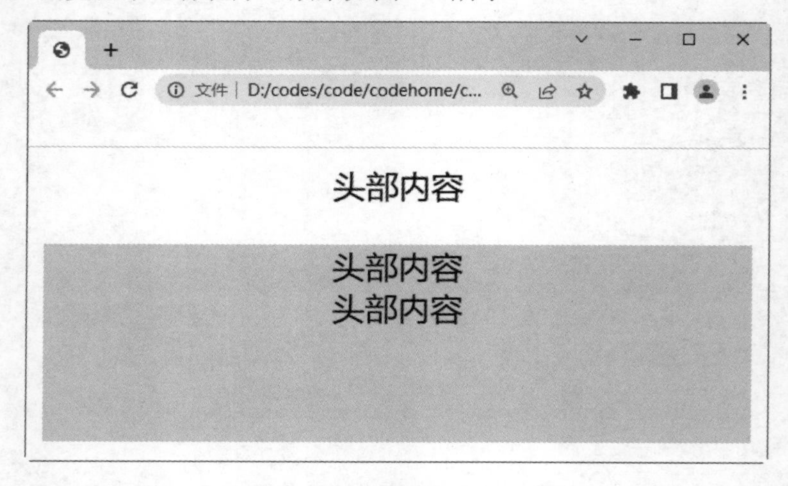

图 8-4　一个路由对应多个组件

从图 8-4 可以看到，并没有实现想要按需渲染组件的效果。当一个路由信息对应到多个组件时，不管有多少个 router-view 标签，程序都会将第一个组件渲染到所有的 router-view 标签上。

在 Vue Router 中，可以通过命名视图的方式，实现一个路由信息按照需要渲染到页面中指定的 router-view 标签。

命名视图与命名路由的实现方式相似，命名视图通过在 router-view 标签上设定 name 属性，之后在构建路由与组件的对应关系时，以 name:component 的形式构造出一个组件对象，从而指明是在哪个 router-view 标签上加载什么组件。

实现命名视图的代码如下：

```
<div id="app">
    <router-view></router-view>
    <div class="container">
        <router-view name="sidebar"></router-view>
        <router-view name="main"></router-view>
    </div>
</div>
<script>
    // 2.定义路由信息
    const routes = [{
        path: '/',
        components: {
            default: header,
            sidebar: sidebar,
            main: main
        }
```

```
    }]
</script>
```

在 router-view 中，name 属性值默认为 default，所以这里的 header 组件对应的 router-view 标签就可以不设定 name 属性值。

【例 8.4】(实例文件：ch08\8.4.html)命名视图。

```
<!DOCTYPE html>
<html>
<head>
    <meta charset="UTF-8">
    <title>命名视图</title>
</head>
<body>
<style>
       .style1{
           height: 20vh;
           background: #0BB20C;
           color: white;
       }
       .style2{
           background: #9e8158;
           float: left;
           width: 30%;
           height: 70vh;
           color: white;
       }
       .style3{
           background: #2d309e;
           float: left;
           width: 70%;
           height: 70vh;
           color: white;
       }
    </style>
<div id="app">
    <div class="style1">
        <router-view></router-view>
    </div>
    <div class="container">
        <div class="style2">
            <router-view name="sidebar"></router-view>
        </div>
        <div class="style3">
            <router-view name="main"></router-view>
        </div>
    </div>
</div>
<template id="sidebar">
    <div class="sidebar">
        侧边栏导航内容
    </div>
</template>
<!--引入 vue 文件-->
<script src="https://unpkg.com/vue@3/dist/vue.global.js"></script>
<!--引入 Vue Router-->
<script src="https://unpkg.com/vue-router@next"></script>
<script>
    // 1.定义路由跳转的组件模板
    const header = {
```

```
        template: '<div class="header"> 头部内容 </div>'
    }
    const sidebar = {
        template: '#sidebar'
    }
    const main = {
        template: '<div class="main">正文部分</div>'
    }
    // 2.定义路由信息
    const routes = [{
        path: '/',
        components: {
            default: header,
            sidebar: sidebar,
            main: main
        }
    }];
    const router= VueRouter.createRouter({
        //提供要实现的 history 路由。为方便起见，这里使用 hash history
        history:VueRouter.createWebHashHistory(),
        routes   //简写，相当于 routes: routes
    });
    const vm= Vue.createApp({});
    //使用路由器实例，从而让整个应用都有路由功能
    vm.use(router);
    vm.mount('#app');
</script>
</body>
</html>
```

在 Chrome 浏览器中运行上述程序，效果如图 8-5 所示。

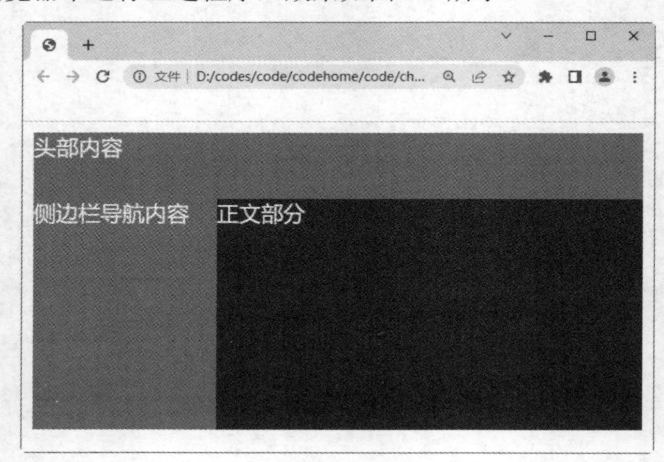

图 8-5　命名视图

8.2.3　路由传参

在很多情况下，例如表单提交、组件跳转之类的操作，都需要使用到上一个表单、组件的一些数据，这时可以将需要的参数通过传参的方式在路由间进行传递。本节将介绍传参方式：param 传参。

param 传参就是将需要的参数以 key=value 的方式放在 URL 地址中。在定义路由信息时，需要以占位符(:参数名)的方式将需要传递的参数指定到路由地址中，示例代码如下：

```
const routes=[{
   path:'/',
   components:{
      default: header,
      sidebar: sidebar,
      main: main
   },
   children: [{
      path: '',
      redirect: 'form'
   }, {
      path: 'form',
      name: 'form',
      component: form
   }, {
      path: 'info/:email/:password',
      name: 'info',
      component: info
   }]
}]
```

因为在使用$route.push 进行路由跳转时，如果提供了 path 属性，则对象中的 params 属性会被忽略，所以这里可以采用命名路由的方式进行跳转，或者直接将参数值传递到路由 path 路径中。这里的参数如果不进行赋值的话，就无法与匹配规则对应，也就无法跳转到指定的路由地址中。param 传参的示例如下。

【例 8.5】(实例文件：ch08\8.5.html)param 传参。

```
<!DOCTYPE html>
<html>
<head>
   <meta charset="UTF-8">
   <title>param 传参</title>
</head>
<body>
<style>
   .style1{
      background: #5500ff;
      color: white;
      padding: 15px;
      margin: 15px 0;
   }
   .main{
      padding: 10px;
   }
</style>
<body>
<div id="app">
   <div>
      <div class="style1">
         <router-view></router-view>
      </div>
   </div>
   <div class="main">
      <router-view name="main"></router-view>
   </div>
```

```
</div>
<template id="sidebar">
    <div>
        <ul>
            <router-link v-for="(item,index) in menu" :key="index" :to="item.url"
                tag="li">{{item.name}}
            </router-link>
        </ul>
    </div>
</template>
<template id="main">
    <div>
        <router-view></router-view>
    </div>
</template>
<template id="form">
    <div>
        <form>
            <div>
                <label for="exampleInputName1">商品名称</label>
                <input id="exampleInputName1" placeholder="输入商品的名称"
                    v-model="name">
            </div>
            <div>
                <label for="exampleInputNum1">商品数量</label>
                <input id="exampleInputNum1" placeholder="输入商品的数量"
                    v-model="num">
            </div>
            <button type="submit" @click="submit">提交</button>
        </form>
    </div>
</template>
<template id="info">
    <div>
        <div>
            输入的信息如下：
        </div>
        <div>
            <blockquote>
                <p>商品名称：{{ $route.params.name }} </p>
                <p>商品数量：{{ $route.params.num }}</p>
            </blockquote>
        </div>
    </div>
</template>
<!--引入 vue 文件-->
<script src="https://unpkg.com/vue@3/dist/vue.global.js"></script>
<!--引入 Vue Router-->
<script src="https://unpkg.com/vue-router@next"></script>
<script>
    // 1.定义路由跳转的组件模板
    const header = {
        template: '<div class="header">商品采购信息</div>'
    }
    const sidebar = {
        template: '#sidebar',
        data:function() {
            return {
                menu: [{
                    displayName: 'Form',
```

```
                routeName: 'form'
            }, {
                displayName: 'Info',
                routeName: 'info'
            }]
        }
    },
}
const main = {
    template: '#main'
}
const form = {
    template: '#form',
    data:function() {
        return {
            name: '',
            num: ''
        }
    },
    methods: {
        submit:function() {
            // 方式1
            this.$router.push({
                name: 'info',
                params: {
                    name: this.name,
                    num: this.num
                }
            })
        }
    },
}
const info = {
    template: '#info'
}
// 2.定义路由信息
const routes = [{
    path: '/',
    components: {
        default: header,
        sidebar: sidebar,
        main: main
    },
    children: [{
        path: '',
        redirect: 'form'
    }, {
        path: 'form',
        name: 'form',
        component: form
    }, {
        path: 'info/:name/:num',
        name: 'info',
        component: info
    }]
}];
const router= VueRouter.createRouter({
    //提供要实现的history路由。为方便起见，这里使用hash history
    history:VueRouter.createWebHashHistory(),
    routes   //简写，相当于routes: routes
});
```

```
    const vm= Vue.createApp({
        data(){
           return{
           }
        },
        methods:{},
    });
    //使用路由器实例，从而让整个应用都有路由功能
    vm.use(router);
    vm.mount('#app');
</script>
</body>
</html>
```

在 Chrome 浏览器中运行程序，在“商品名称”文本框中输入“洗衣机”，在“商品数量”文本框中输入“20 台”，如图 8-6 所示；单击“提交”按钮，内容将传递到 info 子组件中进行显示，效果如图 8-7 所示。

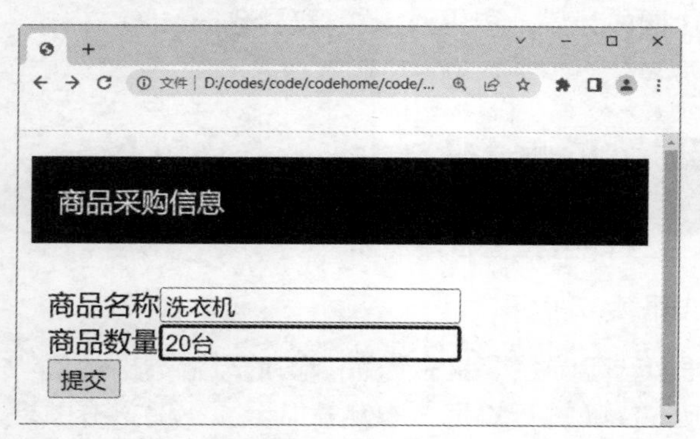

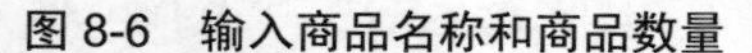
图 8-6　输入商品名称和商品数量

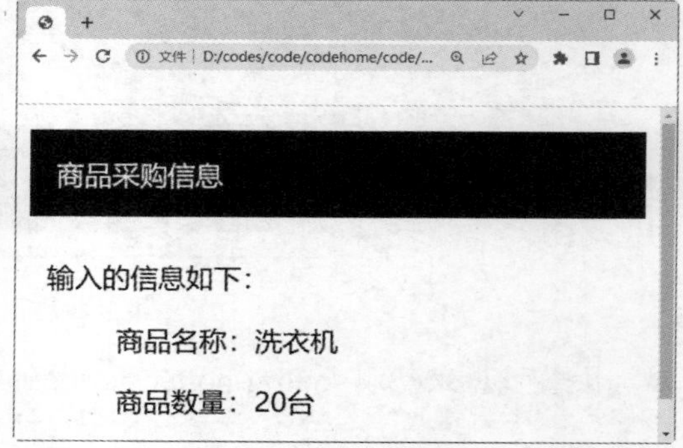

图 8-7　param 传参

8.3　编程式导航

在使用 Vue Router 时，经常会通过 router-link 标签生成跳转到指定路由的链接，但是在实际的前端开发中，更多的是通过 JavaScript 的方式进行跳转。例如很常见的一个交互需求——用户提交表单，提交成功将跳转到上一页面，提交失败则留在当前页面。这时候如果仍然通过 router-link 标签进行跳转就不合适了，而是需要通过 JavaScript 根据表单返回的状态进行动态的判断。

在使用 Vue Router 时，已经将 Vue Router 的实例挂载到了 Vue 实例上，可以借助 $router 的实例方法，通过编写 JavaScript 代码的方式实现路由间的跳转，而这种方式就是一种编程式的路由导航。

在 Vue Router 中有三种导航方法，分别为 push、go 和 replace 。最常见的是通过在页面上设置 router-link 标签进行路由地址间的跳转，就等同于执行了一次 push 方法。

1. push 方法

当需要跳转新页面时，可以通过 push 方法将一条新的路由记录添加到浏览器的 history 栈中，通过 history 的自身特性，从而驱使浏览器进行页面的跳转。同时，因为在 history

会话历史中会一直保留着这个路由信息，所以后退时还是可以退回到当前的页面。

在 push 方法中，参数可以是一个字符串路径，也可以是一个描述地址的对象，这里其实就等同于调用了 history.pushState 方法。

```
// 字符串 => /first
this.$router.push('first')
//对象=> /first
this.$router.push({ path: 'first' })
//带查询参数=>/first?abc=123
this.$router.push({ path: 'first', query: { abc: '123' }})
```

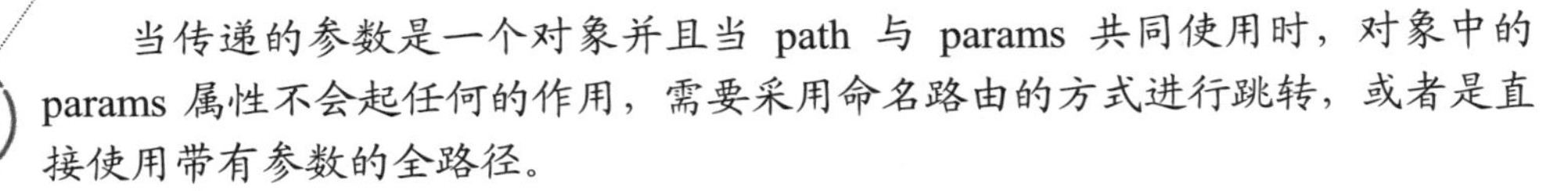

提示

当传递的参数是一个对象并且当 path 与 params 共同使用时，对象中的 params 属性不会起任何的作用，需要采用命名路由的方式进行跳转，或者是直接使用带有参数的全路径。

```
const userId = '123'
// 使用命名路由 => /user/123
this.$router.push({ name: 'user', params: { userId }})
// 使用带有参数的全路径 => /user/123
this.$router.push({ path: '/user/${userId}' })
// 这里的 params 不生效 => /user
this.$router.push({ path: '/user', params: { userId }})
```

2. go 方法

当使用 go 方法时，可以在 history 记录中向前或者后退多少步，也就是说，通过 go 方法可以在已经存储的 history 路由历史中来回跳转。

```
//在浏览器记录中前进一步，等同于 history.forward()
this.$router.go(1)
//后退一步记录，等同于 history.back()
this.$router.go(-1)
//前进 3 步记录
this.$router.go(3)
```

3. replace 方法

replace 方法同样可以达到实现路由跳转的目的，从名称中可以看出，与使用 push 方法跳转不同的是，在使用 replace 方法时，并不会在 history 栈中新增一条新的记录，而是会替换掉当前的记录，因此无法通过后退按钮再回到被替换前的页面。

```
this.$router.replace({
    path: '/special'
})
```

下面示例将通过编程式路由实现路由间的切换。

【例 8.6】(实例文件：ch08\8.6.html)实现路由间的切换。

```
<!DOCTYPE html>
<html>
<head>
    <meta charset="UTF-8">
    <title>实现路由间的切换</title>
</head>
```

```
<body>
<style>
    .style1{
       background: #0BB20C;
       color: white;
       height: 100px;
    }
</style>
<body>
<div id="app">
    <div class="main">
        <div >
            <button @click="goFirst">第 1 页</button>
            <button @click="goSecond">第 2 页</button>
            <button @click="goThird">第 3 页</button>
            <button @click="goFourth">第 4 页</button>
            <button @click="next">前进</button>
            <button @click="pre">后退</button>
            <button @click="replace">替换当前页为特殊页</button>
        </div>
      <div class="style1">
          <router-view></router-view>
      </div>
    </div>
</div>
<!--引入 vue 文件-->
<script src="https://unpkg.com/vue@3/dist/vue.global.js"></script>
<!--引入 Vue Router-->
<script src="https://unpkg.com/vue-router@next"></script>
<script>
//1. 定义路由跳转的组件模板
    const first = {
        template: '<h3>第 1 页的内容</h3>'
    };
    const second = {
        template: '<h3>第 2 页的内容</h3>'
    };
    const third = {
        template: '<h3>第 3 页的内容</h3>'
    };
    const fourth = {
        template: '<h3>第 4 页的内容</h3>'
    };
    const special = {
        template: '<h3>特殊页面的内容</h3>'
    };
    // 2.定义路由信息
    const routes = [
            {
               path: '/first',
               component: first
            },
            {
               path: '/second',
               component: second
            },
            {
               path: '/third',
               component: third
```

```
        },
        {
           path: '/fourth',
           component: fourth
        },
        {
           path: '/special',
           component: special
        }
     ];
  const router= VueRouter.createRouter({
     //提供要实现的 history 路由。为方便起见，这里使用 hash history
     history:VueRouter.createWebHashHistory(),
     routes   //简写，相当于 routes: routes
  });
  const vm= Vue.createApp({
     data(){
       return{
       }
     },
           methods: {
        goFirst:function() {
           this.$router.push({
              path: '/first'
           })
        },
        goSecond:function() {
           this.$router.push({
              path: '/second'
           })
        },
        goThird:function() {
           this.$router.push({
              path: '/third'
           })
        },
        goFourth:function() {
           this.$router.push({
              path: '/fourth'
           })
        },
        next:function() {
           this.$router.go(1)
        },
        pre:function() {
           this.$router.go(-1)
        },
        replace:function() {
           this.$router.replace({
              path: '/special'
           })
        }
      },
      router: router
   });
   //使用路由器实例，从而让整个应用都有路由功能
   vm.use(router);
   vm.mount('#app');
</script>
</body>
</html>
```

在 Chrome 浏览器中运行程序，单击“第 3 页”按钮，效果如图 8-8 所示。

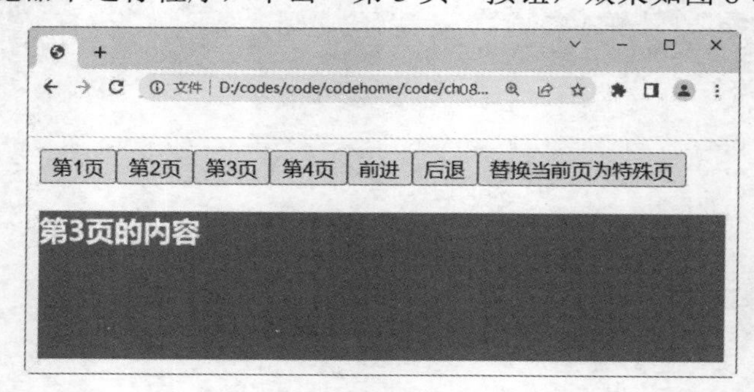

图 8-8　实现路由间的切换

8.4　组件与 Vue Router 间解耦

在使用路由传参的时候，将组件与 Vue Router 强绑定在一起，这意味着在任何需要获取路由参数的地方，都需要加载 Vue Router，使组件只能在某些特定的 URL 上使用，限制了其灵活性。那么如何解决强绑定呢？

在之前学习组件相关知识的时候，我们提到过可以通过组件的 props 选项来实现子组件接收父组件传递的值。而在 Vue Router 中，同样提供了通过使用组件的 props 选项来进行解耦的功能。

8.4.1　布尔模式

在下面的示例中，当定义路由模板时，通过指定需要传递的参数为 props 选项中的一个数据项，然后在定义路由规则时指定 props 属性为 true，即可实现对组件以及 Vue Router 之间的解耦。

【例 8.7】(实例文件：ch08\8.7.html)布尔模式示例。

```
<!DOCTYPE html>
<html>
<head>
    <meta charset="UTF-8">
    <title>布尔模式</title>
    <style>
        .style1{
            background: #0BB20C;
            color: white;
        }
    </style>
</head>
<body>
<div id="app">
    <div class="main">
        <div >
            <button @click="goFirst">第 1 页</button>
            <button @click="goSecond">第 2 页</button>
```

```
            <button @click="goThird">第 3 页</button>
            <button @click="goFourth">第 4 页</button>
            <button @click="next">前进</button>
            <button @click="pre">后退</button>
            <button @click="replace">替换当前页为特殊页</button>
        </div>
        <div class="style1">
            <router-view></router-view>
        </div>
    </div>
</div>
<!--引入 vue 文件-->
<script src="https://unpkg.com/vue@3/dist/vue.global.js"></script>
<!--引入 Vue Router-->
<script src="https://unpkg.com/vue-router@next"></script>
<script>
//1.定义路由跳转的组件模板
    const first = {
        template: '<h3>第 1 页的内容</h3>'
    };
    const second = {
        template: '<h3>第 2 页的内容</h3>'
    };
    const third = {
        props: ['id'],
        template: '<h3>第 3 页的内容---{{id}}</h3>'
    };
    const fourth = {
        template: '<h3>第 4 页的内容</h3>'
    };
    const special = {
        template: '<h3>特殊页面的内容</h3>'
    };
    // 2.定义路由信息
    const routes = [
            {
                path: '/first',
                component: first
            },
            {
                path: '/second',
                component: second
            },
            {
                path: '/third/:id',
                component: third,
                props: true
            },
            {
                path: '/fourth',
                component: fourth
            },
            {
                path: '/special',
                component: special
            }
        ];
```

```
    const router= VueRouter.createRouter({
        //提供要实现的history路由。为方便起见，这里使用 hash history
        history:VueRouter.createWebHashHistory(),
        routes   //简写，相当于 routes: routes
    });
    const vm= Vue.createApp({
        data(){
           return{
           }
        },
               methods: {
            goFirst:function() {
                this.$router.push({
                    path: '/first'
                })
            },
            goSecond:function() {
                this.$router.push({
                    path: '/second'
                })
            },
            goThird:function() {
                this.$router.push({
                    path: '/third'
                })
            },
            goFourth:function() {
                this.$router.push({
                    path: '/fourth'
                })
            },
            next:function() {
                this.$router.go(1)
            },
            pre:function() {
                this.$router.go(-1)
            },
            replace:function() {
                this.$router.replace({
                    path: '/special'
                })
            }
        },
        router: router
    });
    //使用路由器实例，从而让整个应用都有路由功能
    vm.use(router);
    vm.mount('#app');
</script>
</body>
</html>
```

在 Chrome 浏览器中运行程序，单击“第 3 页”按钮，然后在 URL 路径中添加“/abcd”，再按 Enter 键，效果如图 8-9 所示。

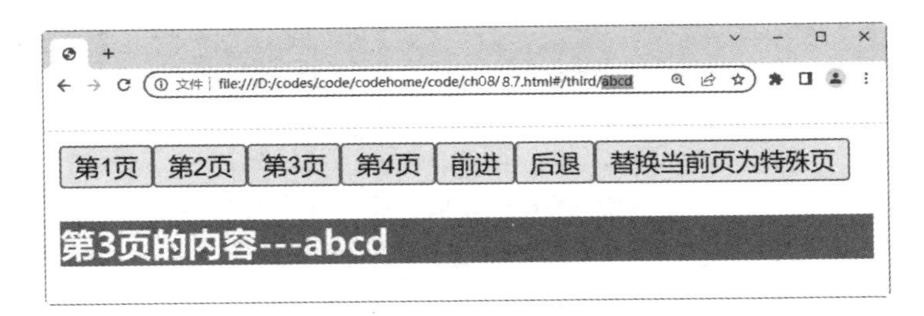

图 8-9　布尔模式示例效果

8.4.2　对象模式

针对定义路由规则时，指定 props 属性为 true 这一种情况，在 Vue Router 中，还可以把路由规则的 props 属性定义成一个对象或是函数。如果定义成对象或是函数，此时并不能实现对于组件以及 Vue Router 间的解耦。

将路由规则的 props 定义成对象后，此时不管路由参数中传递的是任何值，最终获取到的都是对象中的值。需要注意的是，props 中的属性值必须是静态的，不能采用类似于子组件同步获取父组件传递的值作为 props 中的属性值。

【例 8.8】(实例文件：ch08\8.8.html)对象模式示例。

```
<!DOCTYPE html>
<html>
<head>
    <meta charset="UTF-8">
    <title>对象模式</title>
    <style>
        .style1{
            background: #0BB20C;
            color: white;
        }
    </style>
</head>
<body>
<div id="app">
    <div class="main">
        <div >
            <button @click="goFirst">第 1 页</button>
            <button @click="goSecond">第 2 页</button>
            <button @click="goThird">第 3 页</button>
            <button @click="goFourth">第 4 页</button>
            <button @click="next">前进</button>
            <button @click="pre">后退</button>
              <button @click="replace">替换当前页为特殊页</button>
        </div>
        <div class="style1">
            <router-view></router-view>
        </div>
    </div>
</div>
<!--引入 vue 文件-->
<script src="https://unpkg.com/vue@3/dist/vue.global.js"></script>
<!--引入 Vue Router-->
<script src="https://unpkg.com/vue-router@next"></script>
<script>
```

```
//1.定义路由跳转的组件模板
    const first = {
        template: '<h3>第 1 页的内容</h3>'
    };
    const second = {
        template: '<h3>第 2 页的内容</h3>'
    };
    const third = {
        props: ['name'],
        template: '<h3>第 3 页的内容---{{name}}</h3>'
    };
    const fourth = {
        template: '<h3>第 4 页的内容</h3>'
    };
    const special = {
        template: '<h3>特殊页面的内容</h3>'
    };
    // 2.定义路由信息
    const routes = [
            {
                path: '/first',
                component: first
            },
            {
                path: '/second',
                component: second
            },
            {
                path: '/third/:name',
                component: third,
                props: {
                    name: 'duixiang'
                },
            },
            {
                path: '/fourth',
                component: fourth
            },
            {
                path: '/special',
                component: special
            }
        ];
  const router= VueRouter.createRouter({
      //提供要实现的 history 路由。为方便起见，这里使用 hash history
      history:VueRouter.createWebHashHistory(),
      routes   //简写，相当于 routes: routes
  });
  const vm= Vue.createApp({
      data(){
         return{
         }
      },
      methods: {
          goFirst:function() {
              this.$router.push({
                  path: '/first'
              })
          },
          goSecond:function() {
```

```
            this.$router.push({
               path: '/second'
            })
         },
         goThird:function() {
            this.$router.push({
               path: '/third'
            })
         },
         goFourth:function() {
            this.$router.push({
               path: '/fourth'
            })
         },
         next:function() {
            this.$router.go(1)
         },
         pre:function() {
            this.$router.go(-1)
         },
         replace:function() {
            this.$router.replace({
               path: '/special'
            })
         }
      },
      router: router
   });
   //使用路由器实例，从而让整个应用都有路由功能
   vm.use(router);
   vm.mount('#app');
</script>
</body>
</html>
```

在 Chrome 浏览器中运行程序，单击“第 3 页”按钮，然后在 URL 路径中添加“/duixiang”，再按 Enter 键，效果如图 8-10 所示。

图 8-10　对象模式示例效果

8.4.3　函数模式

在对象模式中，只能接收静态的 props 属性值，而当使用了函数模式之后，就可以对静态值做数据的进一步加工，或者是与路由传递参数的值进行结合。

【例 8.9】(实例文件：ch08\8.9.html)函数模式示例。

```
<!DOCTYPE html>
```

```
<html>
<head>
    <meta charset="UTF-8">
    <title>函数模式</title>
    <style>
        .style1{
            background: #0BB20C;
            color: white;
        }
    </style>
</head>
<body>
<div id="app">
    <div class="main">
        <div >
            <button @click="goFirst">第 1 页</button>
            <button @click="goSecond">第 2 页</button>
            <button @click="goThird">第 3 页</button>
            <button @click="goFourth">第 4 页</button>
            <button @click="next">前进</button>
            <button @click="pre">后退</button>
              <button @click="replace">替换当前页为特殊页</button>
        </div>
       <div class="style1">
           <router-view></router-view>
       </div>
    </div>
</div>
<!--引入 vue 文件-->
<script src="https://unpkg.com/vue@3/dist/vue.global.js"></script>
<!--引入 Vue Router-->
<script src="https://unpkg.com/vue-router@next"></script>
<script>
//1.定义路由跳转的组件模板
    const first = {
        template: '<h3>第 1 页的内容</h3>'
    };
    const second = {
        template: '<h3>第 2 页的内容</h3>'
    };
    const third = {
        props: ['name',"id"],
        template: '<h3>第 3 页的内容---{{name}}——{{id}}</h3>'
    };
    const fourth = {
        template: '<h3>第 4 页的内容</h3>'
    };
    const special = {
        template: '<h3>特殊页面的内容</h3>'
    };
    // 2.定义路由信息
    const routes = [
            {
                path: '/first',
                component: first
            },
            {
                path: '/second',
                component: second
```

```
        },
        {
        path: '/third',
        component: third,
        props: (route)=>({
            id:route.query.id,
            name:"hanshu"
        })
        },
        {
            path: '/fourth',
            component: fourth
        },
        {
            path: '/special',
            component: special
        }
    ];
const router= VueRouter.createRouter({
    //提供要实现的 history 路由。为方便起见，这里使用 hash history
    history:VueRouter.createWebHashHistory(),
    routes   //简写，相当于 routes: routes
});
const vm= Vue.createApp({
    data(){
      return{
      }
    },
    methods: {
        goFirst:function() {
            this.$router.push({
                path: '/first'
            })
        },
        goSecond:function() {
            this.$router.push({
                path: '/second'
            })
        },
        goThird:function() {
            this.$router.push({
                path: '/third'
            })
        },
        goFourth:function() {
            this.$router.push({
                path: '/fourth'
            })
        },
        next:function() {
            this.$router.go(1)
        },
        pre:function() {
            this.$router.go(-1)
        },
        replace:function() {
            this.$router.replace({
                path: '/special'
            })
        }
    },
```

```
        router: router
    });
    //使用路由器实例，从而让整个应用都有路由功能
    vm.use(router);
    vm.mount('#app');
</script>
</body>
</html>
```

在 Chrome 浏览器中运行程序，单击“第 3 页”按钮，然后在 URL 路径中输入“?id=123456”，再按 Enter 键，效果如图 8-11 所示。

图 8-11　函数模式示例效果

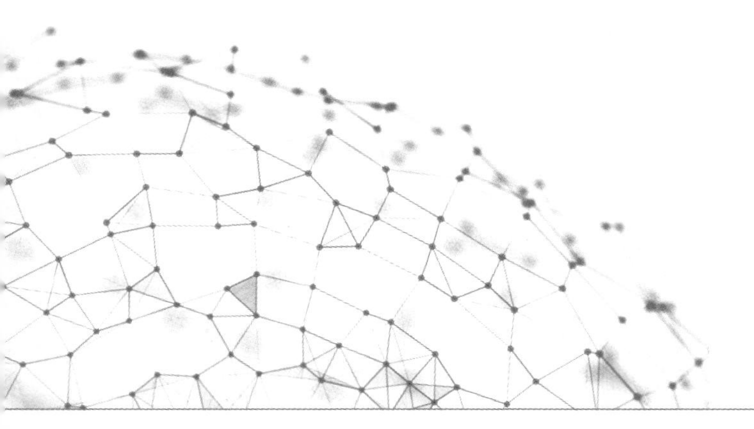

第 9 章 状态管理 Vuex

在项目开发过程中，当组件比较多时，Vue 中各个组件之间传递数据是一件痛苦的事情。为此，Vuex 技术应用而生。Vuex 是一个状态管理的插件，可以解决不同组件之间的数据共享和持久化。Vuex 用来保存需要管理的状态值，其值一旦被修改，所有引用该值的地方就会自动更新。

9.1 什么是 Vuex

Vuex 是一个专为 Vue.js 应用程序开发的状态管理模式。它采用集中式存储管理应用的所有组件的状态，并以相应的规则保证状态以一种可预测的方式发生变化。Vuex 也被集成到 Vue 的官方调试工具 devtools extension 中，提供了诸如零配置的 time-travel 调试、状态快照导入导出等高级调试功能。

9.1.1 什么是状态管理模式

状态管理模式其实就是集中式存储管理应用的所有组件的状态。下面从一个简单的计数应用开始：

```
const vm = Vue.createApp({
   //该函数返回数据对象
   data(){
     return{
      count: 0
     }
   },
  template: '<div>{{ count }}</div>',
  // 方法
  methods: {
    increment () {
      this.count++
    }
  }
   }).mount('#app');
```

这个状态自管理应用包含以下 3 个部分。

- state：驱动应用的数据源。
- view：以声明方式将 state 映射到视图。
- actions：响应在 view 上的用户输入导致的状态变化。

如图 9-1 所示，是一个表示“单向数据流”的简单示意图。

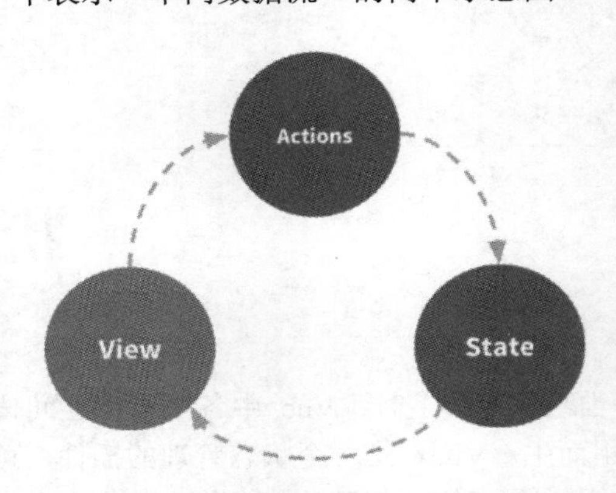

图 9-1　单向数据流示意图

但是，当应用遇到多个组件共享状态时，单向数据流的简洁性很容易被破坏，将出现以下两个问题。

(1) 多个视图依赖于同一状态。

(2) 来自不同视图的行为需要变更同一状态。

对于问题一，传参的方法对于多层嵌套的组件将会非常烦琐，并且对兄弟组件间的状态传递也无能为力。

对于问题二，经常会采用父子组件直接引用或者通过事件来变更和同步状态的多份拷贝。

以上模式非常脆弱，容易导致无法维护的代码。那么，我们为什么不把组件的共享状态抽取出来，以一个全局单例模式管理呢？在这种模式下，组件树构成了一个巨大的“视图”，不管在树的哪个位置，任何组件都能获取状态或者触发行为。

通过定义和隔离状态管理中的各种概念并强制规则维持视图和状态间的独立性，代码将会变得更结构化且容易维护。这就是 Vuex 产生的背景，它借鉴了 Flux、Redux 和 The Elm Architecture。与其他模式不同的是，Vuex 是专门为 Vue.js 设计的状态管理库，以利用 Vue.js 的细粒度数据响应机制来进行高效的状态更新。

9.1.2　什么情况下使用 Vuex

Vuex 可以帮助我们管理共享状态，并附带了更多的概念和框架。这需要我们对短期和长期效益进行权衡。

如果不打算开发大型单页应用，使用 Vuex 可能是烦琐冗余的。如果应用很简单，最好不要使用 Vuex，因为一个简单的 store 模式就足够了。但是，如果需要构建一个中大型单页应用，那么就要考虑如何更好地在组件外部管理状态，Vuex 将会成为首选。

9.2　使用 Vuex

Vuex 使用 CDN 方式安装：

```
<!-- 引入最新版本-->
<script src="https://unpkg.com/vuex@next"></script>
<!-- 引入指定版本-->
<script src="https://unpkg.com/vuex@4.0.0-rc.1"></script>
```

在使用 Vue 脚手架开发项目时，可以使用 npm 或 yarn 安装 Vuex，执行以下命令进行安装：

```
npm install vuex@next --save
yarn add vuex@next --save
```

安装完成之后，还需要在 main.js 文件中导入 createStore，并调用该方法创建一个 store 实例，然后使用 use()来安装 Vuex 插件。代码如下：

```
import {createApp} from 'vue'
//引入 Vuex
import {createStore} from 'vuex'
//创建新的 store 实例
const store = createStore({
   state(){
     return{
     count:1
}
   }
})
const app = createApp({})
//安装 Vuex 插件
app.use(store)
```

9.3　在项目中使用 Vuex

下面来学习在脚手架搭建的项目中如何使用 Vuex 的对象。

9.3.1　搭建一个项目

我们使用脚手架来搭建一个项目 myvuex，具体操作步骤如下。

(1)　使用 vue create myvuex 命令创建项目时，选择手动配置模块，如图 9-2 所示。

(2)　按 Enter 键，进入模块配置界面，然后通过空格键选择要配置的模块，这里选择 Vuex 来配置预处理器，如图 9-3 所示。

(3)　按 Enter 键，进入选择版本界面，这里选择 3.x(Preview)选项，如图 9-4 所示。

(4)　按 Enter 键，进入代码格式和校验选项界面，这里选择默认的第一项，表示仅用于错误预防，如图 9-5 所示。

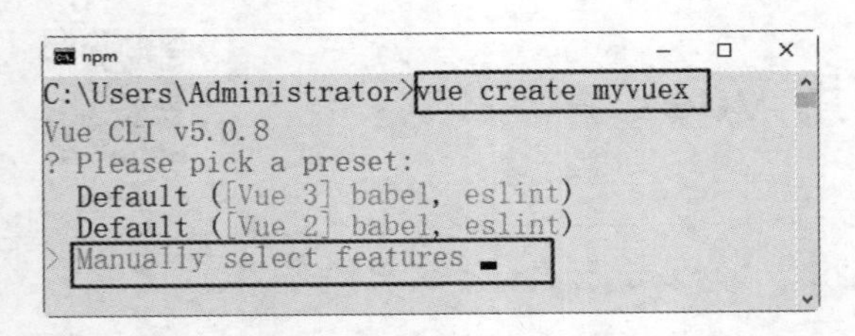

图 9-2　选择手动配置模块方式

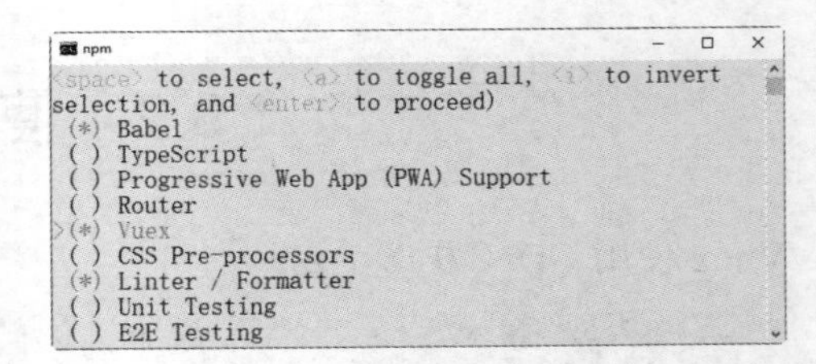

图 9-3　模块配置界面

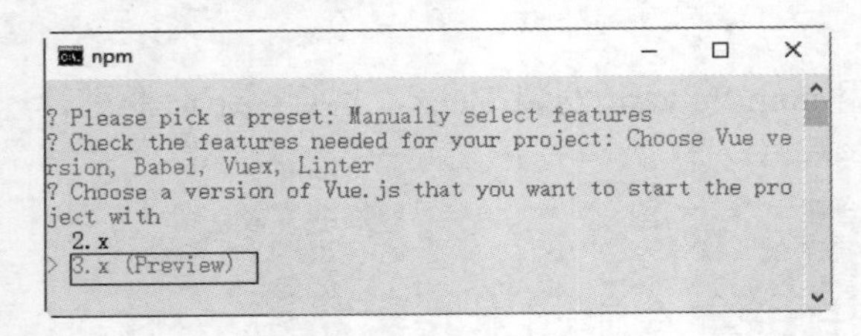

图 9-4　选择 3.x(Preview)选项

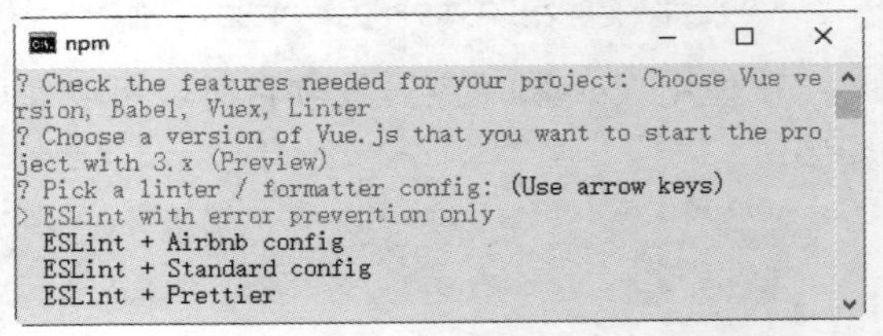

图 9-5　代码格式和校验选项界面

(5)　按 Enter 键，进入何时检查代码界面，这里选择默认的第一项，表示保存时检测，如图 9-6 所示。

(6)　按 Enter 键，开始设置如何保存配置信息，第一项表示在专门的配置文件中保存配置信息，第二项表示在 package.json 文件中保存配置信息，这里选择第一项，如图 9-7 所示。

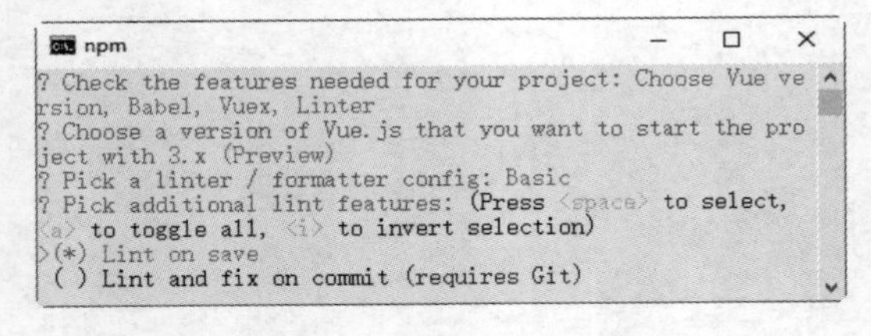

图 9-6　何时检查代码界面

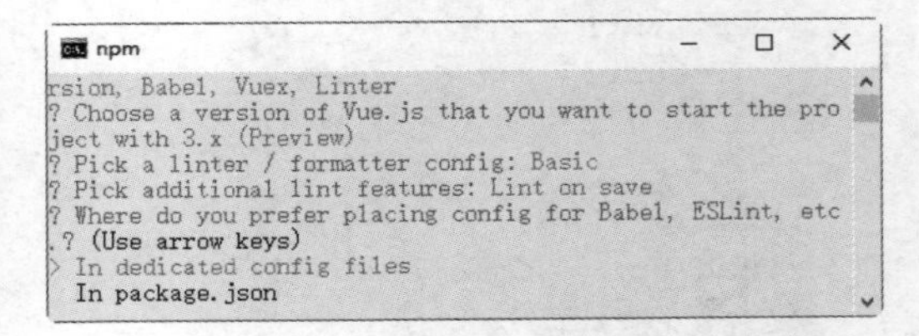

图 9-7　设置如何保存配置信息

(7)　按 Enter 键，接下来设置是否保存本次设置，如果选择保存本次设置，以后再使用 vue create 命令创建项目时，就会出现保存过的配置供用户选择。这里输入“y”，表示保存本次设置，如图 9-8 所示。

(8)　按 Enter 键，为本次配置设置名称，这里输入“mysets”，如图 9-9 所示。

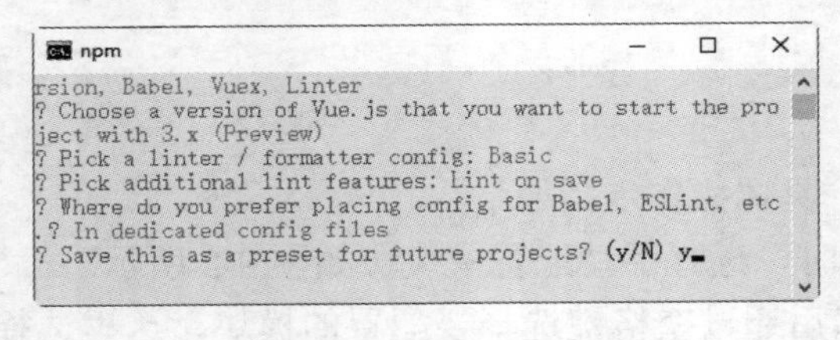

图 9-8　保存本次设置

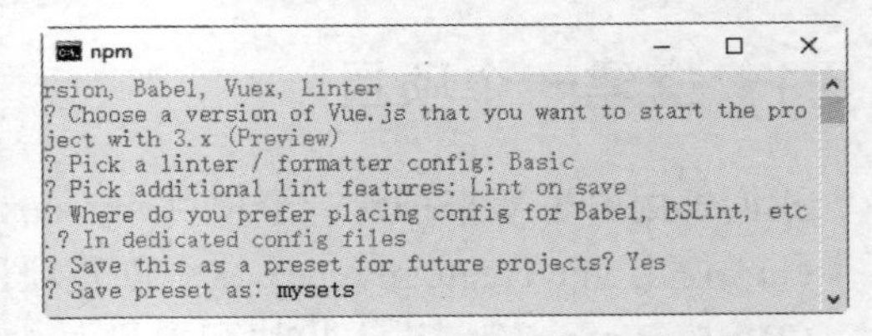

图 9-9　设置本次配置的名称

(9)　按 Enter 键，项目创建完成，结果如图 9-10 所示。

项目创建完成后，目录列表中会出现一个 store 文件夹，文件夹中有一个 index.js 文件，如图 9-11 所示。

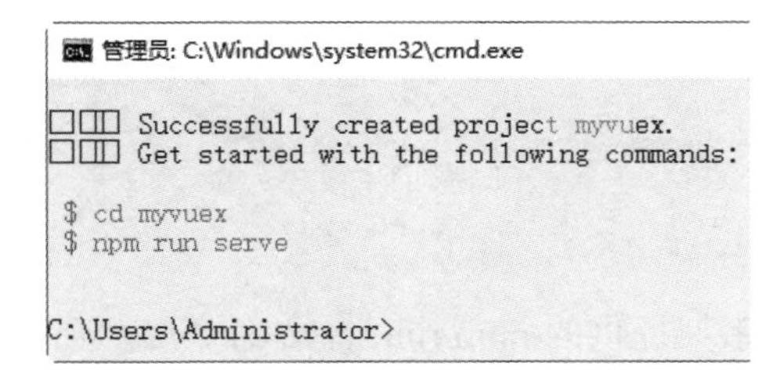

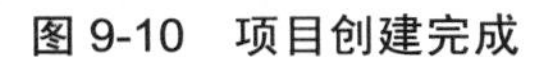
图 9-10　项目创建完成

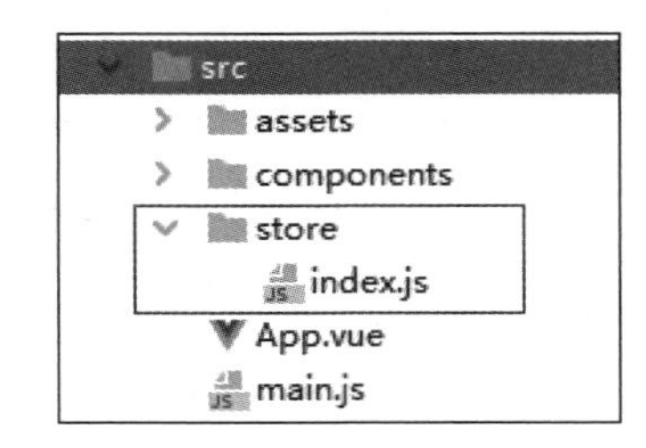

图 9-11　src 目录结构

index.js 文件的代码如下：

```
import { createStore } from 'vuex'
export default createStore({
  state: {
  },
  mutations: {
  },
  actions: {
  },
  modules: {
  }
})
```

9.3.2　state 对象

在上面的 myvuex 项目中，可以把共用的数据提取出来，放到状态管理的 state 对象中。创建项目时已经配置了 Vuex，所以直接在 store 文件夹下的 index.js 文件中编写即可，代码如下：

```
import { createStore } from 'vuex'
export default createStore({
  state: {
      name:"西瓜",
      price:6.88
  },
  mutations: {},
  actions: {},
  modules: {}
})
```

在 HelloWorld.vue 组件中，通过 this.$store.state.xxx 语句可以获取 state 对象的数据。修改 HelloWorld.vue 的代码如下：

```
<template>
  <div>
    <h1>名称：{{ name }}</h1>
    <h1>价格：{{ price }}</h1>
  </div>
</template>
<script>
export default {
  name: 'HelloWorld',
  computed: {
        name(){
            return this.$store.state.name
```

```
        },
        price(){
            return this.$store.state.price
        },
      }
   }
</script>
```

执行 cd mydemo 命令进入项目，然后使用脚手架提供的 npm run serve 命令启动项目，项目启动成功后，会提供本地的测试域名，只需在浏览器中输入“http://localhost:8080/”，即可打开项目，如图 9-12 所示。

图 9-12　访问 state 对象

9.3.3　getter 对象

有时候组件获取到 store 中的 state 数据后，需要对其进行加工后才能使用，computed 属性中就需要用到写操作函数。如果有多个组件都需要进行这个操作，那么在各个组件中都要写相同的函数，那样会非常烦琐。

这时可以把这个相同的操作写到 store 的 getters 对象中。每个组件只需引用 getter 就可以了，非常方便。getter 就是把组件中共有的、对 state 的操作进行提取，它就相当于是 state 的计算属性。getter 的返回值会被缓存起来，且只有当它的依赖值发生改变时才会被重新计算。

提示

getter 接受 state 作为它的第一个参数。

getter 可以用于监听 state 中的值的变化，返回计算后的结果，这里修改 index.js 和 HelloWorld.vue 文件。

修改 index.js 文件的代码如下：

```
import { createStore } from 'vuex'
export default createStore({
  state: {
      name:"西瓜",
      price:6.88
  },
```

```
  getters: {
      getterPrice(state){
         return state.price+=1
      }
  },
  mutations: {
  },
  actions: {
  },
  modules: {
  }
})
```

修改 HelloWorld.vue 的代码如下：

```
<template>
  <div>
    <h1>名称：{{ name }}</h1>
    <h1>涨价后的价格：{{ getPrice }}</h1>
  </div>
</template>
<script>
export default {
  name: 'HelloWorld',
  computed: {
        name(){
           return this.$store.state.name
         },
        price(){
           return this.$store.state.price
         },
        getPrice(){
           return this.$store.getters.getterPrice
         }
     }
  }
</script>
```

重新运行项目，价格增加了 1，效果如图 9-13 所示。

图 9-13 getter 对象的应用

和 state 对象一样，getter 对象也有一个辅助函数 mapGetters，它可以将 store 中的 getter 映射到局部计算属性中。首先引入辅助函数 mapGetters：

```
import { mapGetters } from 'vuex'
```

例如，上面的代码可以简化为：

```
...mapGetters([
    'varyFrames'
])
```

如果想将一个 getter 属性另取一个名字，使用对象形式：

```
...mapGetters({
   varyFramesOne:'varyFrames'
})
```

注意

需要把循环的名字换成新取的名字 varyFramesOne。

9.3.4 mutation 对象

修改 Vuex 的 store 中的数据，唯一的方法就是提交 mutation。Vuex 中的 mutation 类似于事件。每个 mutation 都有一个字符串的事件类型(type)和一个回调函数(handler)。这个回调函数就是实际进行数据修改的地方，并且它会接受 state 作为第一个参数。

下面在项目中添加两个<button>按钮，修改的数据将会渲染到组件中。

修改 index.js 文件的代码如下：

```
import { createStore } from 'vuex'
export default createStore({
  state: {
     name:"西瓜",
     price:6.88
  },
  getters: {
     getterPrice(state){
       return state.price+=1
     }
  },
  mutations: {
     addPrice(state,obj){
         return state.price+=obj.num;
      },
      subPrice(state,obj){
         return state.price -=obj.num;
      }
  },
  actions: {
  },
  modules: {
  }
})
```

修改 HelloWorld.vue 的代码如下：

```
<template>
  <div>
    <h1>名称：{{ name }}</h1>
    <h1>最新价格：{{ price }}</h1>
    <button @click="handlerAdd()">涨价</button>
```

```
    <button @click="handlerSub()">降价</button>
  </div>
</template>
<script>
export default {
  name: 'HelloWorld',
  computed: {
        name(){
           return this.$store.state.name
         },
        price(){
           return this.$store.state.price
         },
        getPrice(){
           return this.$store.getters.getterPrice
         }
     },
  methods: {
        handlerAdd(){
           this.$store.commit("addPrice",{
              num:1
           })
        },
        handlerSub(){
           this.$store.commit("subPrice",{
              num:1
           })
        },
     },
  }
</script>
```

重新运行项目，单击“涨价”按钮，商品价格将增加 1；单击“降价”按钮，商品价格将减少 1。效果如图 9-14 所示。

图 9-14　mutation 对象的应用

9.3.5　action 对象

action 类似于 mutation，其不同在于：

(1)　action 提交的是 mutation，而不是直接变更数据状态；

(2)　action 可以包含任意异步操作。

在 Vuex 中提交 mutation 是修改状态的唯一方法，并且这个过程是同步的，异步逻辑都应封装到 action 对象中。

action 函数接受一个与 store 实例具有相同方法和属性的 context 对象，因此可以调用 context.commit 提交一个 mutation，或者通过 context.state 和 context.getters 来获取 state 和 getter 中的数据。

继续修改上面的项目，使用 action 对象执行异步操作，单击按钮后，异步操作将在 4 秒后执行。

修改 index.js 文件的代码如下：

```
import { createStore } from 'vuex'
export default createStore({
  state: {
     name:"西瓜",
     price:6.88
  },
  getters: {
     getterPrice(state){
        return state.price+=1
     }
  },
  mutations: {
     addPrice(state,obj){
          return state.price+=obj.num;
      },
      subPrice(state,obj){
          return state.price-=obj.num;
      }
  },
  actions: {
     addPriceasy(context){
           setTimeout(()=>{
              context.commit("addPrice",{
              num:1
            })
           },4000)
      },
     subPriceasy(context){
           setTimeout(()=>{
              context.commit("subPrice",{
              num:1
            })
           },4000)
      }
  },
  modules: {
  }
})
```

修改 HelloWorld.vue 的代码如下：

```
<template>
  <div>
    <h1>名称：{{ name }}</h1>
    <h1>最新价格：{{ price }}</h1>
    <button @click="handlerAdd()">涨价</button>
    <button @click="handlerSub()">降价</button>
    <button @click="handlerAddasy()">异步涨价(4 秒后执行)</button>
```

```
    <button @click="handlerSubasy()">异步降价(4 秒后执行)</button>
  </div>
</template>
<script>
export default {
  name: 'HelloWorld',
  computed: {
        name(){
           return this.$store.state.name
         },
        price(){
           return this.$store.state.price
         },
        getPrice(){
           return this.$store.getters.getterPrice
         }
     },
  methods: {
        handlerAdd(){
           this.$store.commit("addPrice",{
              num:1
           })
         },
        handlerSub(){
           this.$store.commit("subPrice",{
              num:1
           })
         },
        handlerAddasy(){
           this.$store.dispatch("addPriceasy")
         },
        handlerSubasy(){
           this.$store.dispatch("subPriceasy")
         },
     },
  }
</script>
```

重新运行项目，页面效果如图 9-15 所示。单击“异步涨价(4 秒后执行)”按钮，可以发现页面会延迟 4 秒后增加 1 元。

图 9-15　action 对象的应用

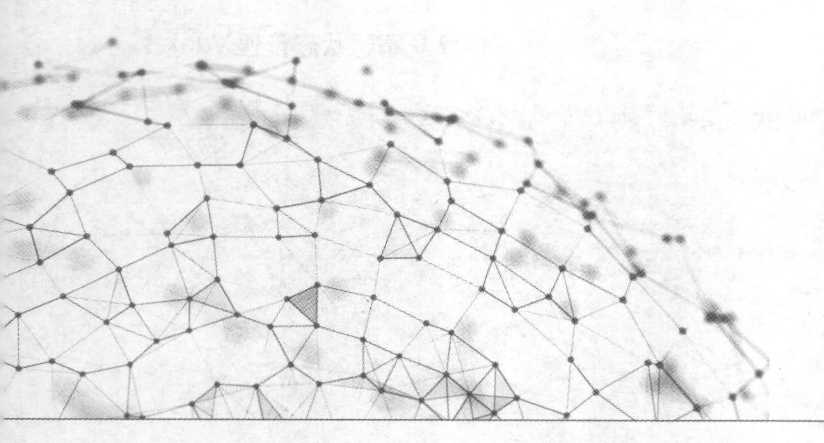

第 10 章

Element Plus 基础入门

Element Plus 是一个基于 Vue.js 的前端 UI 框架，它提供了一套完整的组件库，包含了按钮、表单、列表、导航、布局等丰富的功能。本章将学习 Element Plus 的一些基础入门知识，包括网页布局的方式、内置过渡动画、基本组件和提示类组件。

10.1 页面布局的方式

Element Plus 提供了快速布局页面的方法，包括使用基础的 24 分栏和布局管理器。下面将分别进行讲述。

10.1.1 创建页面基础布局

通过基础的 24 分栏，可以迅速地创建布局。组件默认采用了 flex 布局，无须手动设置 type="flex"。创建基础布局页面时，常用的技术如下。

(1) 通过使用 row 和 col 组件，然后设置 col 组件的 span 属性，从而自由地控制页面的组合布局。

(2) 默认情况下，分栏之间没有间隔。通过设置 row 组件的 getter 属性，可以指定每一栏之间的间隔。

(3) 通过设置 col 组件的 offset 属性，可以指定分栏偏移的栏数。

根据第 7 章所学的知识，使用构建工具 Vue CLI 创建一个项目 myelement。关于 Element Plus 中相关组件案例将在该项目中测试最终的效果。

【例 10.1】(实例文件：ch10\10.1.vue)创建简单的页面布局。

```
<template>
  <el-row>
  <el-col :span="24"><div class="grid-content bg-purple-dark"></div></el-col>
</el-row>
<el-row>
  <el-col :span="12"><div class="grid-content bg-purple"></div></el-col>
  <el-col :span="12"><div class="grid-content bg-purple-light"></div></el-col>
</el-row>
```

```
<el-row>
  <el-col :span="6"><div class="grid-content bg-purple"></div></el-col>
  <el-col :span="6"><div class="grid-content bg-purple-light"></div></el-col>
  <el-col :span="6"><div class="grid-content bg-purple"></div></el-col>
  <el-col :span="6"><div class="grid-content bg-purple-light"></div></el-col>
</el-row>
<el-row :gutter="20">
  <el-col :span="8"><div class="grid-content bg-purple"></div></el-col>
  <el-col :span="16"><div class="grid-content bg-purple"></div></el-col>
</el-row>
<el-row :gutter="20">
  <el-col :span="4"><div class="grid-content bg-purple"></div></el-col>
  <el-col :span="8"><div class="grid-content bg-purple"></div></el-col>
  <el-col :span="8"><div class="grid-content bg-purple"></div></el-col>
  <el-col :span="4"><div class="grid-content bg-purple"></div></el-col>
</el-row>
<el-row :gutter="20">
  <el-col :span="4"><div class="grid-content bg-purple"></div></el-col>
  <el-col :span="16"><div class="grid-content bg-purple"></div></el-col>
  <el-col :span="4"><div class="grid-content bg-purple"></div></el-col>
</el-row>
<el-row :gutter="20">
  <el-col :span="6"><div class="grid-content bg-purple"></div></el-col>
  <el-col :span="6" :offset="6"><div class="grid-content bg-purple"></div>
  </el-col>
</el-row>
<el-row :gutter="20">
  <el-col :span="6" :offset="6">
    <div class="grid-content bg-purple"></div>
  </el-col>
  <el-col :span="6" :offset="6">
    <div class="grid-content bg-purple"></div>
  </el-col>
</el-row>
<el-row :gutter="20">
  <el-col :span="12" :offset="6">
    <div class="grid-content bg-purple"></div>
  </el-col>
</el-row>
</template>
<style>
  .el-row {
    margin-bottom: 20px;
    &:last-child {
      margin-bottom: 0;
    }
  }
  .el-col {
    border-radius: 4px;
  }
  .bg-purple-dark {
    background: #5555ff;
  }
  .bg-purple {
    background: #00ff00;
  }
  .bg-purple-light {
    background: #ff5500;
  }
  .grid-content {
    border-radius: 4px;
```

```
    min-height: 36px;
  }
  .row-bg {
    padding: 10px 0;
    background-color: #f9fafc;
  }
</style>
```

在 Chrome 浏览器中运行程序，效果如图 10-1 所示。

图 10-1　自由组合布局效果

10.1.2　使用布局容器组件

通过使用布局容器组件，可以快速地搭建页面的基本结构。常用的布局容器组件如下。

(1) <el-container>：外层容器。当子元素中包含 <el-header> 或 <el-footer> 时，全部子元素会垂直上下排列，否则会水平左右排列。

(2) <el-header>：顶栏容器。

(3) <el-aside>：侧边栏容器。

(4) <el-main>：主要区域容器。

(5) <el-footer>：底栏容器。

【例 10.2】(实例文件：ch10\10.2.vue)使用布局容器组件。

```
<template>
<div class="common-layout">
  <el-container>
    <el-header>顶栏的内容</el-header>
    <el-container>
      <el-aside width="200px">侧边栏的导航链接</el-aside>
      <el-container>
        <el-main>网页的主要区域</el-main>
        <el-footer>网页的底栏</el-footer>
      </el-container>
    </el-container>
  </el-container>
</div>
</template>
```

```
<style>
.el-header,
  .el-footer {
    background-color: #55aa7f;
    color: var(--el-text-color-primary);
    text-align: center;
    line-height: 60px;
  }
  .el-aside {
    background-color: #f4ffaa;
    color: var(--el-text-color-primary);
    text-align: center;
    line-height: 200px;
  }
  .el-main {
    background-color: #e9eef3;
    color: var(--el-text-color-primary);
    text-align: center;
    line-height: 160px;
  }
  body > .el-container {
    margin-bottom: 40px;
  }
  .el-container:nth-child(5) .el-aside,
  .el-container:nth-child(6) .el-aside {
    line-height: 260px;
  }
  .el-container:nth-child(7) .el-aside {
    line-height: 320px;
  }
</style>
```

在 Chrome 浏览器中运行程序，效果如图 10-2 所示。

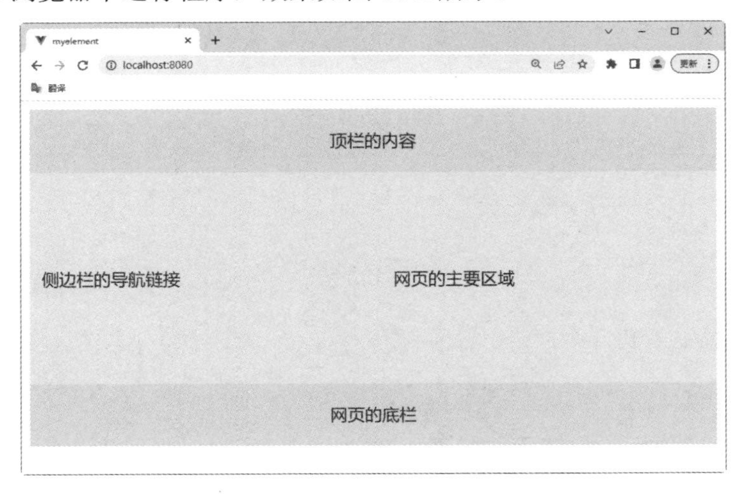

图 10-2　使用布局容器组件效果

10.2 内置过渡动画

Element Plus 框架提供了一些常见的过渡动画，主要动画类型包括淡入淡出、缩放和折叠展开。本节将学习内置过渡动画的使用方法。

10.2.1 淡入淡出动画

Element Plus 提供了两种淡入淡出动画，包括 el-fade-in-linear 和 el-fade-in 效果。

【例 10.3】(实例文件：ch10\10.3.vue)淡入淡出动画。

```
<template>
  <div>
    <el-button @click="show = !show">偶成</el-button>
    <div style="display: flex; margin-top: 20px; height: 100px;">
      <transition name="el-fade-in-linear">
        <div v-show="show" class="transition-box">.el-fade-in-linear 效果：少年
            易老学难成</div>
      </transition>
      <transition name="el-fade-in">
        <div v-show="show" class="transition-box">.el-fade-in 效果：一寸光阴
            不可轻</div>
      </transition>
    </div>
  </div>
</template>
<script>
  export default {
    data: () => ({
      show: true,
    }),
  }
</script>
<style>
  .transition-box {
    margin-bottom: 10px;
    width: 220px;
    height: 150px;
    border-radius: 4px;
    background-color: #aaaaff;
    text-align: center;
    color: #fff;
    padding: 40px 20px;
    box-sizing: border-box;
    margin-right: 20px;
  }
</style>
```

在 Chrome 浏览器中运行程序，效果如图 10-3 所示。

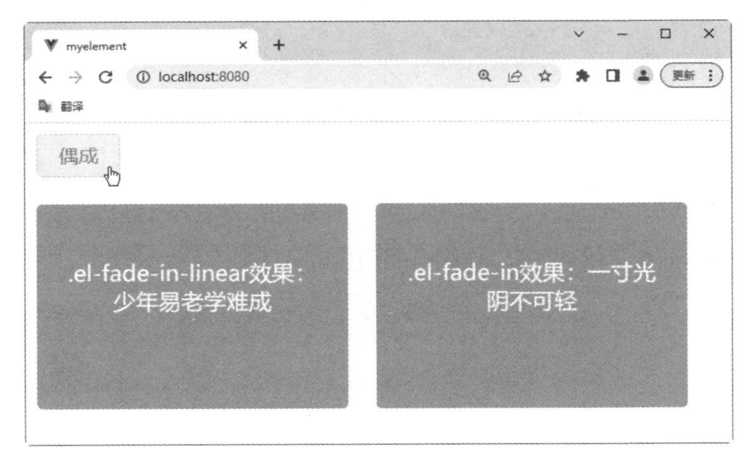

图 10-3　淡入淡出动画效果

10.2.2　缩放动画

Element Plus 提供了三种缩放动画，包括 el-zoom-in-center、el-zoom-in-top 和 el-zoom-in-bottom 效果。

【例 10.4】(实例文件：ch10\10.4.vue)缩放动画。

```
<template>
  <div>
    <el-button @click="show2 = !show2">从军行</el-button>
    <div style="display: flex; margin-top: 20px; height: 100px;">
      <transition name="el-zoom-in-center">
        <div v-show="show2" class="transition-box">.el-zoom-in-center 效果：黄沙
            百战穿金甲，不破楼兰终不还。</div>
      </transition>
      <transition name="el-zoom-in-top">
        <div v-show="show2" class="transition-box">.el-zoom-in-top 效果：黄沙百
            战穿金甲，不破楼兰终不还。</div>
      </transition>
      <transition name="el-zoom-in-bottom">
        <div v-show="show2" class="transition-box">.el-zoom-in-bottom 效果：黄沙
            百战穿金甲，不破楼兰终不还。</div>
      </transition>
    </div>
  </div>
</template>
<script>
  export default {
    data: () => ({
      show2: true,
    }),
  }
</script>
<style>
  .transition-box {
    margin-bottom: 10px;
    width: 300px;
    height: 150px;
    border-radius: 4px;
```

```
    background-color: #aaaa00;
    text-align: center;
    color: #fff;
    padding: 40px 20px;
    box-sizing: border-box;
    margin-right: 20px;
  }
</style>
```

在 Chrome 浏览器中运行程序，效果如图 10-4 所示。

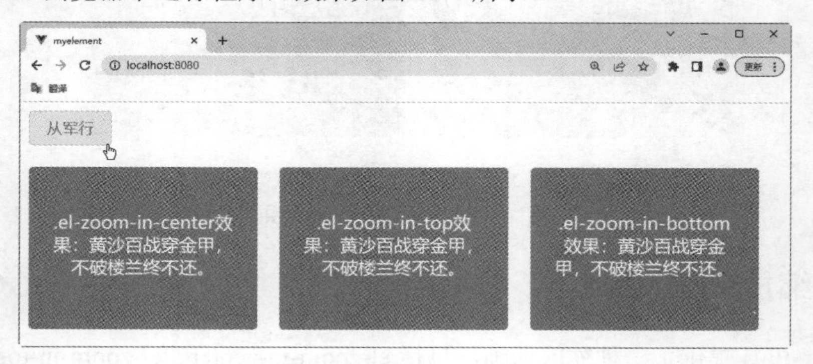

图 10-4　缩放动画效果

10.2.3　折叠展开动画

在 Element Plus 中，使用 el-collapse-transition 组件可以实现折叠展开效果。

【例 10.5】(实例文件：ch10\10.5.vue)折叠展开动画。

```
<template>
  <div>
    <el-button @click="show3 = !show3">小松</el-button>
    <div style="margin-top: 20px; height: 200px;">
      <el-collapse-transition>
        <div v-show="show3">
          <div class="transition-box">el-collapse-transition 效果：时人不识凌云木，
              直待凌云始道高。</div>
        </div>
      </el-collapse-transition>
    </div>
  </div>
</template>
<script>
  export default {
    data: () => ({
      show3: true,
    }),
  }
</script>
<style>
  .transition-box {
    margin-bottom: 10px;
    width: 260px;
    height: 120px;
```

```
    border-radius: 4px;
    background-color: #409eff;
    text-align: center;
    color: #fff;
    padding: 40px 20px;
    box-sizing: border-box;
    margin-right: 20px;
  }
</style>
```

在 Chrome 浏览器中运行程序，效果如图 10-5 所示。

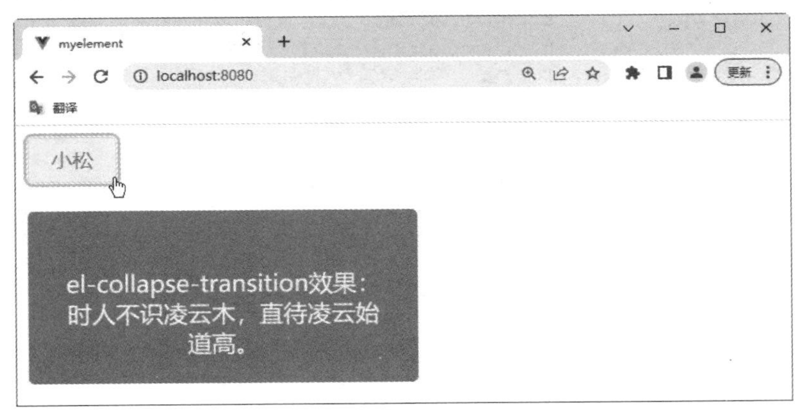

图 10-5　折叠展开动画效果

10.3　基 本 组 件

Element Plus 框架提供了很多组件，本节将学习基本组件的使用方法。

10.3.1　按钮组件

按钮组件的使用方法如下：

```
<el-button>按钮组件</el-button>
```

按钮的样式可以通过 type、plain 和 round 属性来定义。按钮的是否可用状态用 disabled 属性来定义。

【例 10.6】(实例文件：ch10\10.6.vue)使用按钮组件。

```
<template>
<el-row>
  <el-button>默认按钮</el-button>
  <el-button type="primary">主要按钮</el-button>
  <el-button type="success" disabled >成功按钮</el-button>
  <el-button type="info">信息按钮</el-button>
  <el-button type="warning">警告按钮</el-button>
  <el-button type="danger">危险按钮</el-button>
</el-row>
<el-row>
```

```
  <el-button plain>朴素按钮</el-button>
  <el-button type="primary" plain>主要按钮</el-button>
  <el-button type="success" plain>成功按钮</el-button>
  <el-button type="info" plain disabled >信息按钮</el-button>
  <el-button type="warning" plain>警告按钮</el-button>
  <el-button type="danger" plain>危险按钮</el-button>
</el-row>
<el-row>
  <el-button round>圆角按钮</el-button>
  <el-button type="primary" round>主要按钮</el-button>
  <el-button type="success" round>成功按钮</el-button>
  <el-button type="info" round>信息按钮</el-button>
  <el-button type="warning" round disabled>警告按钮</el-button>
  <el-button type="danger" round>危险按钮</el-button>
</el-row>
</template>
```

在 Chrome 浏览器中运行程序，效果如图 10-6 所示。

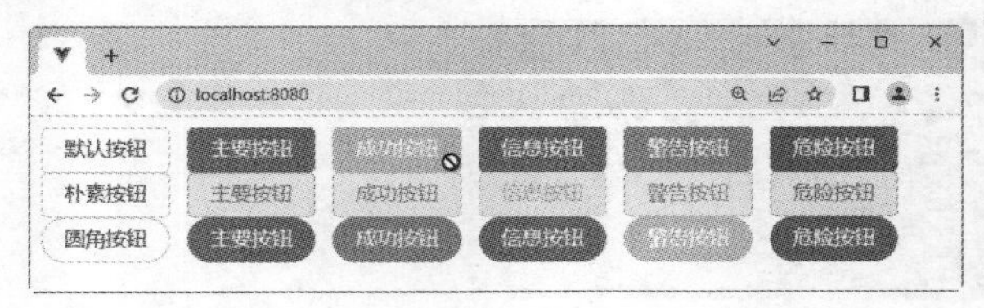

图 10-6　使用按钮组件效果

如果按钮比较多，可以进行分组显示，这里使用<el-button-group>标签来进行分组。如果想在按钮上显示加载状态，可以设置 loading 属性为 true。

【例 10.7】(实例文件：ch10\10.7.vue)按钮的分组和加载状态。

```
<template>
<el-button-group>
  <el-button type="primary">上一页</el-button>
  <el-button type="primary">下一页</el-button>
</el-button-group>
<el-button-group>
  <el-button type="primary" :loading="true">正在加载</el-button>
  <el-button type="primary" :loading="true">加载中</el-button>
</el-button-group>
</template>
```

在 Chrome 浏览器中运行程序，效果如图 10-7 所示。

图 10-7　按钮的分组和加载状态效果

10.3.2　文字链接组件

文字链接组件的使用方法如下：

```
<el-link>文字链接</el-link>
```

文字链接组件是否可用的状态用 disabled 属性来定义。

【例 10.8】(实例文件：ch10\10.8.vue)使用文字链接组件。

```
<template>
  <div>
  <el-link>默认链接</el-link>
  <el-link type="primary">主要链接</el-link>
  <el-link type="success" disabled>成功链接</el-link>
  <el-link type="warning">警告链接</el-link>
  <el-link type="danger" disabled>危险链接</el-link>
  <el-link type="info" >信息链接</el-link>
  </div>
</template>
```

在 Chrome 浏览器中运行程序，效果如图 10-8 所示。

图 10-8　使用文字链接组件效果

10.3.3　间距组件

间距组件的使用方法如下：

```
<el-space>间距组件</el-space>
```

使用 fill 属性可以让子节点自动填充容器。

【例 10.9】(实例文件：ch10\10.9.vue)使用间距组件。

```
<template>
  <div>
    <div style="margin-bottom:15px">
      切换: <el-switch v-model="fill"></el-switch>
    </div>
    <el-space :fill="fill" wrap>
      <el-card class="box-card" v-for="i in 3" :key="i">
        <template #header>
          <div class="card-header">
            <span>卡片标题</span>
          </div>
        </template>
        <div v-for="o in 3" :key="o" class="text item">
          {{ '列表项目 ' + o }}
        </div>
      </el-card>
    </el-space>
  </div>
</template>
<script>
  export default {
```

```
    data() {
      return { fill: true }
    },
  }
</script>
```

在 Chrome 浏览器中运行程序，垂直布局效果如图 10-9 所示。取消“切换”开关的选中状态后，水平布局效果如图 10-10 所示。

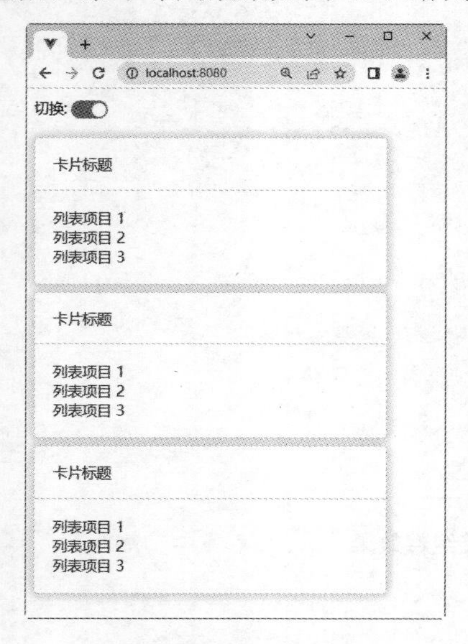

图 10-9　垂直布局效果

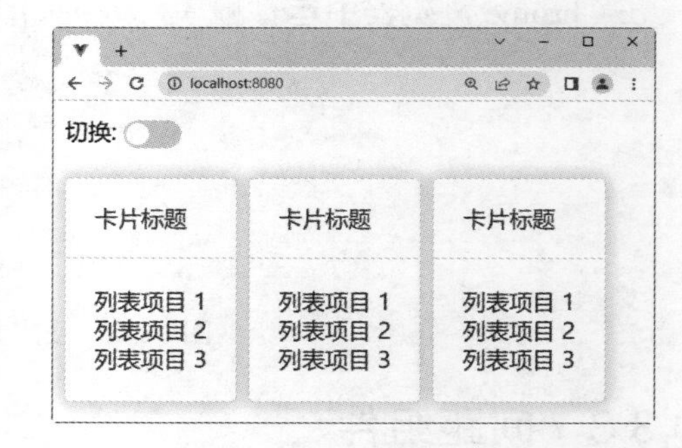

图 10-10　水平布局效果

使用 fillRatio 参数可以自定义填充的比例。默认值为 100，代表基于父容器宽度的 100%进行填充。

【例 10.10】(实例文件：ch10\10.10.vue)使用间距组件。

```
<template>
  <div>
    <div style="margin-bottom: 15px">
      布局方向:
      <el-radio v-model="direction" label="horizontal">水平填充布局</el-radio>
      <el-radio v-model="direction" label="vertical">垂直填充布局</el-radio>
    </div>
    <div style="margin-bottom: 15px">
      填充比例:<el-slider v-model="fillRatio"></el-slider>
    </div>
    <el-space
      fill
      wrap
      :fillRatio="fillRatio"
      :direction="direction"
      style=" width: 100%"
    >
      <el-card class="box-card" v-for="i in 3" :key="i">
        <template #header>
          <div class="card-header">
            <span>卡片标题</span>
          </div>
        </template>
```

```
      <div v-for="o in 4" :key="o" class="text item">
        {{ '列表项目 ' + o }}
      </div>
    </el-card>
  </el-space>
  </div>
</template>
<script>
  export default {
    data() {
      return { direction: 'horizontal', fillRatio: 30 }
    },
  }
</script>
```

在 Chrome 浏览器中运行程序，设置填充比例后，水平填充布局效果如图 10-11 所示。选中“垂直填充布局”单选按钮，设置填充比例后，布局效果如图 10-12 所示。

图 10-11　水平填充布局效果

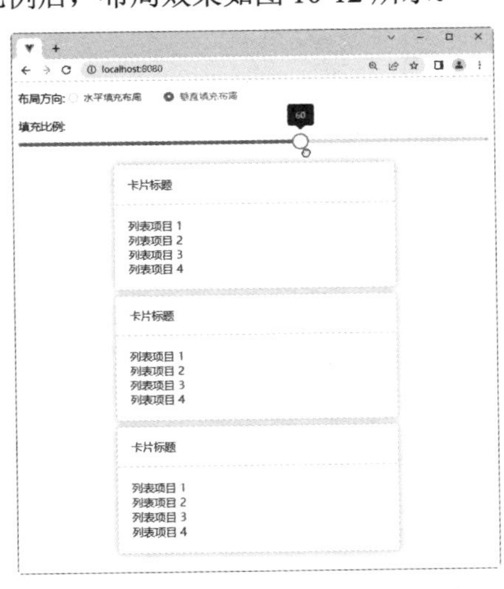

图 10-12　垂直填充布局效果

10.3.4　滚动条组件

Element Plus 提供了滚动条组件 el-scrollbar，通过 height 属性设置滚动条高度，若不设置，则根据父容器高度自适应。

```
<template>
  <el-scrollbar height="400px">
    <p class="item" v-for="item in 20">{{ item }}</p>
  </el-scrollbar>
</template>
```

注意

当元素宽度大于滚动条宽度时，会显示横向滚动条。当元素高度超过最大高度，会显示垂直滚动条。

通过使用 setScrollTop 与 setScrollLeft 方法，可以手动控制滚动条。

【例 10.11】(实例文件：ch10\10.11.vue)手动控制滚动条。

```
<template>
  <el-scrollbar ref="scrollbar" height="300px" always>
    <div ref="inner">
      <p class="item" v-for="item in 20">{{ item }}</p>
    </div>
  </el-scrollbar>
  <el-slider
    v-model="value"
    @input="inputSlider"
    :max="max"
    :format-tooltip="formatTooltip"
  ></el-slider>
</template>
<script>
  export default {
    data() {
      return {
        max: 0,
        value: 0,
      }
    },
    mounted() {
      this.max = this.$refs.inner.clientHeight - 200
    },
    methods: {
      inputSlider(value) {
        this.$refs.scrollbar.setScrollTop(value)
      },
      formatTooltip(value) {
        return '${value} px'
      },
    },
  }
</script>
```

在 Chrome 浏览器中运行程序，效果如图 10-13 所示。

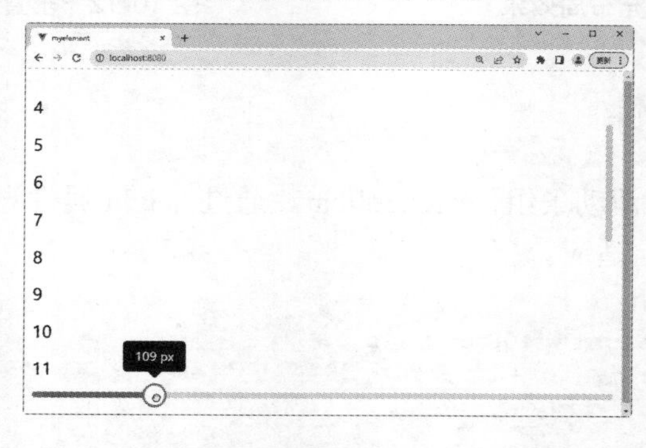

图 10-13　手动控制滚动条滚动

10.4　提示类组件

提示类组件主要包括警告组件、通知组件和消息提示组件。本节将详细介绍这三个提

示类组件的使用方法。

10.4.1　警告组件

警告组件用于在页面中显示重要的提示信息。警告组件提供四种类型，由 type 属性来设置。其他常见的属性如下。

(1)　设置 effect 属性来改变主题，有两个不同的主题：light 和 dark，默认为 light。

(2)　通过 close-text 属性来设置警告组件右侧的关闭文字。

(3)　使用 center 属性可以让文字水平居中。

(4)　设置 description 属性可以添加辅助性文字。

【例 10.12】(实例文件：ch10\10.12.vue)使用警告组件。

```
<template>
  <el-alert title="成功提示的文案" type="success"> </el-alert>
  <el-alert title="消息提示的文案" type="info" effect="dark"> </el-alert>
  <el-alert title="警告提示的文案" type="warning" center> </el-alert>
  <el-alert title="错误提示的文案" type="error" close-text="关闭"> </el-alert>
  <el-alert
     title="西江月・夜行黄沙道中"
     type="success"
     description="明月别枝惊鹊，清风半夜鸣蝉。稻花香里说丰年，听取蛙声一片。七八个星天外，
        两三点雨山前。旧时茅店社林边，路转溪桥忽见。"
   >
   </el-alert>
</template>
<script>
  import { defineComponent } from 'vue'
  export default defineComponent({
    setup() {
      const hello = () => {
        alert('Hello World!')
      }
      return {
        hello,
      }
    },
  })
</script>
```

在 Chrome 浏览器中运行程序，效果如图 10-14 所示。

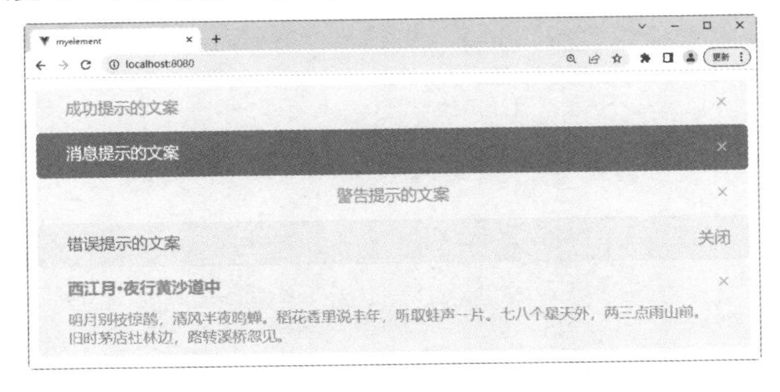

图 10-14　使用警告组件效果

10.4.2 通知组件

通知组件提供通知功能。该组件通过$notify 方法接收一个 options 参数。常见的属性如下。

(1) 通过使用 title 字段和 message 字段，可以设置通知组件的标题和正文。

(2) 默认情况下，经过一段时间后，通知组件会自动关闭。通过设置 duration 属性，可以控制关闭的时间间隔。如果设置 duration 属性为 0，则不会自动关闭。

(3) 使用 position 属性可以定义通知组件的弹出位置。常见的选项值包括 top-right、top-left、bottom-right 和 bottom-left，默认值为 top-right。

(4) 通过设置 offset 属性，可以设置弹出的通知消息距屏幕边缘偏移的距离。

【例 10.13】(实例文件：ch10\10.13.vue)使用通知组件。

```
<template>
  <el-button plain @click="open1"> 可自动关闭 </el-button>
  <el-button plain @click="open2"> 不会自动关闭 </el-button>
  <el-button plain @click="open3"> 左下角 </el-button>
  <el-button plain @click="open4"> 偏移的消息 </el-button>
</template>
<script>
  import { h } from 'vue'
  export default {
    methods: {
      open1() {
        this.$notify({
          title: '提示标题',
          message: h(
            'i',
            { style: 'color: teal' },
            '这是提示的内容！'
          ),
        })
      },
      open2() {
        this.$notify({
          title: '提示',
          message: '这是一条不会自动关闭的消息',
          duration: 0,
        })
      },
      open3() {
            this.$notify({
              title: '自定义位置',
              message: '左下角弹出的消息',
              position: 'bottom-left',
            })
          },
        open4() {
          this.$notify({
            title: '偏移',
            message: '这是一条带有偏移的提示消息',
            offset: 100,
          })
        },
  },
```

```
  }
</script>
```

在 Chrome 浏览器中运行程序，各个通知的效果如图 10-15 所示。

图 10-15　使用通知组件效果

10.4.3　消息提示组件

消息提示组件常用于主动操作后的反馈提示。一个$message 方法用于调用时，消息提示组件可以接收一个字符串作为参数，它将被显示为正文内容。当需要自定义更多属性时，消息提示组件也可以接受一个对象作为参数。

【例 10.14】(实例文件：ch10\10.14.vue)使用消息提示组件。

```
<template>
  <el-button :plain="true" @click="open1">成功</el-button>
  <el-button :plain="true" @click="open2">警告</el-button>
  <el-button :plain="true" @click="open3">消息</el-button>
  <el-button :plain="true" @click="open4">错误</el-button>
</template>
<script>
  import { defineComponent } from 'vue'
  import { ElMessage } from 'element-plus'
  export default defineComponent({
    setup() {
      return {
        open1() {
          ElMessage.success({
            message: '恭喜你，这是一条成功消息',
            type: 'success',
          })
        },
        open2() {
          ElMessage.warning({
            message: '警告哦，这是一条警告消息',
            type: 'warning',
          })
        },
        open3() {
          ElMessage('这是一条消息提示')
        },
        open4() {
          ElMessage.error('错了哦，这是一条错误消息')
        },
```

```
        }
      },
  })
</script>
```

在 Chrome 浏览器中运行程序，效果如图 10-16 所示。

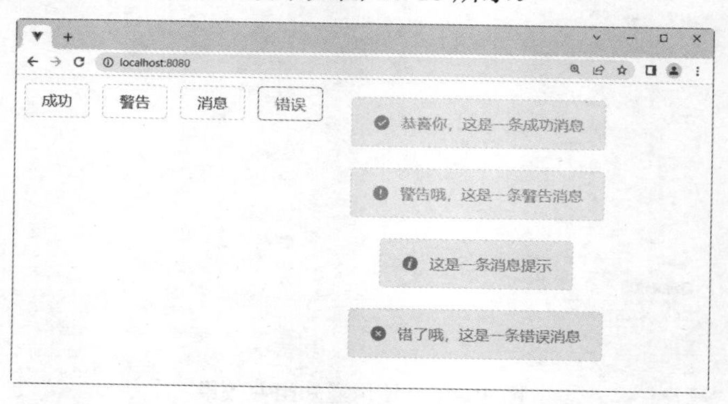

图 10-16 使用消息提示组件效果

10.5 综合案例——设计一个滚动菜单栏的组件

综合前面所学各个组件的知识，这里创建一个滚动菜单栏的组件。

【例 10.15】(实例文件：ch10\10.15.vue)设计一个滚动菜单栏的组件。

```
<template>
  <el-container>
    <!-- 自定义滚动条 -->
    <div class="scrollMenu">
      <el-affix :offset="120">
        <div style="display: flex">
          <el-slider
            v-model="heighRatio"
            :show-tooltip="false"
            vertical
            :height="scrollBarHeight"
            @input="scrollInput"
          />
          <div class="contentTitle">
            <a :href="'#' + item.title" class="contentItem" v-for="item in arrayData">{{
              item.title
            }}</a>
          </div>
        </div>
      </el-affix>
    </div>
    <!-- 内容部分 -->
    <div class="content" id="content">
      <div class="part" v-for="item in arrayData">
        <h2 :id="item.title">{{ item.title }}</h2>
        <p>{{ item.content }}</p>
      </div>
```

```
    </div>
    <!-- 返回顶部 -->
    <el-backtop :bottom="100">
      <div
        style="
          height: 100%;
          width: 100px;
          background-color: var(--el-bg-color-overlay);
          box-shadow: var(--el-box-shadow-lighter);
          border-radius: 50%;
          text-align: center;
          line-height: 40px;
          color: #1989fa;
        "
      >
        <el-icon><ArrowUp /></el-icon>
      </div>
    </el-backtop>
  </el-container>
</template>
<script setup>
import { ref, onMounted } from "vue";
import { ArrowUp } from "@element-plus/icons-vue";
const heighRatio = ref(100);
const scrollBarHeight = ref("200px");
const arrayData = ref([
  { title: "古诗 1", content: "读书不觉已春深，一寸光阴一寸金。不是道人来引笑，周情孔思
      正追寻。" },
  { title: "古诗 2", content: "公子王孙逐后尘，绿珠垂泪滴罗巾。侯门一入深似海，从此萧郎
      是路人。" },
  { title: "古诗 3", content: "崆峒访道至湘湖，万卷诗书看转愚。踏破铁鞋无觅处，得来全不
      费工夫。" },
  { title: "古诗 4", content: "昔日龌龊不足夸，今朝放荡思无涯。春风得意马蹄疾，一日看尽
      长安花。" },
  { title: "古诗 5", content: "登高欲穷千里目，愁云低锁衡阳路。鱼书不至雁无凭，几番空作
      悲愁赋。" },
  { title: "古诗 6", content: "尊前拟把归期说，欲语春容先惨咽。人生自是有情痴，此恨不关
      风与月。" },
]);
function scrollInput() {
  window.scrollTo(0, ((100 - heighRatio.value) * document.body.clientHeight) / 100);
}
function handleScroll() {
  heighRatio.value =
    100 - (document.documentElement.scrollTop / document.body.clientHeight) * 100;
}
onMounted(() => {
  window.addEventListener("scroll", handleScroll);
  scrollBarHeight.value = arrayData.value.length * 30 + "px";
});
</script>
<style>
.scrollMenu{
   margin-right: 50px;
}
```

```
.contentItem {
  text-align: left;
  height: 30px;
  width: 100px;
  text-decoration: none;
  display: block;
  line-height: 30px;;
  color: #409eff;
  overflow: hidden;
  white-space: nowrap;
  text-overflow: ellipsis;
  -o-text-overflow: ellipsis;
  border-top: 1px solid #409eff;
}
.contentItem:last-child{
   border-bottom: 1px solid #409eff;
}
.content {
  padding: 50px 200px 50px 20px;
  flex: 1;
}
.part {
  height: 800px;
  background: #ccc;
}
</style>
```

在 Chrome 浏览器中运行程序，效果如图 10-17 所示。

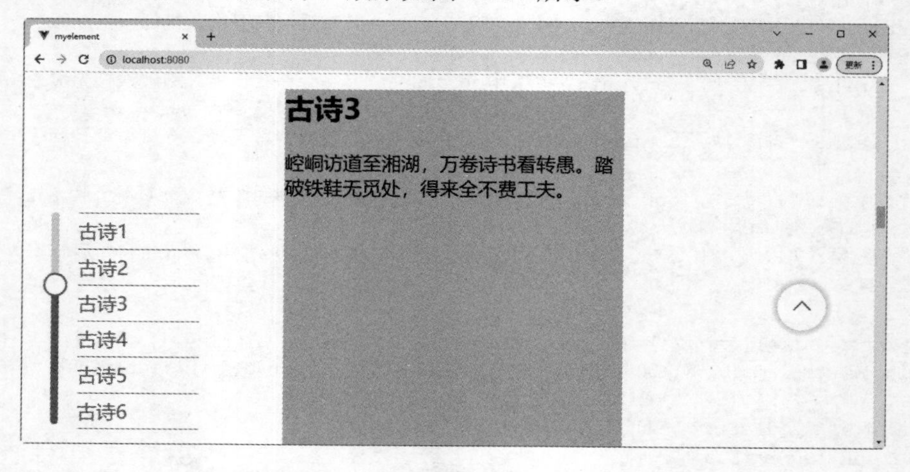

图 10-17　设计的滚动菜单栏组件

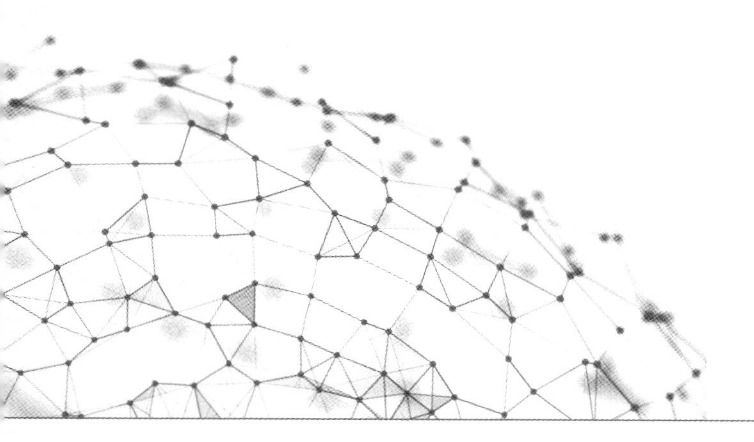

第 11 章

Element Plus 中的表单

在网页中，表单的作用比较重要，它主要负责采集浏览者的相关数据。例如常见的登录表、调查表或留言表等。在 Element Plus 中，通过使用各种各样的表单组件，可以设计出符合项目需求的表单。

11.1 表单类组件

本节我们来学习表单类组件的使用方法。

11.1.1 单选按钮

通过使用 el-radio 组件可以实现单选按钮效果，这里需要设置 v-model 绑定变量。单选按钮的常用设置方法如下。

(1) 如果需要将单选按钮设置为禁用，可以将 disabled 属性设置为 true。

(2) 如果需要设置单选按钮组，可以结合 el-radio-group 元素和子元素 el-radio 来实现。

(3) 如果想要设计按钮样式的单选按钮，只需要把 el-radio 元素换成 el-radio-button 元素即可。

(4) 如果需要设置单选按钮的边框，可以添加 border 属性。

【例 11.1】(实例文件：ch11\11.1.vue)使用单选按钮组件。

```
<template>
 <div>
    <el-radio v-model="radio1" label="1">苹果</el-radio>
    <el-radio v-model="radio1" label="2" border>香蕉</el-radio>
    <el-radio disabled v-model="radio" label="选中且禁用">荔枝</el-radio>
  </div>
  <div>
    <el-radio-group v-model="radio2">
      <el-radio :label="1">白菜</el-radio>
      <el-radio :label="2">西红柿</el-radio>
```

```
      <el-radio :label="3">菠菜</el-radio>
      </el-radio-group>
    </div>
    <el-radio-group v-model="radio3">
      <el-radio-button label="电视机"></el-radio-button>
      <el-radio-button label="洗衣机"></el-radio-button>
      <el-radio-button label="空调"></el-radio-button>
      </el-radio-group>
</template>
<script>
  export default {
    data() {
      return {
        radio1: '1',
        radio: '选中且禁用',
        radio2: 2,
        radio3: "空调",
      }
    },
  }
</script>
```

在 Chrome 浏览器中运行程序，效果如图 11-1 所示。

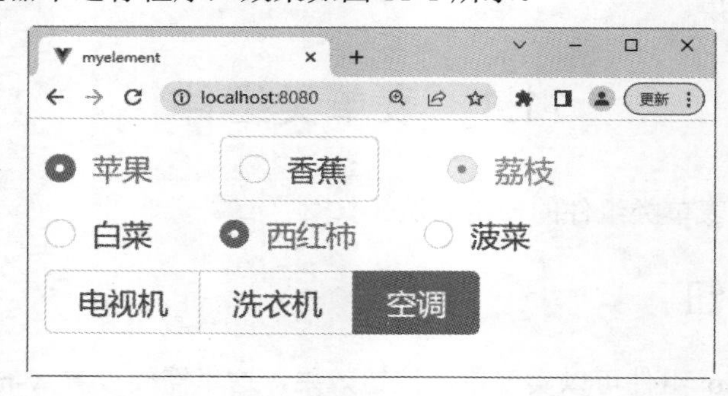

图 11-1　使用单选按钮组件效果

11.1.2　复选框

通过使用 el-checkbox 组件可以实现复选框效果，这里需要设置 v-model 绑定变量。复选框的常用设置方法如下。

(1)　如果需要将复选框设置为禁用，添加 disabled 属性即可。

(2)　如果需要设置复选框组，可以结合 el-checkbox-group 元素和子元素 el-checkbox 来实现。

(3)　如果想要设计按钮样式的复选框，只需要把 el-checkbox 元素换成 el-checkbox-button 元素即可。

(4)　如果需要设置复选框的边框，可以添加 border 属性。

(5)　如果想实现复选框的全选效果，可以添加 indeterminate 属性。

(6)　如果想限制可以选择的项目的数量，可以添加 min 或 max 属性。

【例 11.2】(实例文件：ch11\11.2.vue)使用复选框组件。

```
<template>
```

```
  <div>
    <el-checkbox v-model="checked1" label="洗衣机"></el-checkbox>
    <el-checkbox v-model="checked2" label="冰箱" border></el-checkbox>
    <el-checkbox v-model="checked3" label="电视机"></el-checkbox>
  </div>
    <el-checkbox-group v-model="checkList">
      <el-checkbox label="洗衣机"></el-checkbox>
      <el-checkbox label="冰箱"></el-checkbox>
      <el-checkbox label="禁用" disabled></el-checkbox>
    </el-checkbox-group>
    <el-checkbox-group v-model="checkList">
      <el-checkbox-button label="洗衣机"></el-checkbox-button>
      <el-checkbox-button label="冰箱"></el-checkbox-button>
      <el-checkbox-button label="电视机"></el-checkbox-button>
    </el-checkbox-group>
      <el-checkbox
        :indeterminate="isIndeterminate"
        v-model="checkAll"
        @change="handleCheckAllChange"
        >全选</el-checkbox
      >
      <el-checkbox-group
        v-model="checkedCities"
        @change="handleCheckedCitiesChange"
      >
        <el-checkbox v-for="city in cities" :label="city" :key="city"
          >{{city}}</el-checkbox
        >
      </el-checkbox-group>
</template>
<script>
  const cityOptions = ['上海', '北京', '广州', '深圳']
  export default {
    data() {
      return {
        checked1: true,
        checked2: false,
        checked3: false,
        checkAll: false,
        checkedCities: ['上海', '北京'],
        cities: cityOptions,
        isIndeterminate: true,
      }
    },
    methods: {
      handleCheckAllChange(val) {
        this.checkedCities = val ? cityOptions : []
        this.isIndeterminate = false
      },
      handleCheckedCitiesChange(value) {
        let checkedCount = value.length
        this.checkAll = checkedCount === this.cities.length
        this.isIndeterminate =
          checkedCount > 0 && checkedCount < this.cities.length
      },
    },
  }
</script>
```

在 Chrome 浏览器中运行程序，效果如图 11-2 所示。

图 11-2　使用复选框组件

11.1.3　标准输入框组件

通过使用 el-input 组件可以实现标准输入框效果。标准输入框的常用设置方法如下。

(1)　如果需要将标准输入框设置为禁用，添加 disabled 属性即可。

(2)　使用 clearable 属性即可得到一个可清空的输入框。

(3)　使用 show-password 属性即可得到一个可切换显示/隐藏的密码框。

(4)　通过将 type 属性的值指定为 textarea，可以设置多行文本信息输入框。

【例 11.3】(实例文件：ch11\11.3.vue)使用输入框组件。

```
<template>
  <el-input v-model="input" placeholder="请输入内容"></el-input>
  <el-input placeholder="请输入内容" v-model="input" :disabled="true"> </el-input>
  <el-input placeholder="请输入内容" v-model="input" clearable> </el-input>
  <el-input placeholder="请输入密码" v-model="input" show-password></el-input>
  <el-input type="textarea" :rows="2" placeholder="请输入内容"
     v-model="textarea"></el-input>
</template>
<script>
  import { defineComponent, ref } from 'vue'
  export default defineComponent({
    setup() {
      return {
        input: ref(''),
        textarea: ref(''),
      }
    },
  })
</script>
```

在 Chrome 浏览器中运行程序，输入文字后的效果如图 11-3 所示。

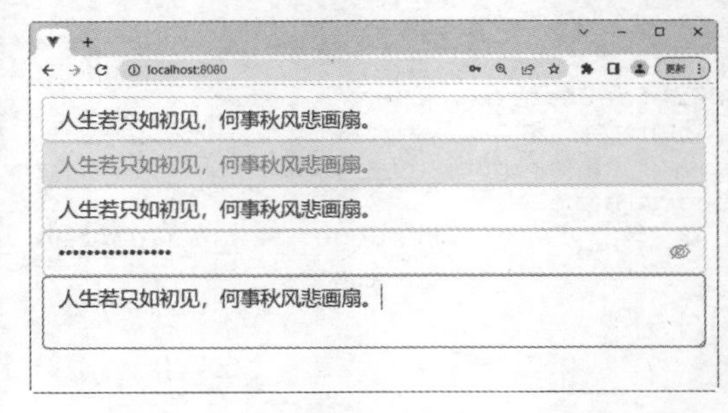

图 11-3　使用标准输入框组件效果

使用 slot 可以为输入框的前后添加标签或按钮组件，从而设计出复合型输入框。

【例 11.4】(实例文件：ch11\11.4.vue)设计复合型输入框。

```
<template>
  <div>
  <el-input placeholder="请输入内容" v-model="input1">
    <template #prepend>Http://</template>
  </el-input>
</div>
<div style="margin-top: 15px">
  <el-input placeholder="请输入内容" v-model="input2">
    <template #append>.com</template>
  </el-input>
</div>
<div style="margin-top: 15px">
  <el-input placeholder="请输入内容" v-model="input3" class="input-with-
select">
    <template #prepend>
      <el-select v-model="select" placeholder="请选择">
        <el-option label="苹果" value="1"></el-option>
        <el-option label="香蕉" value="2"></el-option>
        <el-option label="荔枝" value="3"></el-option>
        <el-option label="葡萄" value="4"></el-option>
      </el-select>
    </template>
    <template #append>
      <el-button icon="el-icon-search"></el-button>
    </template>
  </el-input>
</div>
</template>
<script>
  import { defineComponent, ref } from 'vue'

  export default defineComponent({
    setup() {
      return {
        input1: ref(''),
        input2: ref(''),
        input3: ref(''),
        select: ref(''),
      }
    },
  })
</script>
<style>
  .el-select .el-input {
    width: 130px;
  }
  .input-with-select .el-input-group__prepend {
    background-color: #fff;
  }
</style>
```

在 Chrome 浏览器中运行程序，效果如图 11-4 所示。

图 11-4 复合型输入框效果

11.1.4 带推荐列表的输入框组件

使用 el-autocomplete 组件可以实现一个带推荐列表的输入框组件。fetch-suggestions 是一个返回推荐列表的方法。例如 querySearch (queryString, cb)，推荐列表的数据可以通过 cb(data)返回到 el-autocomplete 组件中。

【例 11.5】(实例文件：ch11\11.5.vue)设计带推荐列表的输入框组件。

```
<template>
  <el-row class="demo-autocomplete">
  <el-col :span="6">
    <div class="sub-title">激活即列出输入建议</div>
    <el-autocomplete
      class="inline-input"
      v-model="state1"
      :fetch-suggestions="querySearch"
      placeholder="请输入内容"
      @select="handleSelect"
    ></el-autocomplete>
  </el-col>
</el-row>
</template>
<script>
  import { defineComponent, ref, onMounted } from 'vue'
  export default defineComponent({
    setup() {
      const restaurants = ref([])
      const querySearch = (queryString, cb) => {
        var results = queryString
          ? restaurants.value.filter(createFilter(queryString))
          : restaurants.value
        // 调用 callback 返回建议列表的数据
        cb(results)
      }
      const createFilter = (queryString) => {
        return (restaurant) => {
          return (
            restaurant.value
              .toLowerCase()
              .indexOf(queryString.toLowerCase()) === 0
          )
```

```
      }
    }
    const loadAll = () => {
      return [
        { value: '西瓜' },
        { value: '苹果'},
        { value: '香蕉'},
        { value: '橘子'},
        { value: '荔枝',},
      ]
    }
    const handleSelect = (item) => {
      console.log(item)
    }
    onMounted(() => {
      restaurants.value = loadAll()
    })
    return {
      restaurants,
      state1: ref(''),
      state2: ref(''),
      querySearch,
      createFilter,
      loadAll,
      handleSelect,
    }
  },
})
</script>
```

在 Chrome 浏览器中运行程序，效果如图 11-5 所示。

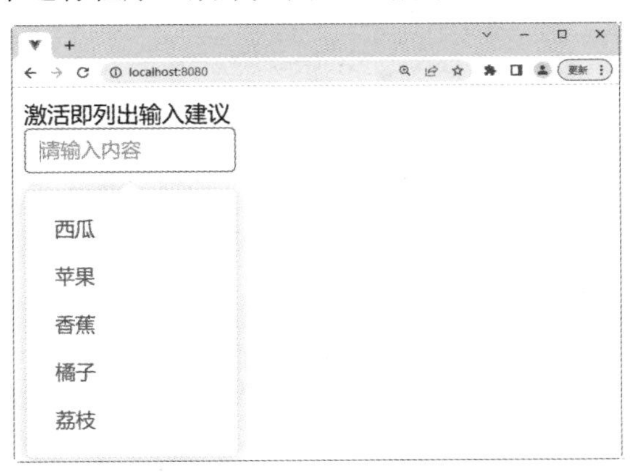

图 11-5　带推荐列表的输入框组件效果

11.1.5　计数器

计数器也被称为数字输入框，这里只能输入标准的数值。通过使用 el-input-number 组件即可实现计数器。计数器的常用设置方法如下。

(1) 如果需要将计数器设置为禁用，添加 disabled 属性即可。

(2) 如果需要控制数值在某一范围内，可以设置 min 属性和 max 属性，不设置 min 属性和 max 属性时，最小值为 0。

(3) 设置 step 属性可以控制数字输入框的步长。

(4) step-strictly 属性接受一个 Boolean。如果这个属性被设置为 true，则只能输入步数的倍数。

(5) 设置 precision 属性可以控制数值精度。

(6) 设置 controls-position 属性可以控制按钮位置。

【例 11.6】(实例文件：ch11\11.6.vue)使用计数器组件。

```
<template>
  <el-input-number v-model="num1" @change="handleChange" :min="1" :max="10"
     label="数字输入框"></el-input-number>
  <el-input-number v-model="num2" :disabled="true"></el-input-number>
  <el-input-number v-model="num3" :step="2"></el-input-number>
  <el-input-number v-model="num4" :step="2" step-strictly></el-input-number>
  <el-input-number v-
model="num5" :precision="2" :step="0.1"  :max="10" ></el-input-number>
  <el-input-number v-model="num6"  controls-position="right"
     @change="handleChange" :min="1" :max="10"  ></el-input-number>
</template>
<script>
  export default {
    data() {
      return {
        num1: 1,
        num2: 1,
        num3: 1,
        num4: 1,
        num5: 1,
        num6: 1,
      }
    },
    methods: {
      handleChange(value) {
        console.log(value)
      },
    },
  }
</script>
```

在 Chrome 浏览器中运行程序，效果如图 11-6 所示。

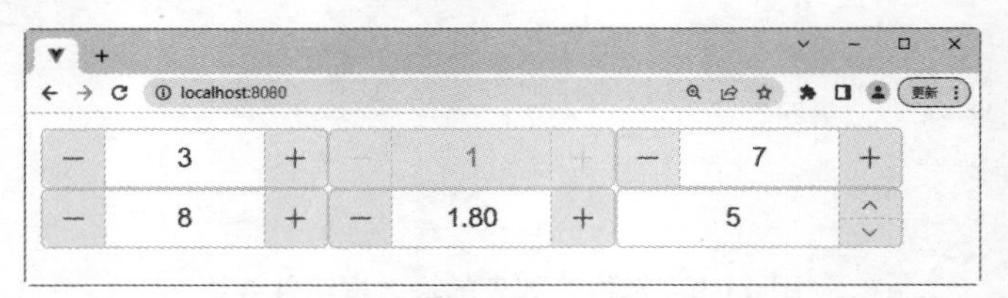

图 11-6　使用数字输入框组件效果

11.1.6　选择列表

通过使用 el-select 组件即可实现选择列表。选择列表的常用设置方法如下。

(1) 在选择列表中，设置 disabled 值为 true，即可禁用该选项。

(2) 在单选列表中，添加 clearable 属性，即可为选项添加清空按钮效果。

【例 11.7】(实例文件：ch11\11.7.vue)使用选择列表组件。

```
<template>
  <el-select v-model="value" clearable placeholder="请选择">
    <el-option
      v-for="item in options"
      :key="item.value"
      :label="item.label"
      :value="item.value"
      :disabled="item.disabled"
    >
    </el-option>
  </el-select>
</template>
<script>
  export default {
    data() {
      return {
        options: [
          {
            value: '选项A',
            label: '苹果',
          },
          {
            value: '选项B',
            label: '香蕉',
          },
          {
            value: '选项C',
            label: '橘子',
            disabled: true,
          },
          {
            value: '选项D',
            label: '菠萝',
          },
        ],
        value: '',
      }
    },
  }
</script>
```

在 Chrome 浏览器中运行程序，效果如图 11-7 所示。

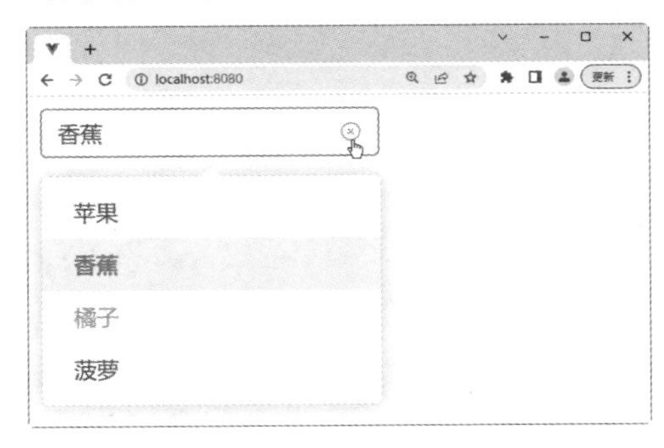

图 11-7　使用选择列表组件效果

使用 el-option-group 可以对列表选项进行分组，其中 label 属性为分组名。为选择列表组件设置 multiple 属性即可启用多选列表效果，此时 v-model 的值为当前选中值所组成的数组。

【例 11.8】(实例文件：ch11\11.8.vue)设计分组多选列表。

```
<template>
  <el-select v-model="value" multiple placeholder="请选择">
    <el-option-group
      v-for="group in options"
      :key="group.label"
      :label="group.label"
    >
      <el-option
        v-for="item in group.options"
        :key="item.value"
        :label="item.label"
        :value="item.value"
      >
      </el-option>
    </el-option-group>
  </el-select>
</template>
<script>
  export default {
    data() {
      return {
        options: [
          {
            label: '家用电器',
            options: [
              {
                value: 'bingxiang',
                label: '冰箱',
              },
              {
                value: 'xiyiji',
                label: '洗衣机',
              },
            ],
          },
          {
            label: '办公设备',
            options: [
              {
                value: 'dayinji',
                label: '打印机',
              },
              {
                value: 'saomiaoyi',
                label: '扫描仪',
              },
              {
                value: 'diannao',
                label: '电脑',
              },
            ],
          },
        ],
```

```
        value: '',
      }
    },
  }
</script>
```

在 Chrome 浏览器中运行程序，效果如图 11-8 所示。

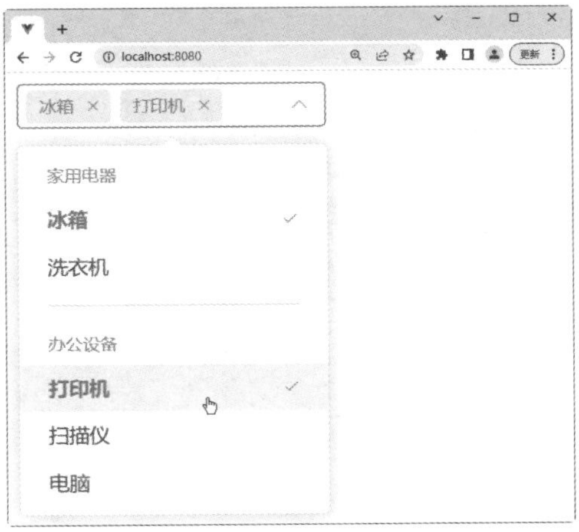

图 11-8　分组多选列表效果

11.1.7　多级列表组件

使用 el-cascader 组件可以设计多级列表效果。添加 clearable 属性，即可为选项添加清空按钮效果。

【例 11.9】(实例文件：ch11\11.9.vue)使用多级列表组件。

```
<template>
<div class="block">
  <span class="demonstration">多级列表菜单</span>
  <el-cascader v-model="value" :options="options" :props="props"
     @change="handleChange"  clearable></el-cascader>
</div>
</template>
<script>
  export default {
    data() {
      return {
        value: [],
        props: { expandTrigger: 'hover' },
        options: [
          {
            value: 'equipment',
            label: '家用电器',
            children: [
              {
                value: 'fridge',
                label: '冰箱',
              },
              {
                value: 'washer',
                label: '洗衣机',
```

```
              },
            ],
          },
          {
            value: 'office',
            label: '办公设备',
            children: [
              {
                value: 'printer',
                label: '打印机',
              },
              {
                value: 'computer',
                label: '电脑',
              },
            ],
          },
        ],
      }
    },
    methods: {
      handleChange(value) {
        console.log(value)
      },
    },
  }
</script>
```

在 Chrome 浏览器中运行程序，效果如图 11-9 所示。

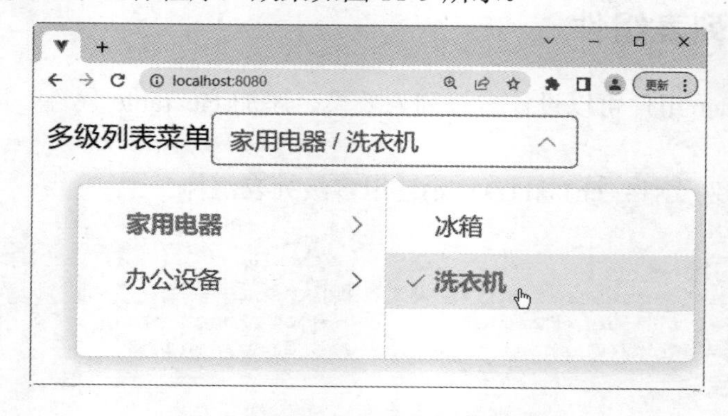

图 11-9 使用多级列表组件效果

11.2 开关组件与滑块组件

开关组件和滑块组件是很常用的组件，下面将讲述它们的使用方法和技巧。

11.2.1 开关组件

开关组件 el-switch 表示两种相互对立的状态间的切换。开关组件的常用属性如下。

(1) 使用 active-color 属性与 inactive-color 属性来设置开关的背景色。

(2) 使用 active-text 属性与 inactive-text 属性来设置开关的文字描述。

(3) 设置 disabled 属性，接受一个 Boolean，设置 true 即可禁用。

(4) 设置 loading 属性，接受一个 Boolean，设置 true 即加载中状态。

【例 11.10】(实例文件：ch11\11.10.vue)使用开关组件。

```
<template>
  <el-switch v-model="value1" active-text="打开" inactive-text="关闭"></el-
switch>
  <el-switch style="display: block" v-model="value2" active-color="#13ce66"
      inactive-color="#ff4949"  active-text="包月会员" inactive-text="包年会员">
         </el-switch>
  <el-switch v-model="value3" disabled> </el-switch>
  <el-switch v-model="value4" disabled> </el-switch>
  <el-switch v-model="value5" loading> </el-switch>
  <el-switch v-model="value6" loading> </el-switch>
</template>
<script>
  export default {
    data() {
      return {
        value1: true,
        value2: true,
        value3: true,
        value4: false,
        value5: true,
        value6: false,
      }
    },
  }
</script>
```

在 Chrome 浏览器中运行程序，效果如图 11-10 所示。

图 11-10　使用开关组件效果

11.2.2　滑块组件

滑块组件的主要作用是通过拖动滑块在一个固定区间内来选择数据。滑块组件的常见属性如下。

(1) 改变 step 的值可以改变步长，通过设置 show-stops 属性可以显示间断点。

(2) 设置 show-input 属性会在滑块的右侧显示一个输入框。

(3) 设置 range 即可开启范围选择，此时绑定值是一个数组，其元素分别为最小边界值和最大边界值。

(4) 设置 vertical 可使 Slider 变成竖向模式，此时必须设置高度 height 属性。

(5) 设置 marks 属性可以显示标记。

【例 11.11】(实例文件：ch11\11.11.vue)使用滑块组件。

```
<template>
  <div class="block">
    <span class="demonstration">自定义初始值</span>
    <el-slider v-model="value1"></el-slider>
  </div>
  <div class="block">
    <span class="demonstration">隐藏提示文字</span>
    <el-slider v-model="value2" :show-tooltip="false"></el-slider>
  </div>
  <div class="block">
    <span class="demonstration">格式化 提示文字</span>
    <el-slider v-model="value3" :format-tooltip="formatTooltip"></el-slider>
  </div>
  <div class="block">
    <span class="demonstration">禁用滑块组件</span>
    <el-slider v-model="value4" disabled></el-slider>
  </div>

    <div class="block">
      <span class="demonstration">不显示间断点</span>
      <el-slider v-model="value5" :step="10"> </el-slider>
    </div>
    <div class="block">
      <span class="demonstration">显示间断点</span>
      <el-slider v-model="value6" :step="10" show-stops> </el-slider>
    </div>
    <div class="block">
      <el-slider v-model="value7" show-input> </el-slider>
    </div>
    <div class="block">
      <el-slider v-model="value8" range show-stops :max="10"> </el-slider>
    </div>
    <div class="block">
      <el-slider v-model="value9" vertical height="200px"> </el-slider>
    </div>
    <div class="block">
      <el-slider v-model="value10" range :marks="marks"> </el-slider>
    </div>
</template>
<script>
  export default {
    data() {
      return {
        value1: 0,
        value2: 50,
        value3: 36,
        value4: 48,
        value5: 42,
        value6: 0,
        value7: 0,
        value8: 0,
        value9: 0,
        value10: 0,
      }
    },
    methods: {
      formatTooltip(val) {
        return val / 100
```

```
      },
    },
  }
</script>
```

在 Chrome 浏览器中运行程序，拖动各个滑块后的效果如图 11-11 所示。

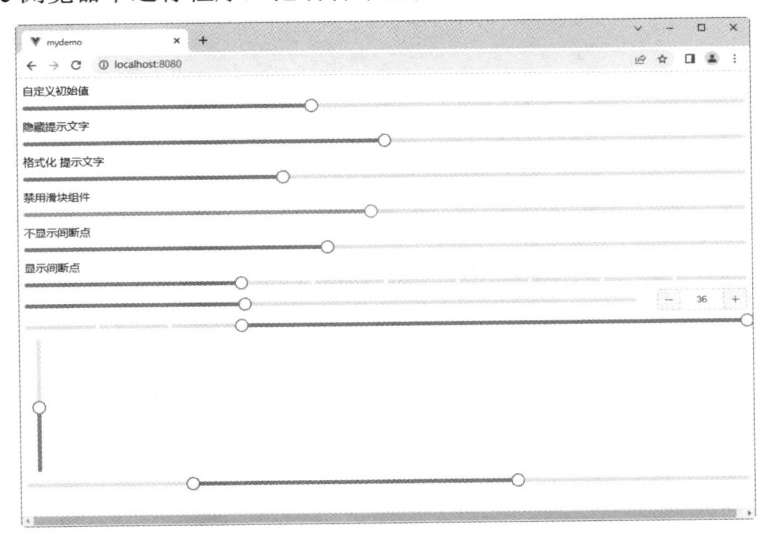

图 11-11　使用滑块组件效果

11.3　选择器组件

在网站开发中，经常使用的选择器组件有时间选择器、日期选择器和颜色选择器三种。本节将详细讲述它们的使用方法和技巧。

11.3.1　时间选择器

使用 el-time-picker 标签可以创建时间选择器组件。默认情况下，通过鼠标滚轮进行选择，打开 arrow-control 属性，则通过界面上的箭头进行选择。添加 is-range 属性即可选择时间范围。

【例 11.12】(实例文件：ch11\11.12.vue)使用时间选择器组件。

```
<template>
  <el-time-picker
    is-range
    arrow-control
    v-model="value1"
    range-separator="至"
    start-placeholder="Start Time"
    end-placeholder="End Time"
    placeholder="选择时间范围"
  >
  </el-time-picker>
</template>
<script>
```

```
  export default {
    data() {
      return {
        value1: [new Date(2025, 10, 10, 8, 48), new Date(2025,10, 10, 9, 48)],
      }
    },
  }
</script>
```

在 Chrome 浏览器中运行程序，效果如图 11-12 所示。

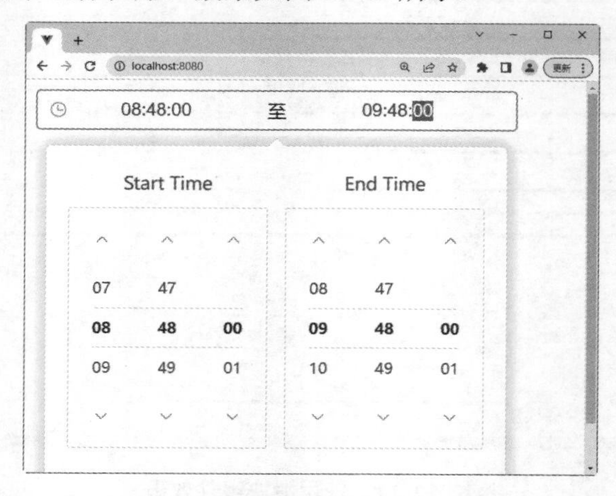

图 11-12　使用时间选择器组件效果

使用 el-time-select 标签可以创建固定时间点选择器，分别通过 start、end 和 step 指定可选的起始时间、结束时间和步长。选择固定时间不仅可以选择开始时间，还可以选择结束时间。

【例 11.13】(实例文件：ch11\11.13.vue)设计固定时间点选择器。

```
<template>
  <el-time-select
    placeholder="起始时间"
    v-model="startTime"
    start="08:30"
    step="00:15"
    end="18:30"
  >
  </el-time-select>
  <el-time-select
    placeholder="结束时间"
    v-model="endTime"
    start="08:30"
    step="00:15"
    end="18:30"
    :minTime="startTime"
  >
  </el-time-select>
</template>
<script>
  export default {
    data() {
      return {
        startTime: '',
```

```
        endTime: '',
      }
    },
  }
</script>
```

在 Chrome 浏览器中运行程序，效果如图 11-13 所示。

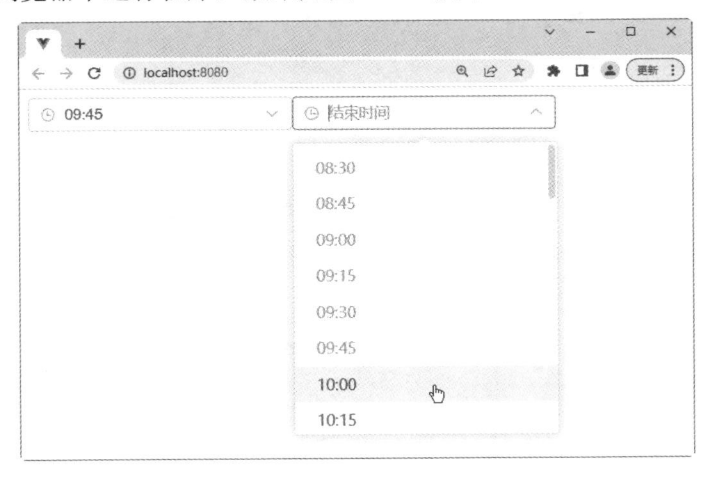

图 11-13　设计固定时间点选择器效果

11.3.2　日期选择器

日期选择器的基本单位由 type 属性来设置。通过 shortcuts 配置快捷选项，禁用日期通过属性 disabledDate 来设置。

【例 11.14】(实例文件：ch11\11.14.vue)使用日期选择器组件。

```
<template>
  <div class="container">
  <div class="block">
    <span class="demonstration">周</span>
    <el-date-picker
      v-model="value1"
      type="week"
      format="gggg 第 ww 周"
      placeholder="选择周"
    >
    </el-date-picker>
  </div>
  <div class="block">
    <span class="demonstration">月</span>
    <el-date-picker v-model="value2" type="month" placeholder="选择月">
    </el-date-picker>
  </div>
</div>
<div class="container">
  <div class="block">
    <span class="demonstration">年</span>
    <el-date-picker v-model="value3" type="year" placeholder="选择年">
    </el-date-picker>
  </div>
```

```
  <div class="block">
    <span class="demonstration">多个日期</span>
    <el-date-picker
      type="dates"
      v-model="value4"
      placeholder="选择一个或多个日期"
    >
    </el-date-picker>
  </div>
</div>
</template>
<script>
  export default {
    data() {
      return {
        value1: '',
        value2: '',
        value3: '',
        value4: '',
      }
    },
  }
</script>
```

在 Chrome 浏览器中运行程序，效果如图 11-14 所示。

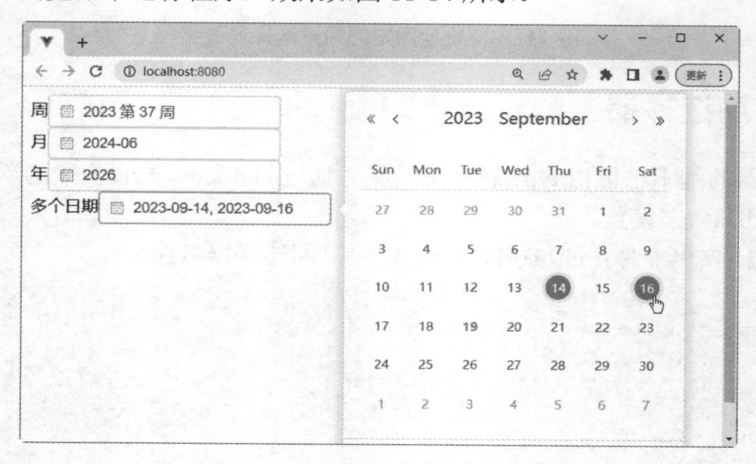

图 11-14　使用日期选择器组件效果

11.3.3　颜色选择器

颜色选择器用于选择颜色，支持多种格式。使用 v-model 与 Vue.js 实例中的一个变量进行双向绑定，绑定的变量需要是字符串类型。颜色选择器支持带 Alpha 通道的颜色，通过 show-alpha 属性即可控制是否支持透明度的选择。

【例 11.15】(实例文件：ch11\11.15.vue)使用颜色选择器组件。

```
<template>
  <el-color-picker v-model="color" show-alpha></el-color-picker>
</template>
<script>
  export default {
    data() {
```

```
      return {
        color: 'rgba(16, 124, 102, 0.85)',
      }
    },
  }
</script>
```

在 Chrome 浏览器中运行程序，效果如图 11-15 所示。

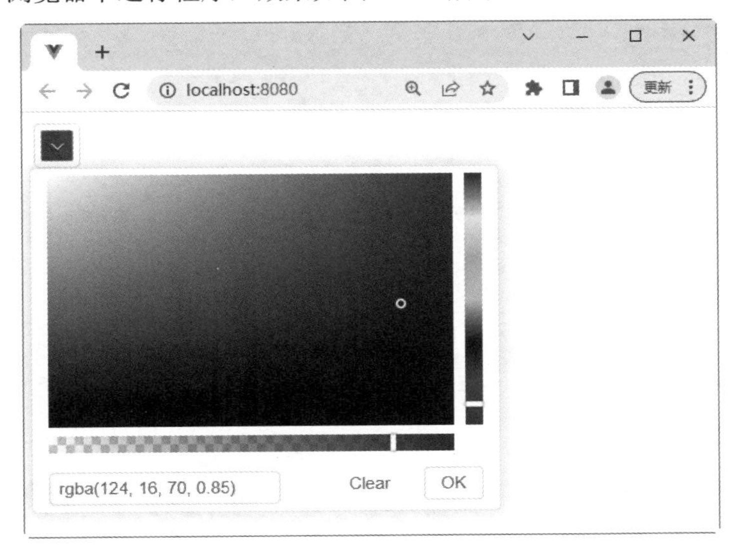

图 11-15　使用颜色选择器组件效果

11.4　上 传 组 件

通过使用 el-upload 组件即可实现文件上传功能。上传组件的常用设置方法如下。

(1)　在上传组件中，设置 slot 属性，即可以自定义上传按钮类型和文字提示。

(2)　在上传组件中，设置 limit 和 on-exceed 属性，即可限制上传文件的个数和定义超出限制时的行为。

(3)　在上传组件中，设置 before-remove 属性，即可阻止文件移除操作。

(4)　在上传组件中，设置 list-type 属性，即可设置文件列表的样式。

(5)　在上传组件中，设置 scoped-slot 属性，即可设置缩略图模板。

注意

上传组件只能上传 jpg 或者 png 格式的文件，而且文件的大小不能超过 500KB。

【例 11.16】(实例文件：ch11\11.16.vue)使用上传组件设置手动上传效果。

```
<template>
  <el-upload
  class="upload-demo"
  ref="upload"
  action="https://jsonplaceholder.typicode.com/posts/"
```

```
  :on-preview="handlePreview"
  :on-remove="handleRemove"
  :file-list="fileList"
  :auto-upload="false"
>
  <template #trigger>
    <el-button size="small" type="primary">选取文件</el-button>
  </template>
  <el-button
    style="margin-left: 10px;"
    size="small"
    type="success"
    @click="submitUpload"
    >上传到服务器</el-button
  >
  <template #tip>
    <div class="el-upload__tip">只能上传 jpg/png 文件，且不超过 500KB</div>
  </template>
</el-upload>
</template>
<script>
  export default {
    data() {
      return {
        fileList: [
          {
           name: '图 1.jpg',
           url: 'pic/100',
          },
          {
           name: '图 2.jpg',
           url: 'pic/100',
          },
        ],
      }
    },
    methods: {
      submitUpload() {
        this.$refs.upload.submit()
      },
      handleRemove(file, fileList) {
        console.log(file, fileList)
      },
      handlePreview(file) {
        console.log(file)
      },
    },
  }
</script>
```

在 Chrome 浏览器中运行程序，效果如图 11-16 所示。

图 11-16　使用上传组件设置手动上传效果

11.5　评分组件

通过使用 el-rate 组件即可实现评分效果。评分组件的常用设置方法如下。

(1) 在评分组件中，默认不区分颜色，设置 colors 属性，即可设置不同的颜色。

(2) 在评分组件中，设置 allow-half 属性，即可允许出现半星效果。

(3) 在评分组件中，设置 show-text 属性，即可在评分组件的右侧显示辅助文字。

(4) 在评分组件中，设置 disabled 属性，即可将评分组件设置为只读，支持小数分值。

【例 11.17】(实例文件：ch11\11.17.vue)使用评分组件。

```
<template>
  <div class="block">
  <span class="demonstration">默认不区分颜色</span>
  <el-rate v-model="value1"></el-rate>
  </div>
  <div class="block">
    <span class="demonstration">区分颜色</span>
    <el-rate v-model="value2" :colors="colors"> </el-rate>
  </div>
  <div class="block">
   <span class="demonstration">允许半星效果</span>
  <el-rate v-model="value" allow-half />
  </div>
  <div class="block">
    <span class="demonstration">显示小数分值</span>
    <el-rate
      v-model="value3"
      disabled
      show-score
      text-color="#ff9900"
      score-template="{value}"
    >
    </el-rate>
</div>
</template>
<script>
  export default {
    data() {
      return {
        value: null,
        value1: null,
        value2: null,
        value3: 3.8,
        colors: ['#00ff00', '#ff007f', '#FF9900'],
      }
    },
  }
</script>
```

在 Chrome 浏览器中运行程序，效果如图 11-17 所示。

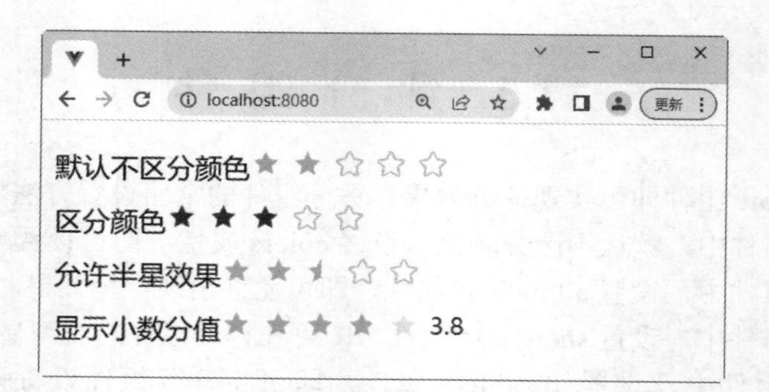

图 11-17　使用评分组件效果

11.6　穿梭框组件

通过使用 el-transfer 组件即可实现双栏穿梭选择框，常用于将多个项目从一边移动到另一边。穿梭框组件的常用设置方法如下。

(1)　在穿梭框组件中，数据通过 data 属性传入。数据需要是一个对象数组，每个对象的属性包括 key、label 和 disabled。其中 key 为数据的唯一性标识，label 为显示文本，disabled 表示该项数据是否禁止转移。

(2)　在数据很多的情况下，可以对数据进行搜索和过滤。在穿梭框组件中，设置 filterable 为 true 即可开启搜索模式。

(3)　在穿梭框组件中，使用 titles、button-texts、render-content 和 format 属性可以分别对列表标题文案、按钮文案、数据项的渲染函数和列表顶部的勾选状态文案进行自定义。

(4)　在穿梭框组件中，设置 props 属性，即可为 key、label 和 disabled 字段设置别名。

【例 11.18】(实例文件：ch11\11.18.vue)使用穿梭框组件。

```
<template>
  <el-transfer
    v-model="value"
    filterable
    :filter-method="filterMethod"
    filter-placeholder="请输入城市拼音"
    :titles="['来源', '目标']"
    :button-texts="['到左边', '到右边']"
    :data="data"
  />
</template>
<script>
  export default {
    data() {
      const generateData = (_) => {
       const data = []
       const cities = ['上海', '北京', '广州', '深圳', '南京', '西安', '成都']
       const spell = [
          'shanghai',
          'beijing',
          'guangzhou',
          'shenzhen',
```

```
        'nanjing',
        'xian',
        'chengdu',
      ]
      cities.forEach((city, index) => {
        data.push({
          label: city,
          key: index,
          spell: spell[index],
        })
      })
      return data
    }
    return {
      data: generateData(),
      value: [],
      filterMethod(query, item) {
        return item.spell.indexOf(query) > -1
      },
    }
  },
}
</script>
```

在 Chrome 浏览器中运行程序，效果如图 11-18 所示。

图 11-18　使用穿梭框组件效果

11.7　综合案例——设计一个商城活动页面

综合前面所学的各个组件的知识，这里设计一个商城活动页面。

【例 11.19】(实例文件：ch11\11.19.vue)设计一个商城活动页面。

```
<template>
  <el-form
  :model="ruleForm"
  :rules="rules"
  ref="ruleForm"
  label-width="100px"
  class="demo-ruleForm"
>
  <el-form-item label="活动名称" prop="name">
    <el-input v-model="ruleForm.name"></el-input>
```

```
      </el-form-item>
      <el-form-item label="活动区域" prop="region">
        <el-select v-model="ruleForm.region" placeholder="请选择活动区域">
          <el-option label="上海" value="shanghai"></el-option>
          <el-option label="北京" value="beijing"></el-option>
        </el-select>
      </el-form-item>
      <el-form-item label="活动时间" required>
        <el-col :span="11">
          <el-form-item prop="date1">
            <el-date-picker
              type="date"
              placeholder="选择日期"
              v-model="ruleForm.date1"
              style="width: 100%;"
            ></el-date-picker>
          </el-form-item>
        </el-col>
        <el-col class="line" :span="2">-</el-col>
        <el-col :span="11">
          <el-form-item prop="date2">
            <el-time-picker
              placeholder="选择时间"
              v-model="ruleForm.date2"
              style="width: 100%;"
            ></el-time-picker>
          </el-form-item>
        </el-col>
      </el-form-item>
      <el-form-item label="即时配送" prop="delivery">
        <el-switch v-model="ruleForm.delivery"></el-switch>
      </el-form-item>
      <el-form-item label="活动性质" prop="type">
        <el-checkbox-group v-model="ruleForm.type">
          <el-checkbox label="美食/餐厅线上活动" name="type"></el-checkbox>
          <el-checkbox label="地推活动" name="type"></el-checkbox>
          <el-checkbox label="线下主题活动" name="type"></el-checkbox>
          <el-checkbox label="单纯品牌曝光" name="type"></el-checkbox>
        </el-checkbox-group>
      </el-form-item>
      <el-form-item label="特殊资源" prop="resource">
        <el-radio-group v-model="ruleForm.resource">
          <el-radio label="线上品牌商赞助"></el-radio>
          <el-radio label="线下场地免费"></el-radio>
        </el-radio-group>
      </el-form-item>
      <el-form-item label="活动详情" prop="desc">
        <el-input type="textarea" v-model="ruleForm.desc"></el-input>
      </el-form-item>
      <el-form-item>
        <el-button type="primary" @click="submitForm('ruleForm')"
          >立即创建</el-button
        >
        <el-button @click="resetForm('ruleForm')">重置</el-button>
      </el-form-item>
    </el-form>
</template>
```

```
<script>
  export default {
    data() {
      return {
        ruleForm: {
          name: '',
          region: '',
          date1: '',
          date2: '',
          delivery: false,
          type: [],
          resource: '',
          desc: '',
        },
        rules: {
          name: [
            { required: true, message: '请输入活动名称', trigger: 'blur' },
            {
              min: 3,
              max: 5,
              message: '长度在 3 到 5 个字符',
              trigger: 'blur',
            },
          ],
          region: [
            { required: true, message: '请选择活动区域', trigger: 'change' },
          ],
          date1: [
            {
              type: 'date',
              required: true,
              message: '请选择日期',
              trigger: 'change',
            },
          ],
          date2: [
            {
              type: 'date',
              required: true,
              message: '请选择时间',
              trigger: 'change',
            },
          ],
          type: [
            {
              type: 'array',
              required: true,
              message: '请至少选择一个活动性质',
              trigger: 'change',
            },
          ],
          resource: [
            { required: true, message: '请选择活动资源', trigger: 'change' },
          ],
          desc: [
            { required: true, message: '请填写活动形式', trigger: 'blur' },
          ],
        },
```

```
      }
    },
    methods: {
      submitForm(formName) {
        this.$refs[formName].validate((valid) => {
          if (valid) {
            alert('submit!')
          } else {
            console.log('error submit!!')
            return false
          }
        })
      },
      resetForm(formName) {
        this.$refs[formName].resetFields()
      },
    },
  }
</script>
```

在 Chrome 浏览器中运行程序，效果如图 11-19 所示。

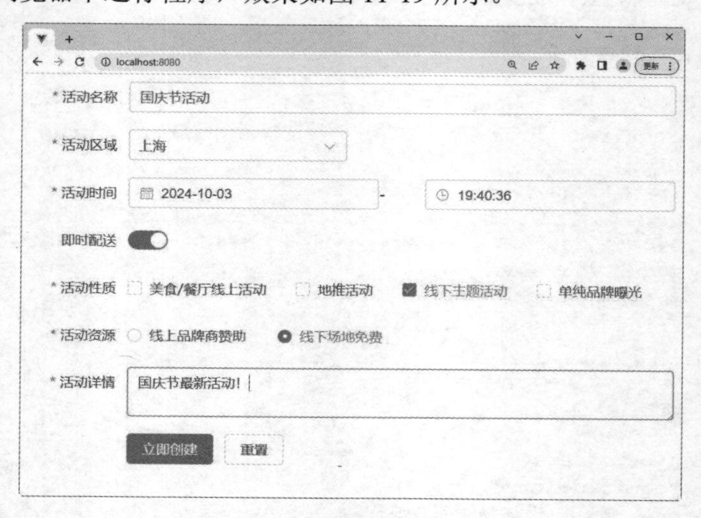

图 11-19　商城活动页面效果

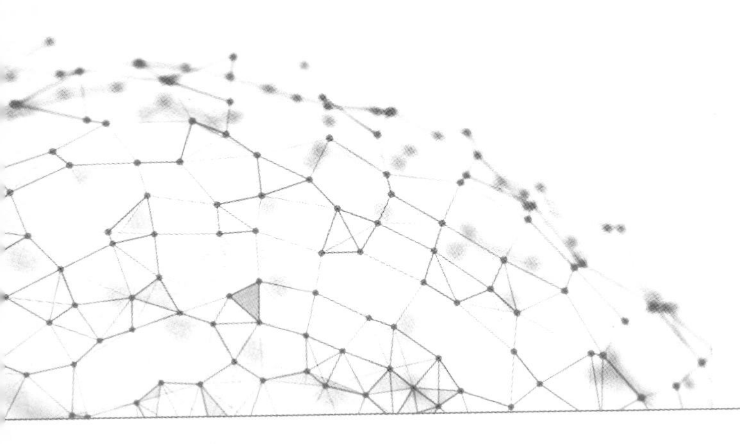

第 12 章

Element Plus 中的数据

在 Element Plus 中，常用的数据承载组件包括数据展示类组件和导航类组件。其中：数据展示类组件包括表格组件、标签组件、进度条组件、树形组件、分页组件、徽章组件等；导航类组件包括导航菜单组件、标签页组件、面包屑组件、页头组件和下拉菜单组件等。本章除介绍上述内容外，还会介绍一些高级组件的使用方法和技巧。

12.1 数据展示类组件

Element Plus 提供了很多数据展示类组件，主要包括表格组件、标签组件、进度条组件、树形组件、分页组件、徽章组件、描述列表组件和结果组件。本节将详细讲述这些组件的使用方法和技巧。

12.1.1 表格组件

表格组件用于展示多条结构类似的数据，可对数据进行排序或其他自定义操作。常用的属性如下。

(1) 当 el-table 元素中添加 data 对象数组后，在 el-table-column 中用 prop 属性来对应对象中的键名，用 label 属性来定义表格的列名，用 width 属性来定义列宽。

(2) 使用 stripe 属性可以创建带斑马纹的表格。

(3) 使用 max-height 属性可以为表格设置最大高度。

(4) 使用 border 属性可以为表格添加边框效果。

(5) 设置 sortable 属性即可实现以某列为基准的排序效果。

【例 12.1】(实例文件：ch12\12.1.vue)使用表格组件。

```
<template>
  <el-table :data="tableData" border stripe style="width: 100%">
    <el-table-column prop="date" label="日期" sortable width="150">
       </el-table-column>
    <el-table-column label="配送信息">
      <el-table-column prop="name" label="姓名" width="120"> </el-table-column>
```

```
      <el-table-column label="地址">
        <el-table-column prop="province" label="省份" width="120">
        </el-table-column>
        <el-table-column prop="city" label="市区" width="120">
        </el-table-column>
        <el-table-column prop="address" label="地址"> </el-table-column>
        <el-table-column prop="zip" label="邮编" width="120"> </el-table-column>
      </el-table-column>
    </el-table-column>
    <el-table-column label="操作">
      <template #default="scope">
        <el-button size="mini" @click="handleEdit(scope.$index, scope.row)"
          >编辑</el-button>
        <el-button
          size="mini"
          type="danger"
          @click="handleDelete(scope.$index, scope.row)"
          >删除</el-button>
      </template>
    </el-table-column>
  </el-table>
</template>
<script>
  export default {
    data() {
      return {
        tableData: [
          {
            date: '2023-05-03',
            name: '小明',
            province: '上海',
            city: '普陀区',
            address: '上海市普陀区金沙江路 6618 号',
            zip: 200333,
          },
          {
            date: '2023-05-02',
            name: '小兰',
            province: '北京',
            city: '海淀区',
            address: '北京市海淀区江上路 6660 号',
            zip: 100080,
          },
          {
            date: '2023-05-04',
            name: '小伟',
            province: '上海',
            city: '普陀区',
            address: '上海市普陀区金沙江路 6666 号',
            zip: 200333,
          },
          {
            date: '2023-05-01',
            name: '小程',
            province: '北京',
            city: '海淀区',
            address: '北京市海淀区江上路 6668 号',
            zip: 100080,
```

```
      },
      {
        date: '2023-05-08',
        name: '小月',
        province: '上海',
        city: '普陀区',
        address: '上海市普陀区金沙江路 1818 号',
        zip: 200333,
      },
      {
        date: '2023-05-06',
        name: '小蔡',
        province: '上海',
        city: '普陀区',
        address: '上海市普陀区金沙江路 1618 号',
        zip: 200333,
      },
    ],
  }
  },
  methods: {
    formatter(row, column) {
      return row.address
    },
  },
}
</script>
```

在 Chrome 浏览器中运行程序，效果如图 12-1 所示。

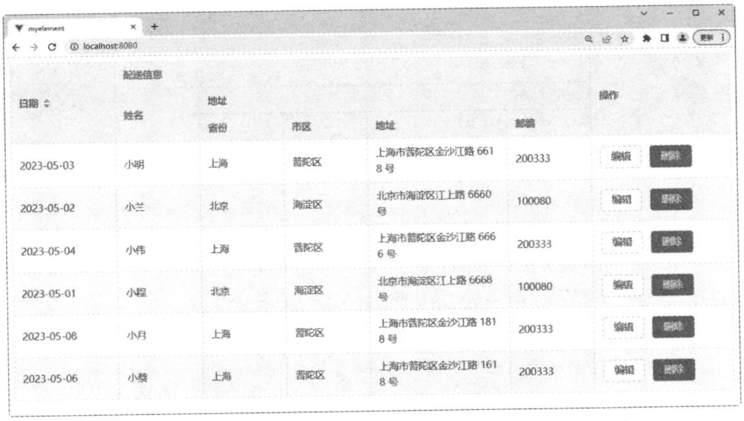

图 12-1　使用表格组件效果

12.1.2　标签组件

标签组件用于标记和选择网页元素。常见的属性如下。

(1)　由 type 属性来选择标签的类型，也可以通过 color 属性来自定义背景色。

(2)　设置 closable 属性可以定义一个标签是否可移除。

(3)　标签组件提供了三个不同的主题：dark、light 和 plain。

【例 12.2】(实例文件：ch12\12.2.vue)使用标签组件。

```
<template>
  <div class="tag-group">
    <span class="tag-group__title">Dark</span>
    <el-tag
      v-for="item in items"
      :key="item.label" closable
      :type="item.type"
      effect="dark" >
      {{ item.label }}
    </el-tag>
      <el-tag v-for="tag in tags" :key="tag.name" closable :type="tag.type">
        {{tag.name}}
      </el-tag>
  </div>
  <div class="tag-group">
    <span class="tag-group__title">Plain</span>
    <el-tag
      v-for="item in items"
      :key="item.label"
      :type="item.type"
      effect="plain">
      {{ item.label }}
    </el-tag>
  </div>
</template>
<script>
  export default {
    data() {
      return {
        items: [
          { type: '', label: '标签一' },
          { type: 'success', label: '标签二' },
          { type: 'info', label: '标签三' },
          { type: 'danger', label: '标签四' },
          { type: 'warning', label: '标签五' },
        ],
      }
    },
  }
</script>
```

在 Chrome 浏览器中运行程序，效果如图 12-2 所示。

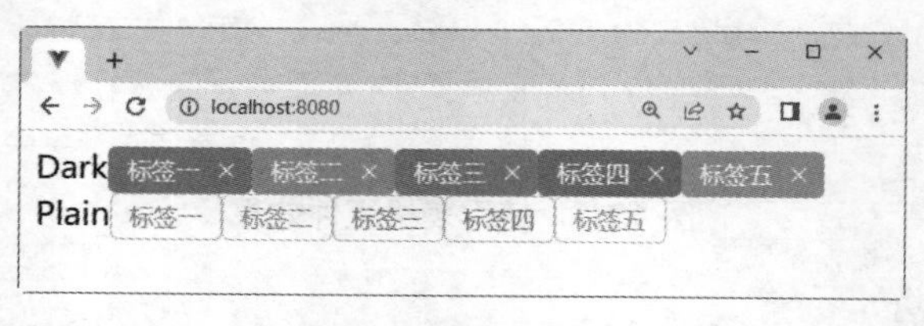

图 12-2　使用标签组件效果

12.1.3　进度条组件

进度条组件用于展示操作进度，告知用户当前状态和预期。常见的属性如下。

(1)　通过 percentage 属性可以设置进度条对应的百分比，必填，值为 0～100。

(2)　通过 format 属性来指定进度条的文字内容。

(3) 通过 stroke-width 属性更改进度条的宽度，并可通过 text-inside 属性来将进度条描述置于进度条内部。

(4) 通过 color 设置进度条的颜色，color 可以接受颜色字符串、函数和数组。

(5) 通过 type 属性来指定使用环形进度条，在环形进度条中，还可以通过 width 属性来设置其大小。

(6) 通过默认插槽添加自定义内容。

(7) 设置 indeterminate 属性控制进度条运动。通过设置 duration 属性可以控制运动速度。

【例 12.3】(实例文件：ch12\12.3.vue)使用进度条组件。

```
<template>
  <el-progress :percentage="50" ></el-progress>
  <el-progress :percentage="100" :format="format"></el-progress>
  <el-progress :percentage="50" status="exception"></el-progress>
  <el-progress :text-inside="true" :stroke-width="26"  :percentage="70">
  </el-progress>
  <el-progress type="circle" :percentage="25"></el-progress>
  <el-progress :text-inside="true" :stroke-width="20" :percentage="50"
     status="exception"> <span>自定义内容</span> </el-progress>
  <el-progress :percentage="50" :indeterminate="true"></el-progress>
</template>
<script>
  export default {
    methods: {
      format(percentage) {
        return percentage === 100 ? '满' : '${percentage}%'
      },
    },
  }
</script>
```

在 Chrome 浏览器中运行程序，效果如图 12-3 所示。

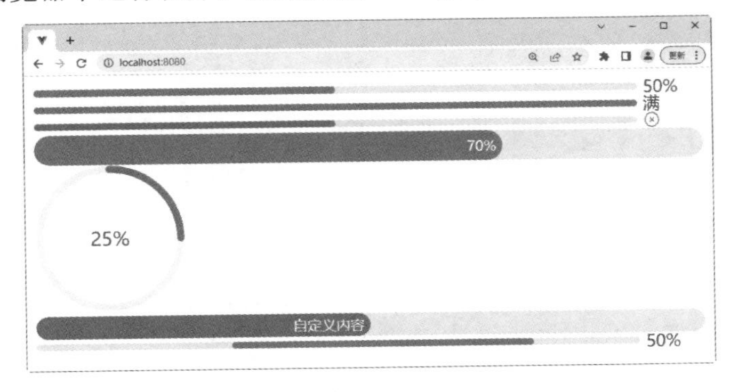

图 12-3　使用进度条组件效果

12.1.4　树形组件

树形组件用清晰的层级结构展示信息，可展开或折叠。常见的属性如下。

(1) data 属性的内容是用于展示的数据。

(2) 分别通过 default-expanded-keys 和 default-checked-keys 设置默认展开和默认选中

的节点。需要注意的是，此时必须设置 node-key 属性，其值为节点数据中的一个字段名，该字段在整棵树中是唯一的。

(3) 通过 disabled 设置某些节点为禁用状态。

(4) 在需要对节点进行过滤时，调用 filter 方法，参数为关键字。需要注意的是，此时需要设置 filter-node-method 属性，值为过滤函数。

(5) 通过 draggable 属性可让节点变得可拖曳。

【例 12.4】(实例文件：ch12\12.4.vue)使用树形组件。

```
<template>
  <el-tree
  :data="data"
  node-key="id"
  default-expand-all
  @node-drag-start="handleDragStart"
  @node-drag-enter="handleDragEnter"
  @node-drag-leave="handleDragLeave"
  @node-drag-over="handleDragOver"
  @node-drag-end="handleDragEnd"
  @node-drop="handleDrop"
  draggable
  :allow-drop="allowDrop"
  :allow-drag="allowDrag">
</el-tree>
</template>
<script>
  export default {
    data() {
      return {
        data: [
          {
            id: 1,
            label: '学校 A',
            children: [
              {
                id: 3,
                label: '一年级',
                children: [
                  {
                    id: 6,
                    label: '小明',
                  },
                  {
                    id: 7,
                    label: '小兰',
                  },
                ],
              },
            ],
          },
          {
            id: 2,
            label: '学校 B',
            children: [
              {
                id: 4,
                label: '一年级',
              },
```

```
        {
          id: 5,
          label: '二年级',
          children: [
            {
              id: 8,
              label: '小风',
            },
            {
              id: 9,
              label: '小翠',
            },
            {
              id: 10,
              label: '小程',
            },
          ],
        },
      ],
    },
  ],
  defaultProps: {
    children: 'children',
    label: 'label',
  },
  }
 },
 methods: {
   handleDragStart(node, ev) {
     console.log('drag start', node)
   },
   handleDragEnter(draggingNode, dropNode, ev) {
     console.log('tree drag enter: ', dropNode.label)
   },
   handleDragLeave(draggingNode, dropNode, ev) {
     console.log('tree drag leave: ', dropNode.label)
   },
   handleDragOver(draggingNode, dropNode, ev) {
     console.log('tree drag over: ', dropNode.label)
   },
   handleDragEnd(draggingNode, dropNode, dropType, ev) {
     console.log('tree drag end: ', dropNode && dropNode.label, dropType)
   },
   handleDrop(draggingNode, dropNode, dropType, ev) {
     console.log('tree drop: ', dropNode.label, dropType)
   },
   allowDrop(draggingNode, dropNode, type) {
     if (dropNode.data.label === '一年级') {
       return type !== 'inner'
     } else {
       return true
     }
   },
   allowDrag(draggingNode) {
     return draggingNode.data.label.indexOf('小翠') === -1
   },
 },
}
</script>
```

在 Chrome 浏览器中运行程序，节点拖曳效果如图 12-4 所示。

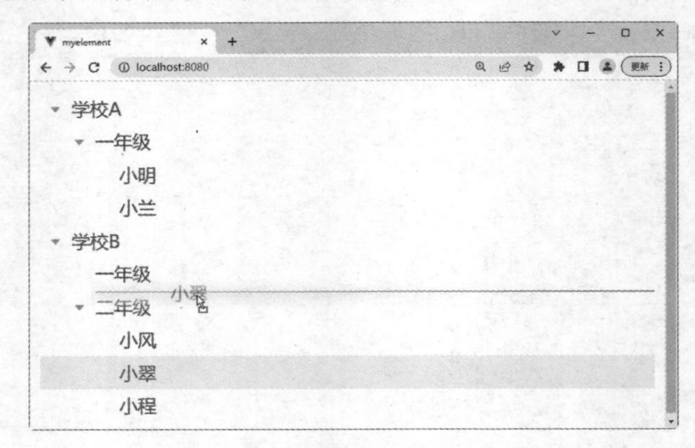

图 12-4　使用树形组件效果

12.1.5　分页组件

当网页中的数据量过多时，通过分页组件可以分解数据。常见的属性如下。

(1) 设置 layout 属性，表示需要显示的内容，用逗号分隔，布局元素会依次显示。prev 属性表示上一页，next 属性表示下一页，pager 属性表示页码列表。除此以外，还提供了 jumper、total、size 和特殊的布局符号->。->后的元素会靠右显示，jumper 为跳页元素，total 表示总条目数，size 用于设置每页显示的页码数量。

(2) 默认情况下，当总页数超过 7 页时，分页组件会折叠多余的页码按钮。通过 pager-count 属性可以设置最大页码按钮数。

(3) 设置 background 属性可以为分页按钮添加背景色。

(4) 在空间有限的情况下，可以使用简单的小型分页。只需要一个 small 属性，它接受一个 Boolean，默认为 false，设为 true 即可启用。

(5) 使用 size-change 和 current-change 事件来处理页码大小和当前页变动时触发的事件。page-sizes 接受一个整型数组，数组元素为每页显示个数的选项。

【例 12.5】(实例文件：ch12\12.5.vue)使用分页组件。

```
<template>
  <div class="block">
    <span class="demonstration">页数较少时的效果</span>
    <el-pagination layout="prev, pager, next" :total="50"> </el-pagination>
  </div>
  <div class="block">
    <span class="demonstration">大于 7 页时的效果</span>
    <el-pagination layout="prev, pager, next" :total="1000"> </el-pagination>
  </div>
  <div class="block">
    <span class="demonstration">设置最大页码按钮数</span>
    <el-pagination :page-size="20" :pager-count="11" layout="prev, pager,
       next":total="1000" > </el-pagination>
  </div>
  <div class="block">
    <span class="demonstration">为分页按钮添加背景色</span>
```

```
    <el-pagination background layout="prev, pager, next" :total="1000">
    </el-pagination>
  </div>
  <div class="block">
    <span class="demonstration">使用简单的小型分页</span>
    <el-pagination small layout="prev, pager, next" :total="50"> </el-pagination>
  </div>
  <div class="block">
    <span class="demonstration">显示总数</span>
    <el-pagination
      @size-change="handleSizeChange"
      @current-change="handleCurrentChange"
      v-model:currentPage="currentPage1"
      :page-size="100"
      layout="total, prev, pager, next"
      :total="1000">
    </el-pagination>
  </div>
  <div class="block">
    <span class="demonstration">调整每页显示条数</span>
    <el-pagination
      @size-change="handleSizeChange"
      @current-change="handleCurrentChange"
      v-model:currentPage="currentPage2"
      :page-sizes="[100, 200, 300, 400]"
      :page-size="100"
      layout="sizes, prev, pager, next"
      :total="1000" >
    </el-pagination>
  </div>
  <div class="block">
    <span class="demonstration">直接前往</span>
    <el-pagination
      @size-change="handleSizeChange"
      @current-change="handleCurrentChange"
      v-model:currentPage="currentPage3"
      :page-size="100"
      layout="prev, pager, next, jumper"
      :total="1000" >
    </el-pagination>
  </div>
  <div class="block">
    <span class="demonstration">完整功能</span>
    <el-pagination
      @size-change="handleSizeChange"
      @current-change="handleCurrentChange"
      :current-page="currentPage4"
      :page-sizes="[100, 200, 300, 400]"
      :page-size="100"
      layout="total, sizes, prev, pager, next, jumper"
      :total="400">
    </el-pagination>
  </div>
</template>
<script>
  export default {
    methods: {
      handleSizeChange(val) {
        console.log('每页 ${val} 条')
      },
```

```
    handleCurrentChange(val) {
      console.log('当前页: ${val}')
    },
  },
  data() {
    return {
      currentPage1: 5,
      currentPage2: 5,
      currentPage3: 5,
      currentPage4: 4,
    }
  },
}
</script>
```

在 Chrome 浏览器中运行程序，效果如图 12-5 所示。

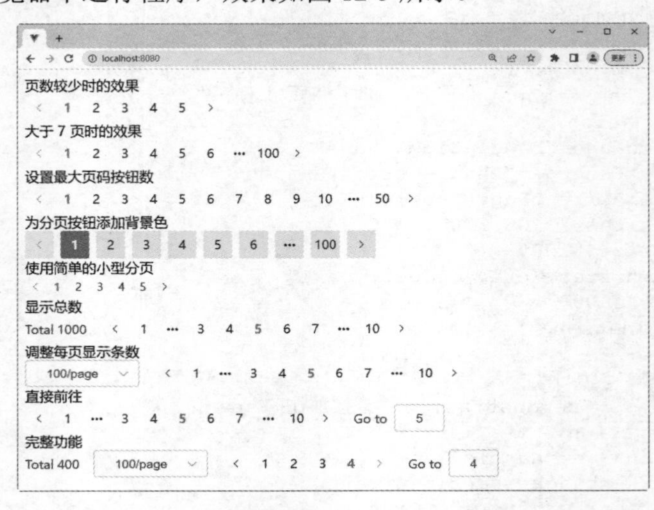

图 12-5　使用分页组件效果

12.1.6　徽章组件

徽章组件用于设计在按钮、图标旁的数字或状态标记。常见的属性如下。

(1)　定义 value 属性，可以显示标记的数字或状态。

(2)　定义 max 属性，设置标记上数字的最大值。

(3)　定义 value 属性为字符串类型时，可以用于显示自定义文本。

(4)　设置 is-dot 属性，以红点的形式标注需要关注的内容。

【例 12.6】(实例文件：ch12\12.6.vue)使用徽章组件。

```
<template>
  <el-badge :value="99" :max="99" class="item">
    <el-button size="small">评论</el-button>
  </el-badge>
  <el-badge :value="3" class="item">
    <el-button size="small">回复</el-button>
  </el-badge>
  <el-badge value="new" class="item" type="primary">
    <el-button size="small">评论</el-button>
```

```
  </el-badge>
  <el-badge :value="2" class="item" type="warning">
    <el-button size="small">回复</el-button>
  </el-badge>
    <el-badge is-dot class="item">数据查询</el-badge>
   <el-dropdown trigger="click">
    <span class="el-dropdown-link">
      点我查看<i class="el-icon-caret-bottom el-icon--right"></i>
    </span>
    <template #dropdown>
      <el-dropdown-menu>
        <el-dropdown-item class="clearfix">
          评论
          <el-badge class="mark" :value="12" />
        </el-dropdown-item>
        <el-dropdown-item class="clearfix">
          回复
          <el-badge class="mark" :value="3" />
        </el-dropdown-item>
      </el-dropdown-menu>
    </template>
  </el-dropdown>
</template>
<style>
  .item {
    margin-top: 10px;
    margin-right: 40px;
  }
</style>
```

在 Chrome 浏览器中运行程序，效果如图 12-6 所示。

图 12-6　使用徽章组件效果

12.1.7　描述列表组件

描述列表组件用于以列表的形式展示多个字段。常见的属性如下。

(1) border 属性用于设置是否带有边框；direction 属性用于设置排列的方向；size 属性用于设置列表的尺寸；title 属性用于设置标题文本，显示在左上方；extra 属性用于设置操作区的文本，显示在右上方。

(2) label 属性用于设置标签文本；span 属性用于设置列的数量；width 属性用于设置列的宽度；min-width 属性用于设置列的最小宽度；align 属性用于设置列的内容对齐方式；label-align 属性用于设置列的标签对齐方式；class-name 属性用于设置列的内容；label-class-name 属性用于设置列的标签。

【**例 12.7**】(实例文件：ch12\12.7.vue)使用描述列表组件。

```
<template>
  <el-radio-group v-model="size">
    <el-radio label="">默认</el-radio>
    <el-radio label="medium">中等</el-radio>
    <el-radio label="small">小型</el-radio>
    <el-radio label="mini">超小</el-radio>
  </el-radio-group>
  <el-descriptions
    class="margin-top"
    title="带边框列表"
    :column="3"
    :size="size"
    border>
    <template #extra>
      <el-button type="primary" size="small">操作</el-button>
    </template>
    <el-descriptions-item>
      <template #label>
        <i class="el-icon-user"></i>
        商品名称
      </template>
      洗衣机
    </el-descriptions-item>
    <el-descriptions-item>
      <template #label>
        <i class="el-icon-mobile-num"></i>
        商品编号
      </template>
      100001
    </el-descriptions-item>
    <el-descriptions-item>
      <template #label>
        <i class="el-icon-location-outline"></i>
        产地
      </template>
      北京市
    </el-descriptions-item>
    <el-descriptions-item>
      <template #label>
        <i class="el-icon-tickets"></i>
        备注
      </template>
      <el-tag size="small">最新型号的产品</el-tag>
    </el-descriptions-item>
    <el-descriptions-item>
      <template #label>
        <i class="el-icon-office-building"></i>
        发货地
      </template>
      北京市海淀区 1188 号
    </el-descriptions-item>
  </el-descriptions>
  <el-descriptions
    class="margin-top"
    title="无边框列表"
    :column="3"
    :size="size">
```

```
    <template #extra>
      <el-button type="primary" size="small">操作</el-button>
    </template>
    <el-descriptions-item label="商品名称">空调</el-descriptions-item>
    <el-descriptions-item label="商品编号">100002</el-descriptions-item>
    <el-descriptions-item label="产地">上海市</el-descriptions-item>
    <el-descriptions-item label="备注">
      <el-tag size="small">最新型号的产品</el-tag>
    </el-descriptions-item>
    <el-descriptions-item label="发货地址">
       上海市黄浦区 6688 号</el-descriptions-item>
  </el-descriptions>
</template>
<script>
  export default {
    data() {
      return {
        size: '',
      }
    },
  }
</script>
```

在 Chrome 浏览器中运行程序，效果如图 12-7 所示。

图 12-7　使用描述列表组件效果

12.1.8　结果组件

结果组件用于对用户的操作结果或者异常状态做出反馈。

【例 12.8】(实例文件：ch12\12.8.vue)使用结果组件。

```
<template>
  <el-row>
  <el-col :sm="12" :lg="6">
    <el-result icon="success" title="成功提示" subTitle="请根据提示进行操作">
      <template #extra>
        <el-button type="primary" size="medium">返回</el-button>
      </template>
    </el-result>
  </el-col>
  <el-col :sm="12" :lg="6">
    <el-result icon="warning" title="警告提示" subTitle="请根据提示进行操作">
```

```
      <template #extra>
        <el-button type="primary" size="medium">返回</el-button>
      </template>
    </el-result>
  </el-col>
  <el-col :sm="12" :lg="6">
    <el-result icon="error" title="错误提示" subTitle="请根据提示进行操作">
      <template #extra>
        <el-button type="primary" size="medium">返回</el-button>
      </template>
    </el-result>
  </el-col>
  <el-col :sm="12" :lg="6">
    <el-result icon="info" title="信息提示" subTitle="请根据提示进行操作">
      <template #extra>
        <el-button type="primary" size="medium">返回</el-button>
      </template>
    </el-result>
  </el-col>
</el-row>
<el-result title="404" subTitle="抱歉，请求错误">
      <template #icon>
        <el-image
          src=" https://shadow.elemecdn.com/app/element/hamburger.9cf7b091-
              55e9-11e9-a976-7f4d0b07eef6.png " rel="external nofollow" >
        </el-image>
      </template>
      <template #extra>
        <el-button type="primary" size="medium">返回</el-button>
      </template>
    </el-result>
</template>
```

在 Chrome 浏览器中运行程序，效果如图 12-8 所示。

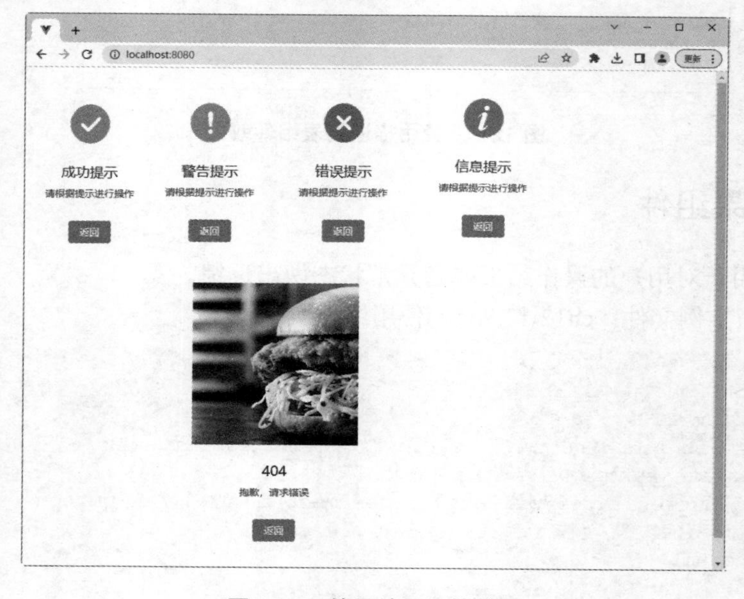

图 12-8 使用结果组件效果

12.2　导航类组件

Element Plus 提供了很多导航类组件，主要包括导航菜单组件、标签页组件、面包屑组件、页头组件、下拉菜单组件和步骤条组件。本节将详细讲述这些组件的使用方法和技巧。

12.2.1　导航菜单组件

导航菜单组件为网站提供具有导航功能的菜单。导航菜单默认为垂直模式，通过 mode 属性可以使导航菜单变更为水平模式。在导航菜单中通过 sub-menu 组件可以生成二级菜单。Menu 还提供了 background-color、text-color 和 active-text-color，分别用于设置菜单的背景色、菜单的文字颜色和当前激活菜单的文字颜色。

【例 12.9】(实例文件：ch12\12.9.vue)使用导航菜单组件。

```
<template>
  <el-row class="tac">
  <el-col :span="12">
    <h5>默认颜色</h5>
    <el-menu
      default-active="2"
      class="el-menu-vertical-demo"
      @open="handleOpen"
      @close="handleClose" >
      <el-sub-menu index="1">
        <template #title>
          <i class="el-icon-location"></i>
          <span>导航一</span>
        </template>
        <el-menu-item-group>
          <template #title>分组一</template>
          <el-menu-item index="1-1">选项 1</el-menu-item>
          <el-menu-item index="1-2">选项 2</el-menu-item>
        </el-menu-item-group>
        <el-menu-item-group title="分组二">
          <el-menu-item index="1-3">选项 3</el-menu-item>
        </el-menu-item-group>
        <el-sub-menu index="1-4">
          <template #title>选项 4</template>
          <el-menu-item index="1-4-1">选项 1</el-menu-item>
        </el-sub-menu>
      </el-sub-menu>
      <el-menu-item index="2">
        <i class="el-icon-menu"></i>
        <template #title>导航二</template>
      </el-menu-item>
      <el-menu-item index="3" disabled>
        <i class="el-icon-document"></i>
        <template #title>导航三</template>
      </el-menu-item>
      <el-menu-item index="4">
        <i class="el-icon-setting"></i>
        <template #title>导航四</template>
```

```
      </el-menu-item>
    </el-menu>
  </el-col>
  <el-col :span="12">
    <h5>自定义颜色</h5>
    <el-menu
      :uniqueOpened="true"
      default-active="2"
      class="el-menu-vertical-demo"
      @open="handleOpen"
      @close="handleClose"
      background-color="#545c64"
      text-color="#fff"
      active-text-color="#ffd04b" >
      <el-sub-menu index="1">
        <template #title>
          <i class="el-icon-location"></i>
          <span>导航一</span>
        </template>
        <el-menu-item-group>
          <template #title>分组一</template>
          <el-menu-item index="1-1">选项 1</el-menu-item>
          <el-menu-item index="1-2">选项 2</el-menu-item>
        </el-menu-item-group>
        <el-menu-item-group title="分组二">
          <el-menu-item index="1-3">选项 3</el-menu-item>
        </el-menu-item-group>
        <el-sub-menu index="1-4">
          <template #title>选项 4</template>
          <el-menu-item index="1-4-1">选项 1</el-menu-item>
        </el-sub-menu>
      </el-sub-menu>
      <el-menu-item index="2">
        <i class="el-icon-menu"></i>
        <template #title>导航二</template>
      </el-menu-item>
      <el-menu-item index="3" disabled>
        <i class="el-icon-document"></i>
        <template #title>导航三</template>
      </el-menu-item>
      <el-menu-item index="4">
        <i class="el-icon-setting"></i>
        <template #title>导航四</template>
      </el-menu-item>
      <el-sub-menu index="5">
        <template #title>
          <i class="el-icon-location"></i>
          <span>导航一</span>
        </template>
        <el-menu-item-group>
          <template #title>分组一</template>
          <el-menu-item index="5-1">选项 1</el-menu-item>
          <el-menu-item index="5-2">选项 2</el-menu-item>
        </el-menu-item-group>
        <el-menu-item-group title="分组二">
          <el-menu-item index="5-3">选项 3</el-menu-item>
        </el-menu-item-group>
      </el-sub-menu>
    </el-menu>
```

```
  </el-col>
</el-row>
</template>
<script>
  export default {
    methods: {
      handleOpen(key, keyPath) {
        console.log(key, keyPath)
      },
      handleClose(key, keyPath) {
        console.log(key, keyPath)
      },
    },
  }
</script>
```

在 Chrome 浏览器中运行程序，效果如图 12-9 所示。

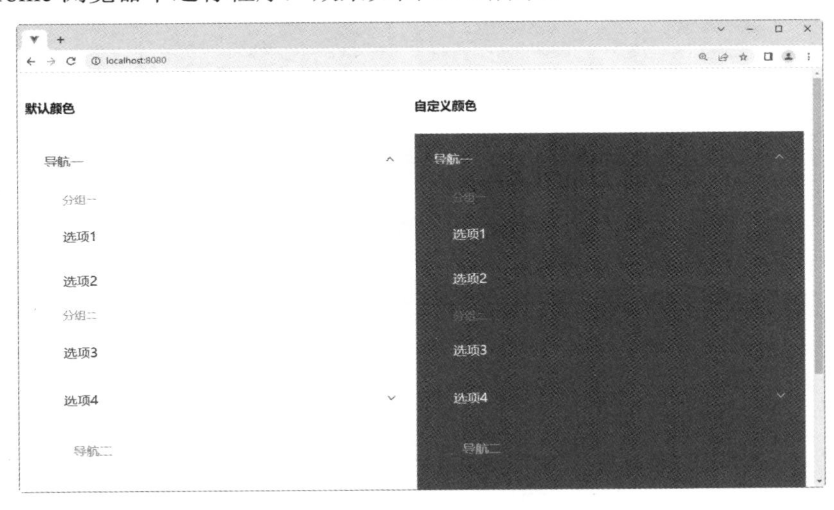

图 12-9　使用导航菜单组件效果

12.2.2　标签页组件

标签页组件用于分隔内容中有关联但属于不同类别的数据集合。常见的属性如下：

(1) 标签页组件提供了选项卡功能，默认选中第一个标签页，通过 value 属性来指定当前选中的标签页。

(2) 设置 type 属性为 border-card 就可以设置为标签风格。

(3) 通过 tab-position 属性可以设置标签的位置。

【例 12.10】(实例文件：ch12\12.10.vue)使用标签组件。

```
<template>
  <el-radio-group v-model="tabPosition" style="margin-bottom: 30px;">
    <el-radio-button label="top">顶部</el-radio-button>
    <el-radio-button label="right">右侧</el-radio-button>
    <el-radio-button label="bottom">底部</el-radio-button>
    <el-radio-button label="left">左侧</el-radio-button>
  </el-radio-group>
  <el-tabs :tab-position="tabPosition" style="height: 200px;">
```

```
    <el-tab-pane label="商品名称">商品名称的信息</el-tab-pane>
    <el-tab-pane label="商品介绍">商品介绍的信息</el-tab-pane>
    <el-tab-pane label="商家介绍">商家介绍的信息</el-tab-pane>
    <el-tab-pane label="物流跟踪">物流跟踪的信息</el-tab-pane>
  </el-tabs>
</template>
<script>
  export default {
    data() {
      return {
        tabPosition: 'left',
      }
    },
  }
</script>
```

在 Chrome 浏览器中运行程序，效果如图 12-10 所示。

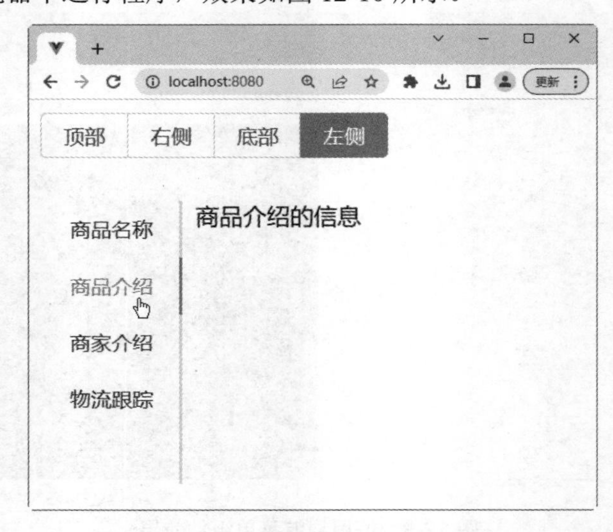

图 12-10 使用标签页组件效果

12.2.3 面包屑组件

面包屑组件用于显示当前页面的路径，可以快速返回之前的任意页面。常见的属性如下。

(1) 在 el-breadcrumb 中使用 el-breadcrumb-item 标签表示从首页开始的每一级。Element Plus 提供了一个 separator 属性，在 el-breadcrumb 标签中设置它来作为分隔符，它只能是字符串，默认为斜杠“/”。

(2) 通过设置 separator-class 可使用相应的 iconfont 作为分隔符，注意这将使 separator 设置失效。

【例 12.11】(实例文件：ch12\12.11.vue)使用面包屑组件。

```
<template>
  <el-breadcrumb separator="/">
  <el-breadcrumb-item :to="{ path: '/' }">首页</el-breadcrumb-item>
  <el-breadcrumb-item><a href="/">精品课程</a></el-breadcrumb-item>
```

```
  <el-breadcrumb-item>安全课程</el-breadcrumb-item>
  <el-breadcrumb-item>网络渗透测试高级课程</el-breadcrumb-item>
</el-breadcrumb>
</template>
```

在 Chrome 浏览器中运行程序，效果如图 12-11 所示。

图 12-11　使用面包屑组件效果

12.2.4　页头组件

如果页面的路径比较简单，推荐使用页头组件而非面包屑组件。页头组件的常见属性如下。

(1) icon 属性用于自定义图标。

(2) title 属性用于设置标题内容。

(3) content 属性用于设置内容。

【例 12.12】(实例文件：ch12\12.12.vue)使用页头组件。

```
<template>
  <el-page-header @back="goBack" title="返回上一页" content="详情页面">
  </el- page-header>
</template>
<script>
  export default {
    methods: {
      goBack() {
        console.log('go back')
      },
    },
  }
</script>
```

在 Chrome 浏览器中运行程序，效果如图 12-12 所示。

图 12-12　使用页头组件效果

12.2.5　下拉菜单组件

下拉菜单组件用于将动作或菜单折叠到下拉菜单中。常见的属性如下。

(1) type 属性用于设置菜单按钮的类型；size 属性用于设置菜单的尺寸。

(2) split-button 属性用来让触发的下拉元素呈现为按钮组，左边是功能按钮，右边是触发下拉菜单的按钮。

(3) 设置 trigger 属性为 click，即可将下拉菜单的触发方式设置为单击触发。

(4) 下拉菜单默认在单击菜单项后会被隐藏，将 hide-on-click 属性设置为默认值 false 可以关闭此功能。

(5) 单击菜单项后会触发事件，用户可以通过相应的菜单项 key 进行不同的操作。

【例 12.13】(实例文件：ch12\12.13.vue)使用下拉菜单组件。

```
<template>
  <el-dropdown>
  <span class="el-dropdown-link">
    下拉菜单<i class="el-icon-arrow-down el-icon--right"></i>
  </span>
  <template #dropdown>
    <el-dropdown-menu>
      <el-dropdown-item>西瓜</el-dropdown-item>
      <el-dropdown-item>菠萝</el-dropdown-item>
      <el-dropdown-item disabled>葡萄</el-dropdown-item>
      <el-dropdown-item divided>橙子</el-dropdown-item>
    </el-dropdown-menu>
  </template>
</el-dropdown>
 <el-dropdown>
  <el-button type="primary">
    更多菜单<i class="el-icon-arrow-down el-icon--right"></i>
  </el-button>
  <template #dropdown>
    <el-dropdown-menu>
      <el-dropdown-item>西瓜</el-dropdown-item>
      <el-dropdown-item>菠萝</el-dropdown-item>
      <el-dropdown-item>苹果</el-dropdown-item>
      <el-dropdown-item>葡萄</el-dropdown-item>
    </el-dropdown-menu>
  </template>
</el-dropdown>
<el-dropdown split-button type="primary" @click="handleClick">
  更多菜单
  <template #dropdown>
    <el-dropdown-menu>
      <el-dropdown-item>西瓜</el-dropdown-item>
      <el-dropdown-item>菠萝</el-dropdown-item>
      <el-dropdown-item>苹果</el-dropdown-item>
      <el-dropdown-item>葡萄</el-dropdown-item>
    </el-dropdown-menu>
  </template>
</el-dropdown>
<span class="demonstration">单击激活下拉菜单</span>
    <el-dropdown trigger="click">
      <span class="el-dropdown-link">
        下拉菜单<i class="el-icon-arrow-down el-icon--right"></i>
      </span>
      <template #dropdown>
        <el-dropdown-menu>
          <el-dropdown-item icon="el-icon-plus">西瓜</el-dropdown-item>
          <el-dropdown-item icon="el-icon-circle-plus">菠萝</el-dropdown-item>
          <el-dropdown-item icon="el-icon-circle-plus-outline" >苹果
          </el-dropdown-item>
          <el-dropdown-item icon="el-icon-check">葡萄</el-dropdown-item>
```

```
        </el-dropdown-menu>
      </template>
      </el-dropdown>
</template>
<script>
  export default {
    methods: {
      handleClick() {
        alert('button click')
      },
    },
  }
</script>
<style>
  .el-dropdown-link {
    cursor: pointer;
    color: #409eff;
  }
    .el-dropdown {
      vertical-align: top;
    }
    .el-dropdown + .el-dropdown {
      margin-left: 15px;
    }
</style>
```

在 Chrome 浏览器中运行程序，效果如图 12-13 所示。

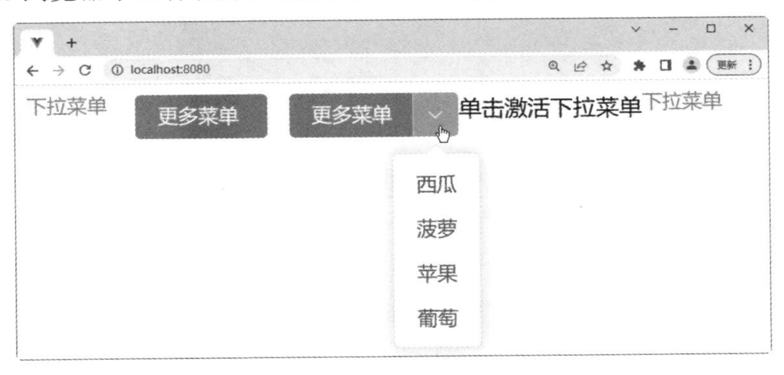

图 12-13　使用下拉菜单组件效果

12.2.6　步骤条组件

步骤条组件是用来引导用户按照流程完成任务的分步导航条，可根据实际应用场景设定步骤，步骤不得少于两步。常见的属性如下。

(1) space 属性用于设置步骤的间距。

(2) direction 用于设置步骤条的显示方向。

(3) active 属性用于设置当前激活的步骤。

(4) process-status 属性用于设置当前步骤的状态。

(5) finish-status 属性用于设置结束步骤的状态。

【例 12.14】(实例文件：ch12\12.14.vue)使用步骤条组件。

```
<template>
```

```
  <el-steps :active="2" align-center>
  <el-step title="步骤 1" description="这是一段描述性文字" ></el-step><el-step
    title="步骤 2" description="这是一段描述性文字"></el-step><el-step
    title="步骤 3" description="这是一段描述性文字" ></el-step>
  <el-step title="步骤 4" description="这是一段描述性文字"></el-step></el-steps>
  <div style="height: 200px;">
  <el-steps direction="vertical" :active="1">
    <el-step title="步骤 1" description="这是一段描述性文字"></el-step>
    <el-step title="步骤 2" description="这是一段描述性文字"></el-step>
    <el-step title="步骤 3" description="这是一段描述性文字" ></el-step>
  </el-steps>
  </div>
</template>
```

在 Chrome 浏览器中运行程序，效果如图 12-14 所示。

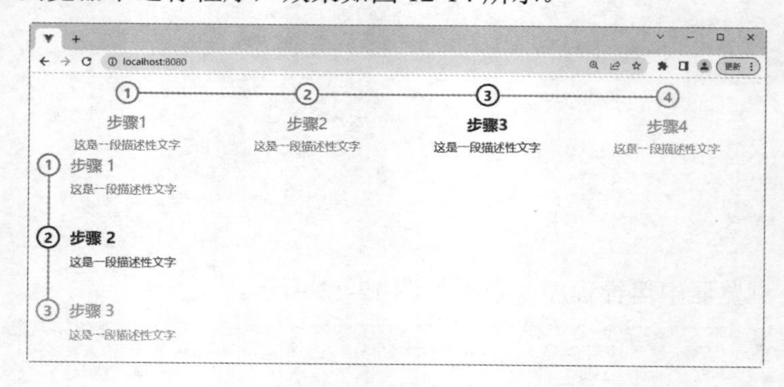

图 12-14　使用步骤条组件效果

12.3　其他高级组件

除了数据展示类组件和导航类组件，在 Element Plus 中还有一些常用的高级组件，包括对话框组件、提示组件、卡片组件等，下面分别介绍。

12.3.1　对话框组件

对话框组件用于在保留当前页面状态的情况下，告知用户进行相关的操作。常见的属性如下。

(1)　model-value 属性用于设置是否显示对话框，当其值为 true 时表示显示对话框；title 属性用于设置对话框的标题；对话框分为两个部分，包括 body 和 footer。

(2)　将 center 属性设置为 true 即可使标题和底部居中。

(3)　当 model 属性设置为 false 时，一定要保证对话框的 append-to-body 属性为 true，否则会导致网页的样式错乱。

【例 12.15】(实例文件：ch12\12.15.vue)使用对话框组件。

```
<template>
  <el-button type="text" @click="dialogTableVisible = true">客户信息</el-button>
<el-dialog title="客户信息" v-model="dialogTableVisible">
  <el-table :data="gridData">
```

```
    <el-table-column property="date" label="客户编号" width="150">
    </el-table-column>
    <el-table-column property="name" label="客户姓名" width="200">
    </el-table-column>
  </el-table>
</el-dialog>
<!-- 表单 -->
<el-button type="text" @click="dialogFormVisible = true">****活动信息
</el-button>
<el-dialog title="活动信息" v-model="dialogFormVisible">
  <el-form :model="form">
    <el-form-item label="活动名称" :label-width="formLabelWidth">
      <el-input v-model="form.name" autocomplete="off"></el-input>
    </el-form-item>
    <el-form-item label="活动类型" :label-width="formLabelWidth">
      <el-select v-model="form.region" placeholder="请选择活动类型">
        <el-option label="线上活动" value="shanghai"></el-option>
        <el-option label="线下活动" value="beijing"></el-option>
      </el-select>
    </el-form-item>
  </el-form>
  <template #footer>
    <span class="dialog-footer">
      <el-button @click="dialogFormVisible = false">取 消</el-button>
      <el-button type="primary" @click="dialogFormVisible = false" >确 定
      </el-button>
    </span>
  </template>
</el-dialog>
</template>
<script>
  export default {
    data() {
      return {
        gridData: [
          {
            date: '10001',
            name: '小明',
          },
          {
            date: '10002',
            name: '小虎',
          },
          {
            date: '10003',
            name: '小兰',
          },
          {
            date: '10004',
            name: '小蔡',
          },
        ],
        dialogTableVisible: false,
        dialogFormVisible: false,
        form: {
          name: '',
          region: '',
          date1: '',
          date2: '',
```

```
        delivery: false,
        type: [],
        resource: '',
        desc: '',
      },
      formLabelWidth: '120px',
    }
  },
}
</script>
```

在 Chrome 浏览器中运行程序，效果如图 12-15 所示。

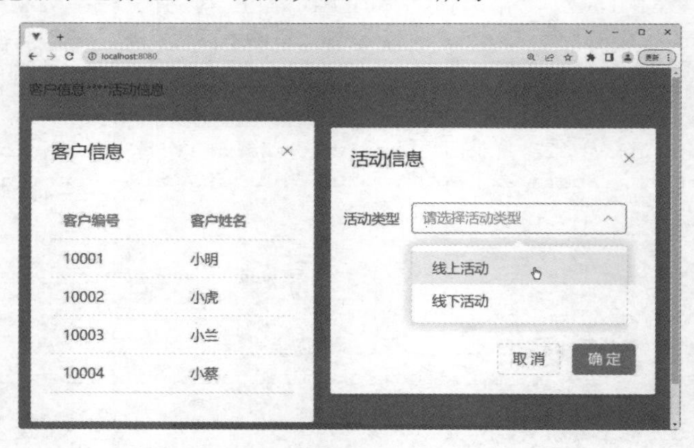

图 12-15　使用对话框组件效果

12.3.2　提示组件

提示组件用于展示鼠标悬浮在文字上时的提示信息。常见的属性如下。

(1)　使用 content 属性来决定鼠标悬浮时的提示信息。

(2)　由 placement 属性决定展示的效果。placement 属性用于设置方向和对齐位置。四个方向：top、left、right、bottom；三种对齐位置：start、end、默认为空。如 placement="left-end"，则提示信息出现在目标元素的左侧，且提示信息的底部与目标元素的底部对齐。

(3)　提示组件提供了两个不同的主题：dark 和 light。通过设置 effect 属性来改变主题，默认为 dark。

【例 12.16】(实例文件：ch12\12.16.vue)使用提示组件。

```
<template>
  <div class="box">
  <div class="top">
    <el-tooltip
      class="item"
      effect="dark"
      content="Top Left 提示文字"
      placement="top-start" >
      <el-button>上左</el-button>
    </el-tooltip>
    <el-tooltip
      class="item"
```

```
      effect="light"
      content="Top Center 提示文字"
      placement="top" >
      <el-button>上边</el-button>
    </el-tooltip>
    <el-tooltip
      class="item"
      effect="dark"
      content="Top Right 提示文字"
      placement="top-end">
      <el-button>上右</el-button>
    </el-tooltip>
  </div>
  <div class="left">
    <el-tooltip class="item"
      effect="light"
      content="Left Top 提示文字"
      placement="left-start">
      <el-button>左上</el-button>
    </el-tooltip>
    <el-tooltip
      class="item"
      effect="dark"
      content="Left Center 提示文字"
      placement="left" >
      <el-button>左边</el-button>
    </el-tooltip>
    <el-tooltip
      class="item"
      effect="light"
      content="Left Bottom 提示文字"
      placement="left-end" >
      <el-button>左下</el-button>
    </el-tooltip>
  </div>
  <div class="right">
    <el-tooltip
      class="item"
      effect="dark"
      content="Right Top 提示文字"
      placement="right-start" >
      <el-button>右上</el-button>
    </el-tooltip>
    <el-tooltip
      class="item"
      effect="dark"
      content="Right Center 提示文字"
      placement="right" >
      <el-button>右边</el-button>
    </el-tooltip>
    <el-tooltip
      class="item"
      effect="dark"
      content="Right Bottom 提示文字"
      placement="right-end" >
      <el-button>右下</el-button>
    </el-tooltip>
```

```
    </div>
    <div class="bottom">
      <el-tooltip
        class="item"
        effect="dark"
        content="Bottom Left 提示文字"
        placement="bottom-start" >
        <el-button>下左</el-button>
      </el-tooltip>
      <el-tooltip
        class="item"
        effect="dark"
        content="Bottom Center 提示文字"
        placement="bottom">
        <el-button>下边</el-button>
      </el-tooltip>
      <el-tooltip
        class="item"
        effect="dark"
        content="Bottom Right 提示文字"
        placement="bottom-end">
        <el-button>下右</el-button>
      </el-tooltip>
    </div>
  </div>
</template>
<style>
  .box {
    width: 400px;
    .top {
      text-align: center;
    }
    .left {
      float: left;
      width: 60px;
    }
    .right {
      float: right;
      width: 60px;
    }
    .bottom {
      clear: both;
      text-align: center;
    }
    .item {
      margin: 4px;
    }
    .left .el-tooltip__popper,
    .right .el-tooltip__popper {
      padding: 8px 10px;
    }
  }
</style>
```

在 Chrome 浏览器中运行程序，效果如图 12-16 所示。

图 12-16　使用提示组件效果

12.3.3　卡片组件

卡片组件用于将信息聚合在卡片容器中展示。卡片组件主要包含标题、内容和操作。常见的属性如下。

(1)　body-style 属性可以设置卡片内容部分的样式。

(2)　通过 shadow 属性设置卡片阴影出现的时机，包括 always、hover 或 never。

【例 12.17】(实例文件：ch12\12.17.vue)使用卡片组件。

```
<template>
  <el-card class="box-card">
  <template #header>
    <div class="card-header">
      <span>卡片名称</span>
      <el-button class="button" type="text">操作按钮</el-button>
    </div>
  </template>
  <div v-for="o in 4" :key="o" class="text item">{{'列表内容 ' + o }}</div>
</el-card>
</template>
<style>
  .card-header {
    display: flex;
    justify-content: space-between;
    align-items: center;
  }
  .text {
    font-size: 14px;
  }
  .item {
    margin-bottom: 18px;
  }
  .box-card {
    width: 480px;
  }
</style>
```

在 Chrome 浏览器中运行程序，效果如图 12-17 所示。

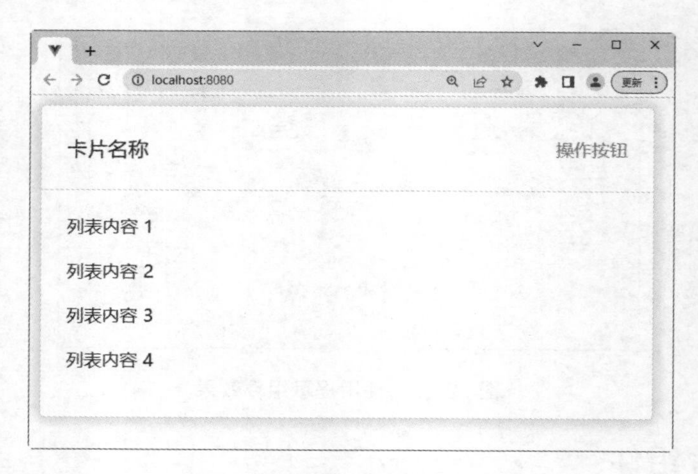

图 12-17　使用卡片组件效果

12.3.4　走马灯组件

走马灯组件用于在有限空间内，循环播放同一类型的图片、文字等内容。常见的属性如下。

(1) 结合使用 el-carousel 标签和 el-carousel-item 标签就得到了一个走马灯效果。默认情况下，当鼠标悬浮在指示器时就会触发切换。通过设置 trigger 属性为 click，可以达到单击触发的效果。

(2) indicator-position 属性定义了指示器的位置。默认情况下，它会显示在走马灯的内部，设置为 outside 则会显示在走马灯的外部；设置为 none 则不会显示指示器。

(3) arrow 属性定义了切换箭头的显示时机。默认情况下，切换箭头只有当鼠标悬浮在走马灯上时才会显示；若将 arrow 设置为 always，则会一直显示；设置为 never，则会一直隐藏。

(4) 将 type 属性设置为 card 即可启用卡片模式。

(5) 设置 direction 为 vertical，即可让走马灯在垂直方向上显示。

【例 12.18】(实例文件：ch12\12.18.vue)使用走马灯组件。

```
<template>
  <div class="block">
    <el-carousel height="150px">
      <el-carousel-item v-for="item in 4" :key="item">
        <h3 class="small">{{ item }}</h3>
      </el-carousel-item>
    </el-carousel>
  </div>
</template>
<style>
  .el-carousel__item h3 {
    color: #ffffff;
    font-size: 38px;
    opacity: 0.75;
    line-height: 150px;
    margin: 0;
```

```
  }
  .el-carousel__item:nth-child(2n) {
    background-color: #00ff00;
  }
  .el-carousel__item:nth-child(2n + 1) {
    background-color: #aaffff;
  }
</style>
```

在 Chrome 浏览器中运行程序，效果如图 12-18 所示。

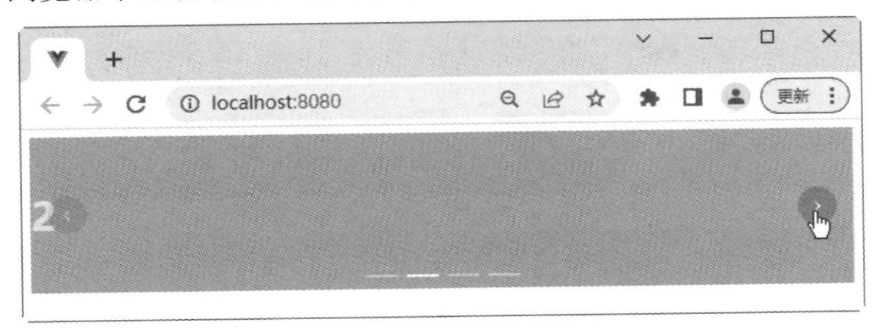

图 12-18　使用走马灯组件效果

12.3.5　折叠面板组件

折叠面板组件用于折叠指定的内容区域。常见的属性如下。

(1) 通过 accordion 属性来设置是否以手风琴模式显示。

(2) title 属性用于设置折叠面板的标题。

(3) disabled 属性用于设置折叠面板是否禁用。

【例 12.19】(实例文件：ch12\12.19.vue)使用折叠面板组件。

```
<template>
  <el-collapse accordion>
  <el-collapse-item>
    <template #title>
      面板 1<i class="header-icon el-icon-info"></i>
    </template>
    <div>春望山楹，石暖苔生。</div>
    <div> 云随竹动，月共水明。</div>
  </el-collapse-item>
  <el-collapse-item title="面板 2">
    <div>常闻蕖可爱，采撷欲为裙。</div>
    <div>叶滑不留綖，心忙无假薰。</div>
  </el-collapse-item>
  <el-collapse-item title="面板 3">
    <div>白练千匹，微风行水上若罗纹纸。</div>
    <div>堤在水中，两波相夹。</div>
  </el-collapse-item>
  <el-collapse-item title="面板 4">
    <div> 桃可千余树，夹道如锦幄，花蕊藉地寸余，流泉汩汩。 </div>
    <div> 溯源而上，屡陟弥高，石为泉啮，皆若灵壁。</div>
  </el-collapse-item>
</el-collapse>
</template>
```

在 Chrome 浏览器中运行程序，效果如图 12-19 所示。

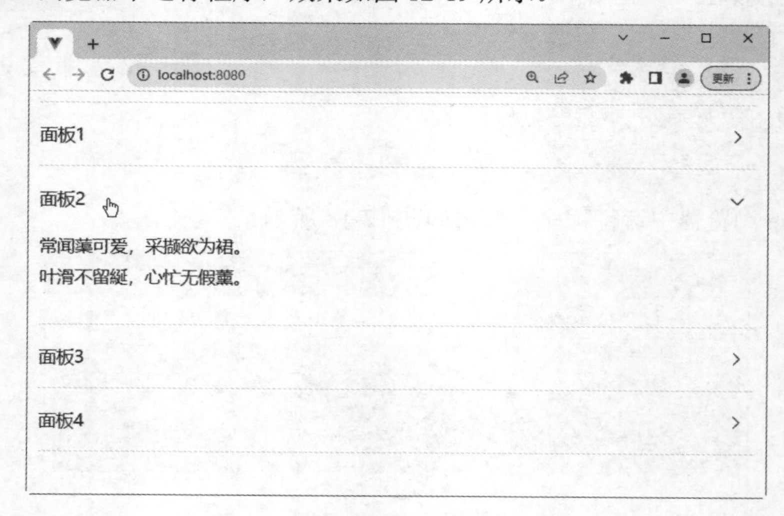

图 12-19　使用折叠面板组件效果

12.3.6　时间线组件

时间线组件用于可视化地呈现时间流信息。常见的属性如下。

(1)　hide-timestamp 属性用于设置是否隐藏时间戳。

(2)　placement 属性用于设置时间戳的位置。

(3)　type 属性用于设置节点的类型。

(4)　color 属性用于设置节点的颜色。

(5)　size 属性用于设置节点的尺寸。

(6)　hollow 属性用于设置节点是否为空心点。

【例 12.20】(实例文件：ch12\12.20.vue)使用时间线组件。

```
<template>
  <div class="block">
  <el-timeline>
    <el-timeline-item
      v-for="(activity, index) in activities"
      :key="index"
      :icon="activity.icon"
      :type="activity.type"
      :color="activity.color"
      :size="activity.size"
      :hollow="activity.hollow"
      :timestamp="activity.timestamp">
      {{activity.content}}
    </el-timeline-item>
  </el-timeline>
</div>
</template>
<script>
 export default {
```

```
  data() {
    return {
      activities: [
        {
          content: '支持使用图标',
          timestamp: '2024-06-12 20:46',
          size: 'large',
          type: 'primary',
          icon: 'el-icon-more',
        },
        {
          content: '支持自定义颜色',
          timestamp: '2024-07-03 20:46',
          color: '#0bbd87',
        },
        {
          content: '支持自定义尺寸',
          timestamp: '2024-08-03 20:46',
          size: 'large',
        },
        {
          content: '支持空心点',
          timestamp: '2024-09-03 20:46',
          type: 'primary',
          hollow: true,
        },
        {
          content: '默认样式的节点',
          timestamp: '2024-10-03 20:46',
        },
      ],
    }
  },
}
</script>
```

在 Chrome 浏览器中运行程序，效果如图 12-20 所示。

图 12-20　使用时间线组件效果

12.3.7 分割线组件

分割线组件用于分割网页的内容。常见的属性如下。

(1) direction 属性用于设置分割线的方向。

(2) content-position 属性用于设置分割线文字的位置。

【例 12.21】(实例文件：ch12\12.21.vue)使用分割线组件。

```
<template>
  <div>
    <span>往事已成空，还如一梦中。</span>
    <el-divider content-position="left">子夜歌</el-divider>
    <span>桃李春风一杯酒，江湖夜雨十年灯。</span>
    <el-divider><i class="el-icon-mobile-phone"></i></el-divider>
    <span>寂寞空庭春欲晚，梨花满地不开门。</span>
    <el-divider content-position="right">春怨</el-divider>
  </div>
</template>
```

在 Chrome 浏览器中运行程序，效果如图 12-21 所示。

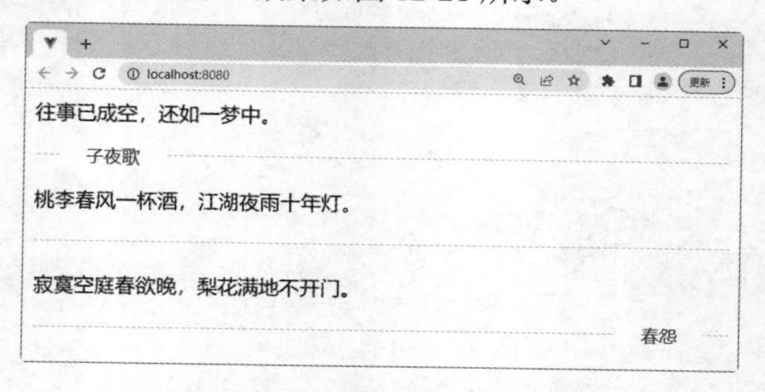

图 12-21 使用分割线组件效果

12.3.8 抽屉组件

抽屉组件用于弹出一个临时的侧边栏。通过设置 model-value 属性中的 title 和 body，可以设置侧边栏的标题和内容。通过 direction 属性可以设置抽屉组件的弹出方向。

【例 12.22】(实例文件：ch12\12.22.vue)使用抽屉组件。

```
<template>
  <el-radio-group v-model="direction">
  <el-radio label="ltr">从左往右开</el-radio>
  <el-radio label="rtl">从右往左开</el-radio>
  <el-radio label="ttb">从上往下开</el-radio>
  <el-radio label="btt">从下往上开</el-radio>
</el-radio-group>
<el-button @click="drawer = true" type="primary" style="margin-left: 16px;">
  点我打开</el-button>
<el-drawer
  title="清平乐·渔父"
  v-model="drawer"
  :direction="direction"
```

```
  :before-close="handleClose"
  destroy-on-close>
  <span>芦花轻泛微澜。蓬窗独自清闲。一觉游仙好梦，任它竹冷松寒。</span>
</el-drawer>
</template>
<script>
  export default {
    data() {
      return {
        drawer: false,
        direction: 'rtl',
      }
    },
    methods: {
      handleClose(done) {
        this.$confirm('确认关闭？')
          .then((_) => {
            done()
          })
          .catch((_) => {})
      },
    },
  }
</script>
```

在 Chrome 浏览器中运行程序，效果如图 12-22 所示。

图 12-22　使用抽屉组件效果

12.4　综合案例——设计一个商品列表管理后台页面

综合前面所学的各种组件的知识，这里创建一个商品列表管理后台页面。该页面包括数据展示功能、编辑功能、删除功能以及列表分页功能。

该案例的设计思路如下。

(1)　商品列表包括编号、商品名称、数量、价格以及相关操作，其中操作又包括“编辑”和“删除”按钮。最后是数据列表的分页，这里使用 el-pagination 组件实现分页的功能，5 条数据为一页。商品列表效果如图 12-23 所示。

(2)　单击“编辑”按钮，将出现弹窗，对数据进行修改或保持，这里使用 el-dialog 对话框组件和 ElMessage 提示框组件实现窗口的出现、隐藏以及一些交互效果，如图 12-24 所示。

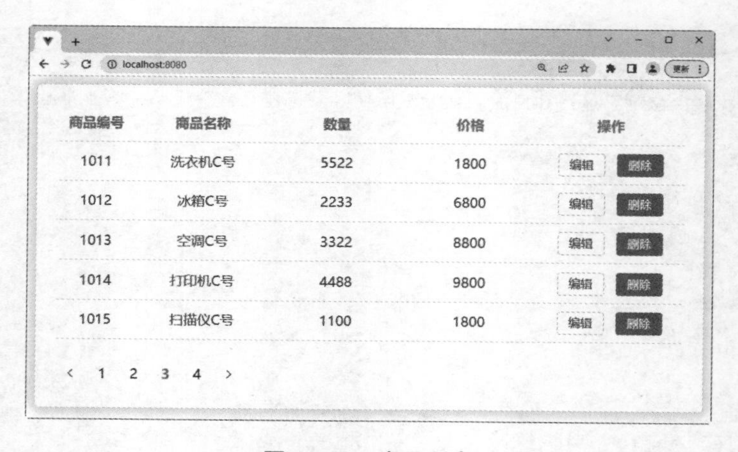

图 12-23　商品列表

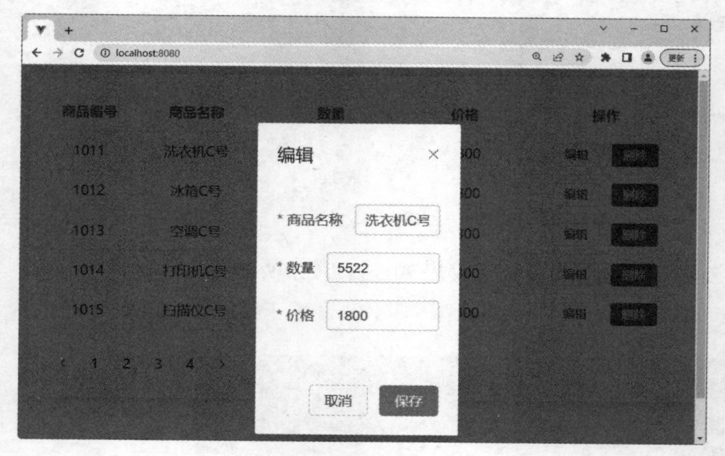

图 12-24　编辑功能

(3) 单击“删除”按钮，将出现是否确认删除的弹窗，这里使用 ElMessageBox 消息框组件实现弹窗的出现以及确认、取消的交互效果，如图 12-25 所示。

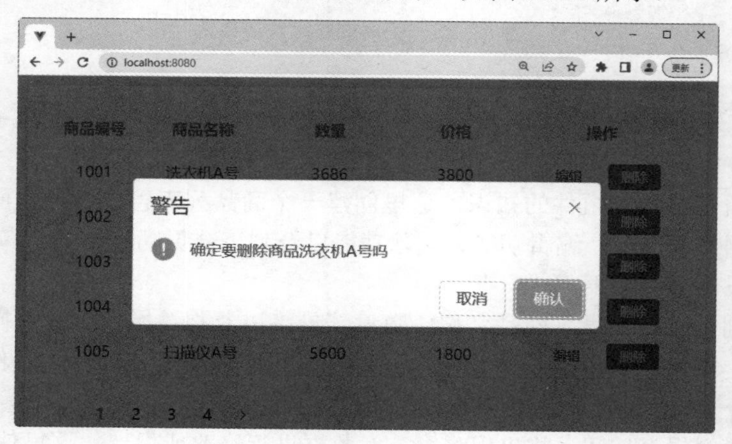

图 12-25　删除功能

(4) 使用 ElMessage 提示框组件来实现交互后的消息框，例如删除成功的消息框，如

图 12-26 所示。

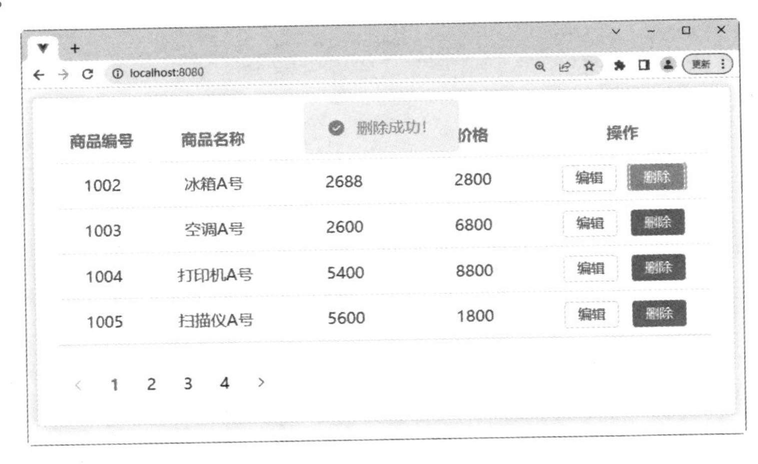

图 12-26　删除成功的消息框

【例 12.23】(实例文件：ch12\12.23.vue)设计一个商品列表管理后台页面。

```
<template>
  <div>
    <!-- 编辑商品对话框 -->
    <el-dialog title="编辑" v-model="editFormVisible" width="30%">
      <el-form :model="editForm" :rules="formRules" ref="editFormRef">
        <el-form-item label="商品名称" prop="name">
          <el-input v-model="editForm.name"></el-input>
        </el-form-item>
        <el-form-item label="数量" prop="num">
          <el-input v-model="editForm.num"></el-input>
        </el-form-item>
        <el-form-item label="价格" prop="price">
          <el-input v-model="editForm.price"></el-input>
        </el-form-item>
      </el-form>
      <template #footer>
        <el-button @click="closeEditForm">取消</el-button>
        <el-button type="primary" @click="saveContact">保存</el-button>
      </template>
    </el-dialog>
    <el-card class="list-card">
      <el-table :data="displayedData" empty-text="暂无商品">
        <el-table-column
          prop="id"
          label="商品编号"
          width="80"
          align="center">
        </el-table-column>
        <el-table-column
          prop="name"
          label="商品名称"
          align="center">
        </el-table-column>
        <el-table-column
          prop="num"
```

```
          label="数量"
          align="center">
        </el-table-column>
        <el-table-column
          prop="price"
          label="价格"
          align="center">
        </el-table-column>
        <el-table-column label="操作" width="150" align="center">
          <template #default="{ row }">
            <el-button size="small" @click="showEditForm(row)">编辑</el-button>
            <el-button type="danger" size="small" @click="deleteContact(row)">
               删除</el-button>
          </template>
        </el-table-column>
      </el-table>
      <div class="pagination">
        <el-pagination
          layout="prev, pager, next"
          :total="contactList.length"
          :page-size="pageSize"
          v-model:current-page="currentPage"
          @current-change="handleCurrentChange"/>
      </div>
    </el-card>
  </div>
</template>
<script>
import { defineComponent, ref } from "vue";
import { ElMessage, ElMessageBox } from "element-plus";
export default defineComponent({
  name: "ContactList",
  setup() {
    const contactList = ref([
      { id: 1001, name: "洗衣机A号", num: "3686", price: "3800" },
      { id: 1002, name: "冰箱A号", num: "2688" , price: "2800" },
      { id: 1003, name: "空调A号", num: "2600" , price: "6800" },
      { id: 1004, name: "打印机A号", num: "5400", price: "8800"  },
      { id: 1005, name: "扫描仪A号", num: "5600" , price: "1800" },
      { id: 1006, name: "洗衣机B号", num: "5566", price: "2800"  },
      { id: 1007, name: "冰箱B号", num: "7788", price: "3800"  },
      { id: 1008, name: "空调B号", num: "4433" , price: "2800" },
      { id: 1009, name: "打印机B号", num: "6699" , price: "6800" },
      { id: 1010, name: "扫描仪B号", num: "6677" , price: "8800" },
      { id: 1011, name: "洗衣机C号", num: "5522" , price: "1800" },
      { id: 1012, name: "冰箱C号", num: "2233" , price: "6800" },
      { id: 1013, name: "空调C号", num: "3322" , price: "8800" },
      { id: 1014, name: "打印机C号", num: "4488" , price: "9800" },
      { id: 1015, name: "扫描仪C号", num: "1100" , price: "1800" },
      { id: 1016, name: "洗衣机D号", num: "9988" , price: "2800" },
      { id: 1017, name: "冰箱D号", num: "9988" , price: "5800" },
      { id: 1018, name: "空调D号", num: "5566" , price: "7800" },
      { id: 1019, name: "打印机D号", num: "8899" , price: "8800" },
      { id: 1020, name: "扫描仪D号", num: "5588" , price: "1800" },
    ]);
    const sortedContactList = ref([]);
    const displayedData = ref([]);
```

```
const pageSize = ref(5);
const currentPage = ref(1);
const editFormVisible = ref(false);
const editForm = ref({ id: "", name: "", num: "" , price: ""});
const formRules = ref({
  name: [{ required: true, message: "请输入商品的名称", trigger: "blur" }],
  num: [
    {
      required: true,
      message: "请输入商品的数量",
      trigger: "blur",
    },
  ],
  price: [
      {
      required: true,
      message: "请输入商品的价格",
      trigger: "blur",
    },
  ],
});
// 获取所有商品的列表
const getContactList = () => {
  sortedContactList.value = contactList.value
    .slice()
    .sort((a, b) => a.id - b.id);
  displayedData.value = sortedContactList.value.slice(0, pageSize.value);
};
// 显示编辑弹窗
const showEditForm = (row) => {
  editFormVisible.value = true;
  editForm.value = Object.assign({}, row);
};
// 关闭编辑弹窗
const closeEditForm = () => {
  editFormVisible.value = false;
  ElMessage({
    message: "已取消编辑。",
    grouping: true,
    type: "info",
  });
};
// 保存商品的信息
const saveContact = () => {
  const index = sortedContactList.value.findIndex(
    (item) => item.id === editForm.value.id
  );
  if (index >= 0) {
    const oldItem = contactList.value.find(
      (item) => item.id === editForm.value.id
    );
    contactList.value.splice(contactList.value.indexOf(oldItem), 1, {
      ...oldItem,
      ...editForm.value,
    });
    sortedContactList.value.splice(index, 1, {
      ...oldItem,
      ...editForm.value,
```

```
      });
      displayedData.value.splice(
        index - pageSize.value * (currentPage.value - 1),
        1,
        editForm.value
      );
      editFormVisible.value = false;
      ElMessage({
        message: "编辑成功！",
        grouping: true,
        type: "success",
      });
    }
  };
  // 删除商品信息
  const deleteContact = (row) => {
    const index = sortedContactList.value.findIndex(
      (item) => item.id === row.id
    );
    ElMessageBox.confirm('确定要删除商品${row.name}吗', "Warning", {
      confirmButtonText: "确认",
      cancelButtonText: "取消",
      type: "warning",
    }).then(() => {
      if (index >= 0) {
        const oldItem = contactList.value.find((item) => item.id === row.id);
        contactList.value.splice(contactList.value.indexOf(oldItem), 1);
        sortedContactList.value.splice(index, 1);
        displayedData.value.splice(
          index - pageSize.value * (currentPage.value - 1),
          1
        );
        ElMessage({
          message: "删除成功！",
          grouping: true,
          type: "success",
        });
      }
    });
  };
  // 处理页码改变事件
  const handleCurrentChange = (val) => {
    currentPage.value = val;
    const start = pageSize.value * (currentPage.value - 1);
    const end = pageSize.value * currentPage.value;
    displayedData.value = sortedContactList.value.slice(start, end);
  };
  // 初始化获取所有商品的列表
  getContactList();
  return {
    contactList,
    sortedContactList,
    displayedData,
    pageSize,
    currentPage,
    editFormVisible,
    editForm,
    formRules,
```

```
      getContactList,
      showEditForm,
      closeEditForm,
      saveContact,
      deleteContact,
      handleCurrentChange,
    };
  },
});
</script>
<style>
  .pagination {
    margin-top: 20px;
    text-align: center;
  }
</style>
```

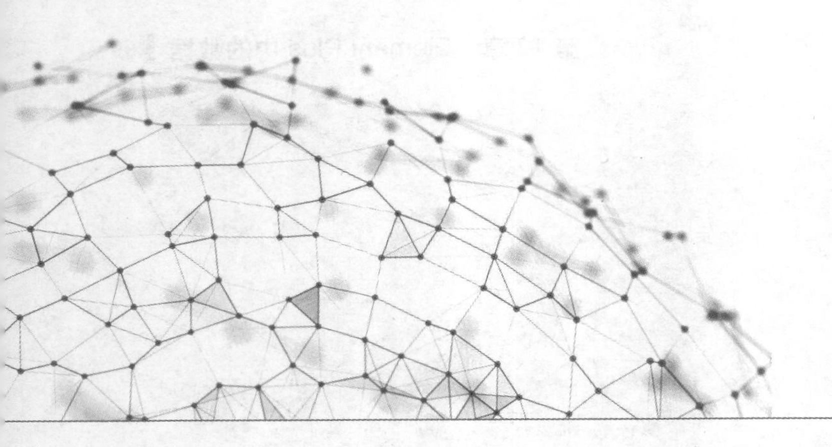

第 13 章

项目实战 1——开发科技企业网站系统

本章将利用 Vue.js 框架开发科技企业网站。该网站包含 5 个功能模块，分别为首页、主营业务页面、关于我们页面、企业新闻动态页面和联系我们页面。本章将使用 Vite 搭建项目，使用 Element Plus 库创建组件。要求该系统设计简洁、代码可读性强、易于操作，通过对本章的学习，读者可以深入掌握企业网站的开发技术。

13.1 使用 Vite 搭建项目

选择好存放项目的目录，使用 Vite 创建一个项目，项目名称为 myweb。命令如下：

```
npm init vite-app myweb
```

本项目中安装了 axios、element-plus、mockjs 和 vue-router 等外置组件和库，具体安装方式如下。

1. 安装 axios

(1) 在终端中输入指令 npm install axios，安装 axios。

(2) 在 src 目录下新建一个 axios 文件夹，并在 axios 文件夹下新建一个 index.js 文件，然后在 index.js 文件中编写如下代码：

```
// 导入 axios
import axios from 'axios'
// 创建 axios 实例
const API = axios.create({
    //请求后端数据的基本地址
    baseURL: 'http://localhost:8080',
    //请求超时时间
    timeout: 2000
})
// 导出 axios 实例模块
export default API
```

(3) 在 main.js 文件中将 axios 全局引入，具体代码如下：

```
import { createApp } from 'vue'
import App from './App.vue'
import './index.css'
// 引入 axios
import axios from './axios/index.js'
const app = createApp(App);
app.mount('#app');
// 配置 axios 的全局引用
app.config.globalProperties.$axios = axios;
```

2. 安装 element-plus

(1) 在终端中输入指令 npm install element-plus --save，安装 element-plus。

(2) 在 main.js 文件中引入 element-plus，具体代码如下：

```
import { createApp } from 'vue'
import App from './App.vue'
import './index.css'
// 引入 element-plus
import ElementPlus from 'element-plus'
import '../node_modules/element-plus/theme-chalk/index.css'
createApp(App).use(ElementPlus).mount('#app')
```

3. 安装 mockjs

(1) 在终端中输入指令 npm install mockjs，安装 mockjs。

(2) 在 src 目录下新建一个 mock 文件夹，并在 mock 文件夹下新建一个 index.js 文件，然后在 index.js 文件中编写如下代码：

```
// 引入 mockjs
import Mock from 'mockjs'
// 轮播图
const getdata = () => {
    return [
        {
            id: 1,
            url: "home1.jpg"
        },
        {
            id: 2,
            url: "home2.jpg"
        },
        {
            id: 3,
            url: "home3.jpg"
        },
        {
            id: 4,
            url: "home4.jpg"
        },
    ]
}
…//更多代码请查看项目源文件 index.js
```

(3) 在 main.js 文件中引入 mockjs，具体代码如下：

```
import { createApp } from 'vue'
```

```
import App from './App.vue'
import './index.css'
// 引入 mock
import './mock/index.js'
const app = createApp(App);
app.mount('#app');
```

4. 安装 vue-router

(1) 在终端中输入指令 npm install vue-router@next --save，安装 vue-router。

(2) 在 src 目录下新建 router 文件夹，并在 router 文件夹下新建一个 index.js 文件。在 index.js 文件中编写路由信息，具体代码如下：

```
import {createRouter, createWebHistory} from 'vue-router'
const routes = [
    {
        // 首页
        path: '/',
        component: () => import('../components/Home.vue')
    },
];
const router = createRouter({
    history: createWebHistory(),
    routes
})
export default router
```

(3) 在 main.js 文件中配置 vue-router，需要添加的具体代码如下：

```
// 引入 router
import router from './router'
const app = createApp(App);
app.use(router);
```

(4) 在 App.vue 文件中，将路由匹配到组件中，修改后的 App.vue 文件的代码如下：

```
<template>
  <!-- 路由匹配到的组件将显示在这里 -->
  <router-view></router-view>
</template>
<script>
export default {
  name: 'App'
}
</script>
```

该企业网站系统的主要文件结构的含义如下。

(1) public 文件夹：存放静态公共资源。

(2) assets 文件夹：存放静态文件，例如网站图片。

(3) node_modules 文件夹：通过 npm install 下载安装的项目依赖包。

(4) package.json 文件：项目配置和包管理文件。

(5) src 文件夹：项目主目录。

(6) axios 文件夹：存放网络数据请求。

(7) components 文件夹：存放 Vue 页面。

(8) AboutUs.vue 文件：关于我们页面。

(9) Bottom.vue 文件：底部组件。
(10) Connection.vue 文件：联系我们页面。
(11) Core.vue 文件：主营业务组件。
(12) Head.vue 文件：头部组件。
(13) Home.vue 文件：首页。
(14) News.vue 文件：新闻动态页面。
(15) mock 文件夹：存放虚拟数据。
(16) router 文件夹：存放路由。
(17) App.vue 文件：根组件。
(18) main.js 文件：入口文件。

13.2 设 计 首 页

首页设计大致可以分成 3 部分，即网页头部、网页首页、网页页脚部分。下面将分别介绍其中组件的实现，以及涉及的知识点。

13.2.1 网页头部组件

考虑到网页头部组件会在各个页面中复用，因此可以将这部分单独剥离出来，设计成一个组件，命名为 Head 组件。

在 components 目录下新建 Head.vue 组件，代码如下：

```
<!-- 头部组件 -->
<template>
    <div class="head">
        <el-row>
            <el-col :span="1" v-html="'\u00a0'" />
            <el-col :span="4">
                <div>
                    <a style="color: #409eff; font-size: 50px; font-weight:
                        bold;">风云科技</a>
                </div>
            </el-col>
            <el-col :span="4" v-html="'\u00a0'" />
            <el-col :span="8">
                <div v-if="info == '1'" class="d_v" :class="{ class_a: true }"
                    @click="home">首页</div>
                <div v-if="info != '1'" class="d_v" :class="{ class_a: false }"
                    @click="home">首页</div>
                <div v-if="info == '2'" class="d_v" :class="{ class_a: true }"
                    @click="core">主营业务</div>
                <div v-if="info != '2'" class="d_v" :class="{ class_a: false }"
                    @click="core">主营业务</div>
                <div v-if="info == '3'" class="d_v" :class="{ class_a: true }"
                    @click="aboutUs">关于我们</div>
                <div v-if="info != '3'" class="d_v" :class="{ class_a: false }"
                    @click="aboutUs">关于我们</div>
                <div v-if="info == '4'" class="d_v" :class="{ class_a: true }"
                    @click="news">企业新闻</div>
```

```
            <div v-if="info != '4'" class="d_v" :class="{ class_a: false }"
               @click="news">企业新闻</div>
            <div v-if="info == '5'" class="d_v" :class="{ class_a: true }"
               @click="connection">联系我们</div>
            <div v-if="info != '5'" class="d_v" :class="{ class_a: false }"
               @click="connection">联系我们</div>
         </el-col>
         <el-col :span="4">
            <div class="d_v6" @click="dialogVisible = true">
               <UserFilled style="width: 1em; height: 1em;" />
               技术咨询
            </div>
         </el-col>
      </el-row>
   </div>
</template>
```

设计效果如图 13-1 所示。

风云科技 首页 主营业务 关于我们 企业新闻 联系我们 技术咨询

图 13-1　网页头部效果

单击“技术咨询”链接，将打开在线咨询弹框，相关的代码如下：

```
   <!-- 在线咨询弹框 -->
   <el-dialog v-model="dialogVisible" title="免费获取技术咨询" width="30%"
      style="position: fixed;bottom: -25px;right: 25px;">
      <div style="text-align: left; margin-left: 30px;">
         <el-avatar :icon="UserFilled" />
         <div class="div_1">
            <a>欢迎访问，请问有什么可以帮到您</a>
         </div>
      </div>
      <template #footer>
         <span class="dialog-footer">
            <el-input placeholder="请输入要咨询的问题" style="width: 70%;
               margin-right: 20px; margin-bottom: 30px;" />
            <el-button type="primary" style="margin-bottom: 30px;">
               发送
            </el-button>
         </span>
      </template>
   </el-dialog>
```

设计效果如图 13-2 所示。

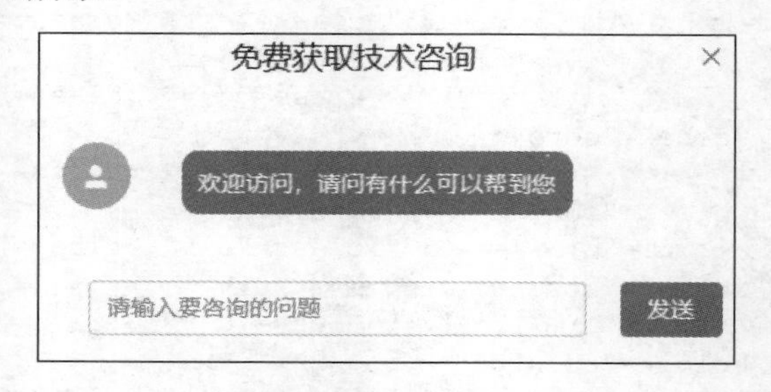

图 13-2　在线咨询弹框效果

13.2.2 网页首页组件

在 components 目录下新建 Home.vue 组件，代码如下：

```
<!-- 首页 -->
<template>
   <!-- 头部组件 -->
   <Head :info="1" ></Head>
   <!-- 首页轮播图 -->
   <div>
      <div class="carousel_1">
         <el-carousel indicator-position="outside" height="1000px">
            <el-carousel-item v-for="item in picture" :key="item">
               <img style="width: 100%;height: 100%;"
                  :src="getAssetUrl(item.url)" alt="" />
            </el-carousel-item>
         </el-carousel>
      </div>
      <div class="carousel_2">
         <p style="color: white; font-size: 50px; padding-top: 300px;
            padding-right: 300px;">欢迎加入我们！</p>
         <p style="color: white; font-size: 70px; padding-right: 130px;">
            专业的技术团队</p>
      </div>
      <div class="carousel_3">
         <div class="div_1">
            <FolderOpened style="width: 5em; height: 5em;color: white;
               padding-top: 300px;" />
            <h1 style="color: white;padding-top: 30px;">主营业务</h1>
            <div class="d_v2" @click="core">
               <a>更多详情</a>
            </div>
         </div>
         <div class="div_1">
            <DocumentCopy style="width: 5em; height: 5em;color: white;
               padding-top: 300px;" />
            <h2 style="color: white;padding-top: 30px;">团队介绍</h2>
            <div class="d_v2"  @click="aboutUs">
               <a>更多详情</a>
            </div>
         </div>
         <div class="div_1">
            <Message style="width: 5em; height: 5em;color: white;
               padding-top: 300px;" />
            <h1 style="color: white;padding-top: 30px;">企业新闻</h1>
            <div class="d_v2" @click="news">
               <a>更多详情</a>
            </div>
         </div>
         <div class="div_1">
            <ChatLineSquare style="width: 5em; height: 5em;color: white;
               padding-top: 300px;" />
            <h1 style="color: white;padding-top: 30px;">联系我们</h1>
            <div class="d_v2" @click="connection">
```

```
                <a>更多详情</a>
            </div>
        </div>
    </div>
  </div>
  <!-- 底部组件 -->
  <Bottom></Bottom>
</template>
```

网页首页设计效果如图 13-3 所示。

图 13-3　网页首页组件

13.2.3　网页页脚组件

考虑到网页页脚组件会在各个页面中复用，因此可以将这部分单独剥离出来，设计成一个组件，命名为 Bottom 组件。

在 components 目录下新建 Bottom.vue 组件，代码如下：

```
<!-- 底部组件 -->
<template>
  <div class="botton">
    <div>
      <div class="d_v" @click="home">首页</div>
      <div class="d_v" @click="core">主营业务</div>
      <div class="d_v" @click="aboutUs">关于我们</div>
      <div class="d_v" @click="news">企业新闻</div>
      <div class="d_v" @click="connection">联系我们</div>
    </div>
  </div>
  <div class="underline">
    <p></p>
    <p class="p_1">邮箱：357975357@qq.com</p>
    <p class="p_1">微信：codehome6</p>
    <p class="p_1">微信公众号：zhihui8home</p>
  </div>
</template>
```

网页页脚设计效果如图 13-4 所示。

图 13-4　网页页脚组件

13.3　设计主营业务组件

在 components 目录下新建 Core.vue 组件，代码如下：

```
<template>
    <!-- 头部组件 -->
    <Head :info="2"></Head>
    <div> <img style="width: 100%;height: 50%;" :src="getAssetUrl()" /> </div>
    <div style="margin-top: 30px;">
        <el-row>
            <el-col :span="24">
                <el-tabs v-model="activeName" class="demo-tabs">
                    <el-tab-pane label="广告设计" name="first">
                        <h1 style="color: #409eff;">广告设计</h1>
                        <el-row>
                            <el-col :span="8" v-for="item in furniture":key="item">
                                <div style="margin:0 20px;">
                                    <img style="width: 100%;height: 100%;":src=
                                        "getAssetUrl2(item.url)" alt="" />
                                    <h1>{{ item.years }}</h1>
                                    <h4>{{ item.introduce }}</h4>
                                </div>
                            </el-col>
                        </el-row>
                    </el-tab-pane>
                    <el-tab-pane label="产品研发" name="second">
                        <h1 style="color: #409eff;">产品研发</h1>
                        <el-row>
                            <el-col :span="6" v-for="item in travel" :key="item">
                                <div style="margin:0 20px;">
                                    <img style="width: 100%;height: 100%;" :src=
                                        "getAssetUrl3(item.url)" alt="" />
                                    <h1>{{ item.years }}</h1>
                                    <h4>{{ item.introduce }}</h4>
                                </div>
                            </el-col>
                        </el-row>
                    </el-tab-pane>
                </el-tabs>
            </el-col>
        </el-row>
    </div>
</template>
```

其中广告图的效果如图 13-5 所示。

广告设计模块的效果如图 13-6 所示。产品研发模块的效果如图 13-7 所示。

图 13-5　广告图的效果

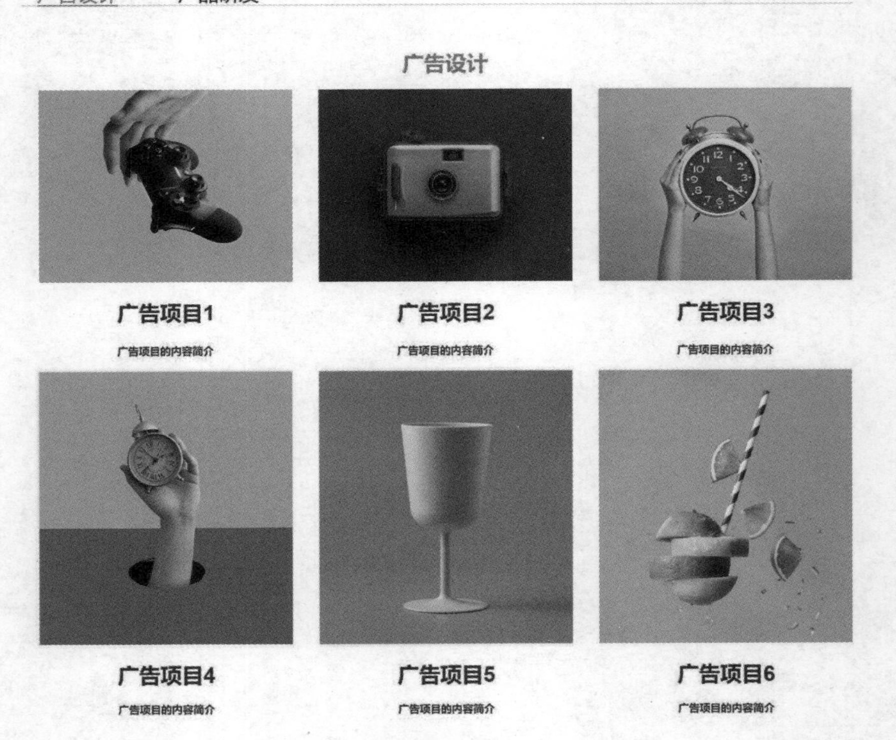

图 13-6　广告设计模块的效果

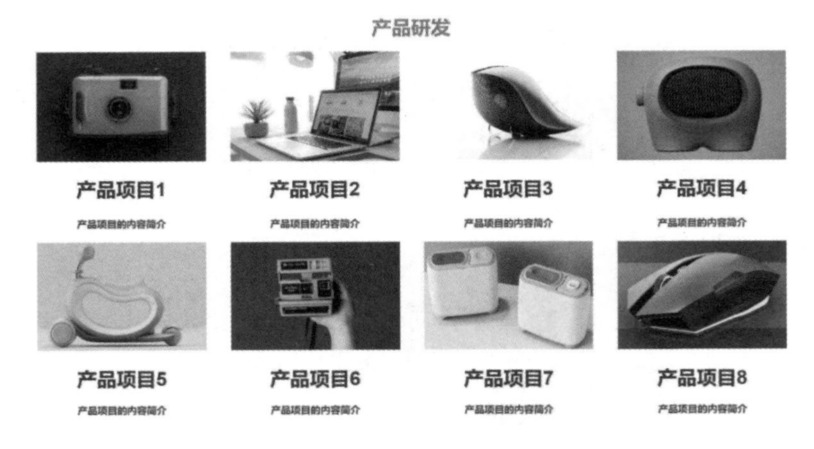

图 13-7　产品研发模块的效果

13.4　设计关于我们组件

在 components 目录下新建 AboutUS.vue 组件，代码如下：

```
<!-- 关于我们 -->
<template>
<!-- 顶部图片 -->
    <div>  <img style="width: 100%;height: 100%;" :src="getAssetUrl()" /> </div>
    <div>
        <div class="sort">
            <el-row>
                <el-col :span="1" v-html="'\u00a0'" />
                <el-col :span="11">
                    <div>
                        <h1 style="color: #409eff; text-align: left;">团队介绍</h1>
                        <h3 style="text-align: left;">
                            我们是专业的科技公司。
                        </h3>
                        <h3 style="text-align: left;">团队优势 1。</h3>
                        <h3 style="text-align: left;">团队优势 2。</h3>
                        <h3 style="text-align: left;">团队优势 3。</h3>
                        <h3 style="text-align: left;">团队优势 4。</h3>
                    </div>
                </el-col>
                <el-col :span="2" v-html="'\u00a0'" />
                <el-col :span="8">
                    <img :src="getAssetUrl1()" />
                </el-col>
            </el-row>
        </div>
        <div class="sort_1">
            <h1 style="color: #409eff;">公司发展历程</h1>
            <el-row>
                <el-col :span="2" v-html="'\u00a0'" />
                <el-col :span="5" v-for="item in history" :key="item">
                    <div style="margin-right: 50px;">
```

```
                    <img style="width: 100%;height: 100%;" :src=
                       "getAssetUrl2(item.url)" alt="" />
                    <h1>{{ item.years }}</h1>
                    <h4>{{ item.introduce }}</h4>
                </div>
            </el-col>
        </el-row>
    </div>
  </div>
</template>
```

设计效果如图 13-8 所示。

图 13-8　关于我们组件的效果

13.5　设计企业新闻组件

在 components 目录下新建 News.vue 组件，代码如下：

```
<!-- 企业新闻 -->
<template>
    <!-- 头部图片 -->
    <div><img style="width: 100%;height: 100%;" :src="getAssetUrl()" /></div>
    <!-- 新闻图片列表 -->
    <div>
        <h1 style="color: #409eff;">今日热点新闻</h1>
        <el-row>
            <el-col :span="3" v-html="'\u00a0'" />
            <el-col :span="6" v-for="item in news" :key="item">
                <div style="margin-right: 50px;">
                    <img style="width: 100%;height: 100%;" :src=
                       "getAssetUrl2(item.url)" alt="" />
                    <h1>{{ item.years }}</h1>
                    <h4>{{ item.introduce }}</h4>
```

```
            </div>
        </el-col>
    </el-row>
</div>
<!-- 新闻列表 -->
<div>
    <el-row>
        <el-col :span="12" v-for="item in newsList" :key="item">
            <div class="dev_1">
                <h2>{{ item.title }}</h2>
                <h4>{{ item.author }}</h4>
                <h3>{{ item.content }}</h3>
                <h4 style="float: right;">{{ item.time }}</h4>
            </div>
        </el-col>
    </el-row>
</div>
</template>
```

企业新闻组件设计效果如图 13-9 所示。

图 13-9　企业新闻组件的效果

13.6　设计联系我们组件

在 components 目录下新建 Connection.vue 组件，代码如下：

```
<!-- 联系我们 -->
<template>
    <!-- 头部组件 -->
    <Head :info="5"></Head>
    <!-- 头部图片 -->
```

```
    <div>
        <img style="width: 100%;height: 100%;" :src="getAssetUrl()" />
    </div>
    <!-- 联系我们主体 -->
    <div style="padding-top: 100px; padding-bottom: 100px;">
        <el-row>
            <el-col :span="2" v-html="'\u00a0'" />
            <el-col :span="9">
                <div style="text-align: left;">
                    <h1 style="color: #409eff;">联系我们</h1>
                    <h3>这里的专业人员时刻等待您的咨询！</h3>
                    <div style="display: inline-block;">
                        <h3>QQ：357975357</h3>
                        <h3>微信：codehome6</h3>
                    </div>
                    <div style="display: inline-block; margin-left: 200px;">
                        <h3>地址：北京市海淀区 XXXX 号</h3>
                    </div>
                </div>
            </el-col>
            <el-col :span="2" v-html="'\u00a0'" />
            <el-col :span="9">
                <img style="width: 100%;height: 100%;" :src="getAssetUrl1()" />
            </el-col>
        </el-row>
    </div>
    <!-- 底部组件 -->
    <Bottom></Bottom>
</template>
```

联系我们组件的设计效果如图 13-10 所示。

图 13-10　联系我们组件的效果

13.7　路由配置

下面给出本项目的路由配置。在 router 目录下新建 index.js 文件，代码如下：

```
import {createRouter, createWebHistory} from 'vue-router'
const routes = [
```

```
    {
        // 首页
        path: '/',
        component: () => import('../components/Home.vue')
    },
    {
        // 关于我们
        path: '/aboutUs',
        component: () => import('../components/AboutUs.vue')
    },
    {
        // 核心业务
        path: '/core',
        component: () => import('../components/Core.vue')
    },
    {
        // 新闻动态
        path: '/news',
        component: () => import('../components/News.vue')
    },
    {
        // 联系我们
        path: '/connection',
        component: () => import('../components/Connection.vue')
    }
];
const router = createRouter({
    history: createWebHistory(),
    routes
})
export default router
```

13.8　系统的运行

打开 DOS 系统窗口，使用 cd 命令进入科技企业网站的系统文件夹 myweb，然后执行命令 npm run dev，如图 13-11 所示。

把网址复制到浏览器中打开，就能访问到本章开发的科技企业网站系统。

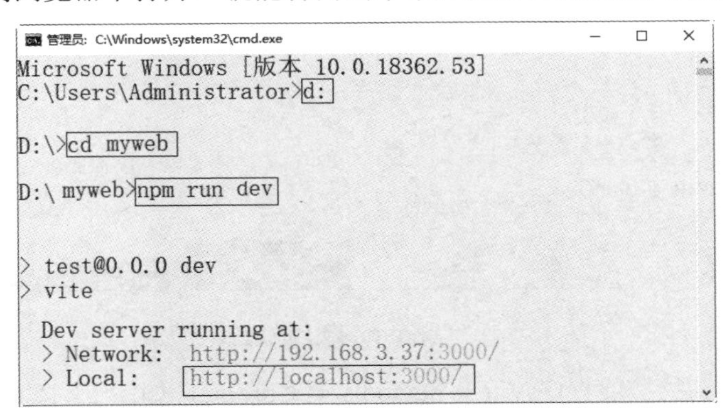

图 13-11　执行命令 npm run dev

13.9 系统的调试

vue-devtools 是一款调试 Vue.js 应用的浏览器开发者工具，可以在浏览器开发者工具下调试代码。不同的浏览器有不同的安装方法，下面以谷歌浏览器为例，其具体安装步骤如下。

(1) 打开浏览器，单击“自定义和控制”按钮，在打开的下拉菜单中选择“更多工具”菜单项，然后在弹出的子菜单中选择“扩展程序”菜单项，如图 13-12 所示。

(2) 在“扩展程序”页面中单击“Chrome 网上应用店”链接，如图 13-13 所示。

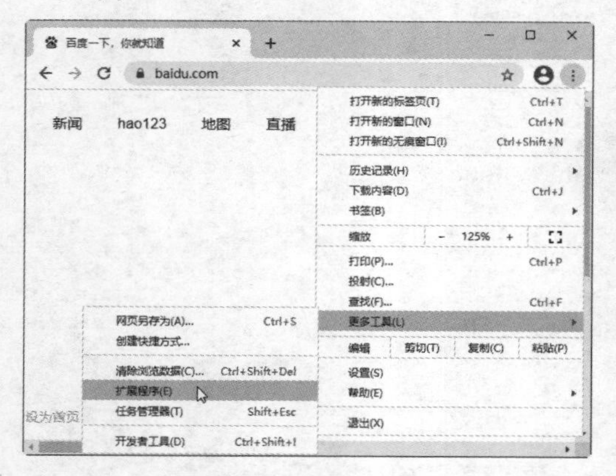

图 13-12 选择“扩展程序”菜单项

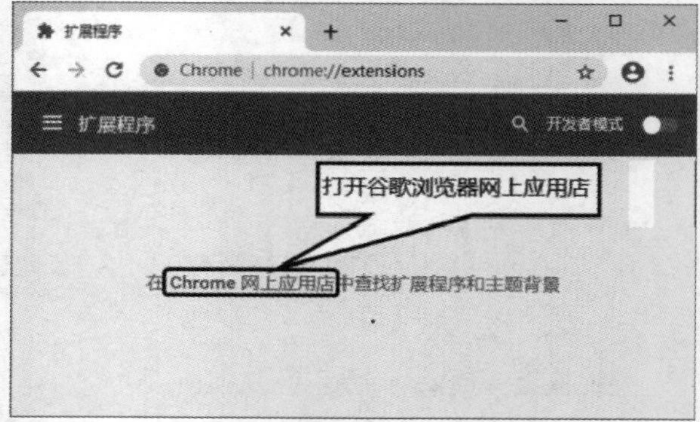

图 13-13 “扩展程序”页面

(3) 在“chrome 网上应用店”页面搜索 vue-devtools 工具，如图 13-14 所示。

图 13-14 “chrome 网上应用店”页面

(4) 添加搜索到的扩展程序 Vue.js devtools 至 Chrome，如图 13-15 所示。

(5) 在弹出的对话框中单击“添加扩展程序”按钮，如图 13-16 所示。

(6) 添加完成后，回到“扩展程序”页面，发现已经显示了 Vue devtools 调试程序，如图 13-17 所示。

图 13-15　添加扩展程序

图 13-16　单击“添加扩展程序”按钮

图 13-17　显示添加的扩展程序

(7) 单击“详细信息”按钮，在展开的页面中选择“允许访问文件网址”选项，如图 13-18 所示。

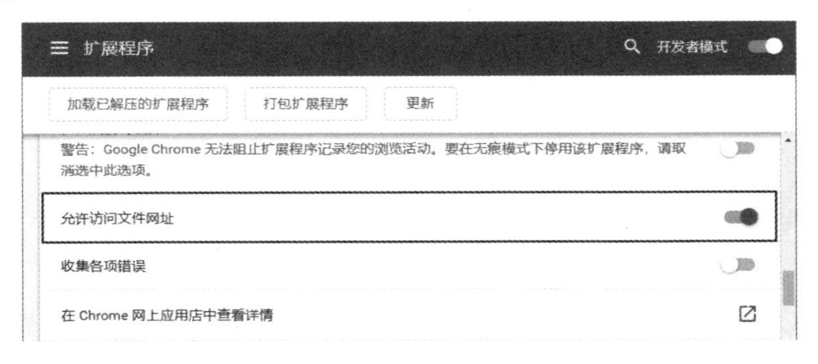

图 13-18　详细信息页面

(8) 在浏览器窗口中按 F12 键调出开发者工具窗口，选择 Vue 选项，如图 13-19 所示。

(9) Vue 调试窗口如图 13-20 所示。在该窗口中可以看出组件的嵌套关系、Vuex 的状态变化、触发的事件和路由的切换过程等。

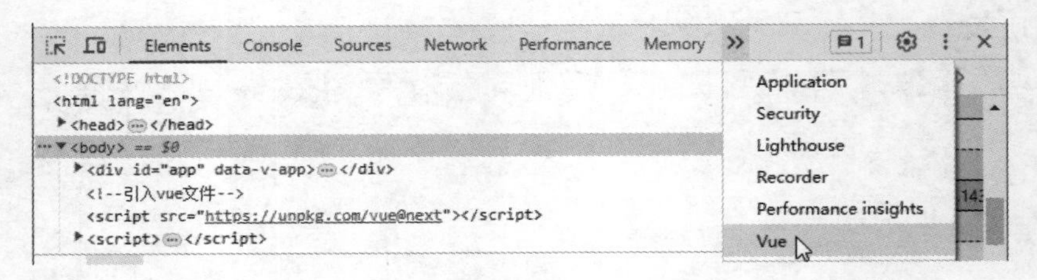

图 13-19　选择 Vue 选项

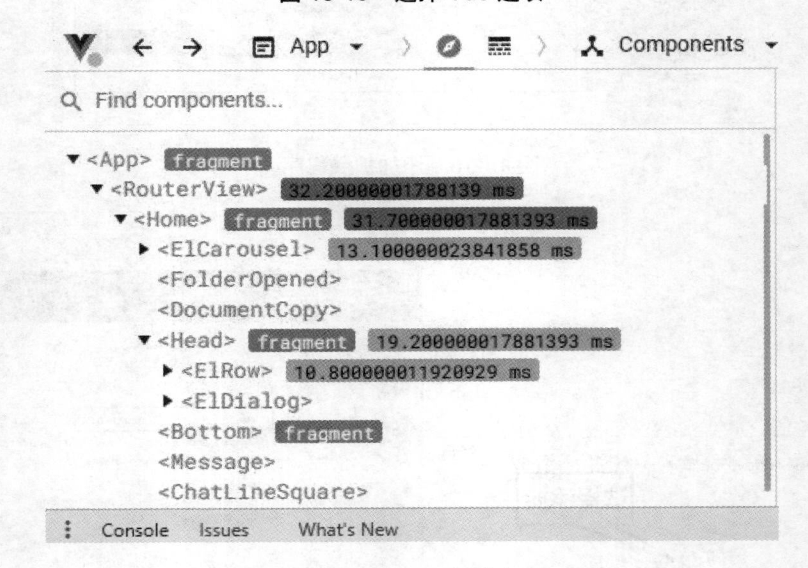

图 13-20　Vue 调试窗口

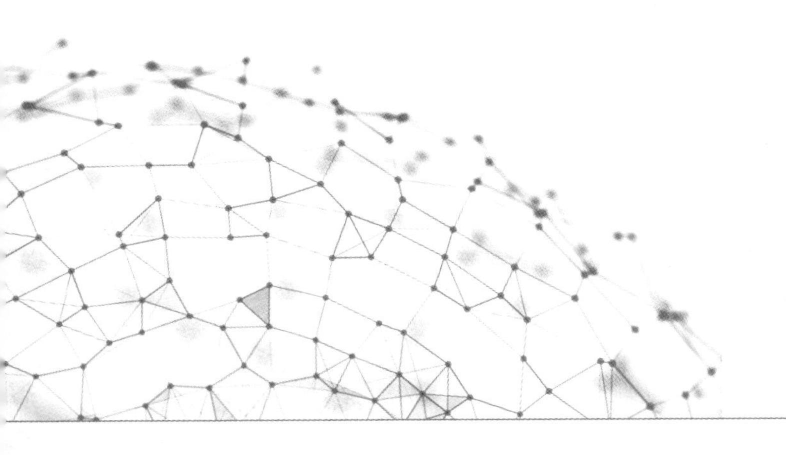

第 14 章

项目实战 2——开发图书管理系统

本章将使用 Vue 的前端框架开发一个图书管理系统。此系统主要包含 6 个页面，分别为登录页面、注册页面、首页、个人中心页面、书籍管理页面和用户管理页面”。下面将通过项目环境及框架、系统分析和系统主要功能实现小节来为大家讲解图书管理系统的实现过程。

14.1 项目环境及框架

要想开发一个 Vue 项目，首先需要搭建 Vue 的运行环境，而想要高效地进行项目开发，那么一个便捷的开发工具是必不可少的，此图书管理系统使用的 Vue 版本为 Vue.js 3.x，开发工具使用的是 Visual Studio Code。

14.1.1 系统开发环境要求

开发和运行图书管理系统之前，本地计算机需要满足以下条件。

操作系统：Windows 7 以上。

开发工具：Visual Studio Code。

开发框架：Vue.js 3.x。

开发环境：Node 16.20.0 以上。

14.1.2 软件框架

此图书管理系统是一个前端项目，其所使用的主要技术有 Vue.js、JavaScript、CSS、vue-router、Element Plus 和 ECharts 等，具体技术介绍如下。

1. Vue.js

Vue.js 是一种构建用户界面的渐进式框架。与其他重量级框架不同的是，Vue 采用自底向上增量开发的设计。Vue 的核心库只关注视图层，因此非常容易学习，也很容易与其他库或已有项目整合。另一方面，Vue 完全有能力驱动单文件组件和 Vue 生态系统支持的库开发的复杂单页应用。

2. JavaScript

JavaScript 是一门轻量级的且可以即时编译的编程语言(简称 JS)。虽然它作为开发 Web 页面的脚本语言而出名，但它也被运用到了很多非浏览器环境中。

3. CSS

CSS(Cascading Style Sheets，层叠样式表)是一种用来表现 HTML(标准通用标记语言的一个应用)或 XML(标准通用标记语言的一个子集)等文件样式的计算机语言。CSS 不仅可以静态地修饰网页，还可以配合各种脚本语言动态地对网页各元素进行格式化。CSS 能够对网页中的元素位置进行像素级精确控制，它支持几乎所有的字体字号样式，拥有对网页对象和模型样式编辑的能力。

4. vue-router

vue-router 是 Vue.js 下的路由组件，它和 Vue.js 深度集成，适用于构建单页面应用。

5. Element Plus

Element Plus 是一个基于 Vue 3、面向开发者和设计师的组件库，使用它可以快速地搭建一些简单的前端页面。

6. ECharts

ECharts 是由百度团队开源的一个基于 JavaScript 的数据可视化图表库，其提供了折线图、柱状图、饼图、散点图、关系图、旭日图、漏斗图、仪表盘等。

14.2 系统分析

此图书管理系统是一个由 Vue 和 JavaScript 组合开发的系统，其主要功能是实现用户的登录注册、数据展示、用户信息管理和书籍信息管理。下面将通过系统功能设计和系统功能结构图，为读者分析此系统的功能设计。

14.2.1 系统功能设计

随着现代科学文明的高速发展，人们对知识的渴望也愈发强烈，书籍渐渐成为人们追求知识的主要方式之一，在这种社会背景下图书管理系统孕育而生。此系统是一个小型的图书管理系统，其主要功能是实现书籍管理和用户管理。

此图书管理系统的前端页面主要有 6 个，各页面的具体功能如下。

(1) 登录页：实现用户的登录功能。

(2) 注册页：实现用户的注册功能。

(3) 首页：展示系统数据。

(4) 个人中心页：展示用户的个人信息。

(5) 用户管理页：实现用户信息的增删改查功能。

(6) 书籍管理页：实现书籍信息的增删改查功能。

14.2.2　系统功能结构图

系统功能结构图就是根据系统不同功能之间的关系绘制的图表，此图书管理系统的功能结构图如图 14-1 所示。

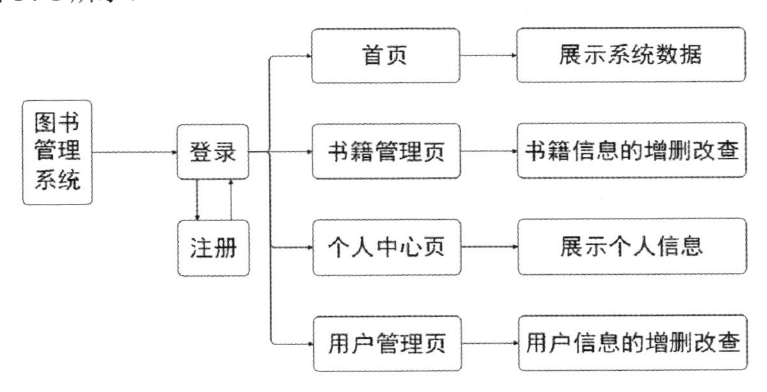

图 14-1　系统功能结构图

14.3　系统主要功能实现

本节将对系统中各个页面的实现方法进行分析和探讨，包括登录页面的实现、注册页面的实现、首页的实现、个人中心页面的实现、书籍管理页面的实现和用户管理页面的实现。下面将带领大家学习如何使用 Vue 完成图书管理系统的开发。

14.3.1　登录页面的实现

登录页面是访问系统时的第一个页面，其主要功能是实现用户的登录。由于此项目是一个纯前端项目，因此这里直接将用户名和密码写成了固定数据，用户名为 admin，密码为 123456。

login.vue：登录页面具体实现代码如下。

```
<!-- 登录页 -->
<template>
    <div class="login">
        <el-form ref="loginForm" label-width="70px" class="loginForm">
            <h1 style="text-align: center;">登录</h1>
            <el-form-item label="用户名" prop="email">
                <el-input placeholder="请输入名户名"
                    v-model="loginFormData.username"></el-input>
            </el-form-item>
            <el-form-item label="密码" prop="password">
                <el-input type="password" placeholder="请输入密码"
                    v-model="loginFormData.password"></el-input>
```

```
            </el-form-item>
            <el-form-item>
                <el-button type="primary" class="submit-btn" @click="loginBtn">
                    登录</el-button>
            </el-form-item>
            <!-- 注册 -->
            <div class="tiparea">
                <!-- 跳转到注册页 -->
                <router-link to="/signIn">
                    <p>没有账号？ <a>立即注册</a></p>
                </router-link>
            </div>
        </el-form>
    </div>
</template>
<script lang="ts" setup>
import { reactive } from "vue";
// 引入路由
import { useRouter } from "vue-router";
// element-plus 的消息提示框
import { ElMessage } from "element-plus";
const router = useRouter();
// 用户名和密码
const loginFormData = reactive({
    username: "admin",
    password: "123456",
})
// 登录方法
const loginBtn = () => {
    if (loginFormData.username == "admin" && loginFormData.password ==
        "123456") {
        ElMessage({
            type: "success",
            message: '登录成功',
        })
        // 登录成功跳转到首页
        router.push("/home");
    } else {
        // 登录失败提示
        ElMessage({
            type: "error",
            message: '登录失败,用户名或密码错误',
        })
    }
}
</script>
```

提示

在完整的项目中，登录功能通常会先验证当前用户是否存在，当用户存在时再验证密码是否正确。

最终登录页面实现效果如图 14-2 所示。

图 14-2　登录页面

14.3.2　注册页面的实现

注册页面的主要功能是实现用户的注册功能，由于此页面的功能和登录页面的功能类似，因此这里将不再展示此页面的具体实现代码。

注册页面实现效果如图 14-3 所示。

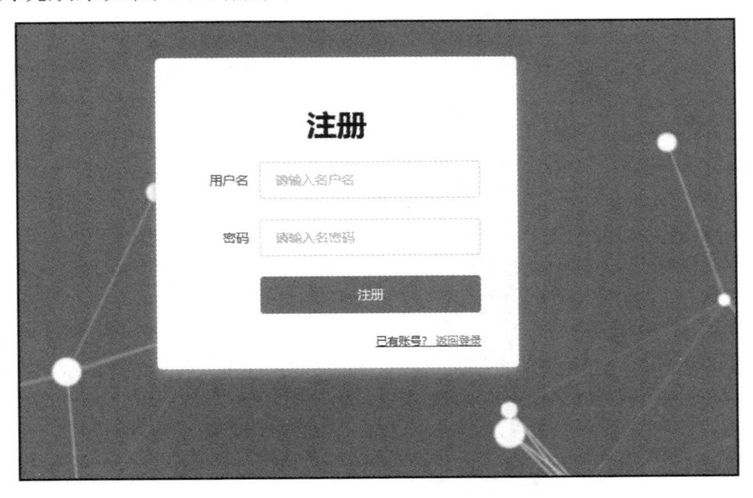

图 14-3　注册页面

14.3.3　首页的实现

首页的主要功能是通过折线图、柱状图和饼图来展示系统的数据。

page.vue：首页的具体实现代码如下。

```
<!-- 首页 -->
<template>
    <h2>图书大数据分析展示</h2>
    <div>
```

```
        <el-row :gutter="10">
            <el-col :span="4">
                <el-card shadow="always">
                    <i class="el-icon-s-data" style="font-size: 50px;
                        color:red;" />
                    <span class="span">借书总量<a style="font-size: 30px;
                        color: red;">12</a><a
                            style="font-size: 10px;">(万本)</a></span>
                </el-card>
            </el-col>
            <el-col :span="4">
                <el-card shadow="always">
                    <i class="el-icon-s-data" style="font-size: 50px;
                        color:rgb(201, 27, 122);" />
                    <span class="span">当月销量<a style="font-size: 30px;
                        color: rgb(201, 27, 122);">12</a><a
                            style="font-size: 10px;">(万本)</a></span>
                </el-card>
            </el-col>
            <el-col :span="4">
                <el-card shadow="always">
                    <i class="el-icon-s-data" style="font-size: 50px;
                        color:blue;" />
                    <span class="span">借书人数<a style="font-size: 30px;
                        color:blue;">12</a><a
                            style="font-size: 10px;">(人)</a></span>
                </el-card>
            </el-col>
            <el-col :span="4">
                <el-card shadow="always">
                    <i class="el-icon-s-data" style="font-size: 50px;
                        color:green;" />
                    <span class="span">还书人数<a style="font-size: 30px;
                        color:green;">12</a><a
                            style="font-size: 10px;">(人)</a></span>
                </el-card>
            </el-col>
            <el-col :span="4">
                <el-card shadow="always">
                    <i class="el-icon-s-data" style="font-size: 50px;
                        color:cyan;" />
                    <span class="span">学生占比<a style="font-size: 30px;
                        color:cyan;">12%</a></span>
                </el-card>
            </el-col>
            <el-col :span="4">
                <el-card shadow="always">
                    <i class="el-icon-s-data" style="font-size: 50px;
                        color:purple;" />
                    <span class="span">老师占比<a style="font-size: 30px;
                        color:purple;">12%</a></span>
                </el-card>
            </el-col>
        </el-row>
    </div>
    <!-- 统计图 -->
    <div>
        <el-row>
            <el-col :span="24">
                <el-card shadow="always">
```

```
                <vue-echarts :option="lineChart" style="height: 400px;" />
            </el-card>
        </el-col>
    </el-row>
    <el-row :gutter="10">
        <el-col :span="8">
            <el-card shadow="always">
                <vue-echarts :option="pieChart" style="height: 350px;" />
            </el-card>
        </el-col>
        <el-col :span="8">
            <el-card shadow="always">
                <vue-echarts :option="barChart" style="height: 350px;" />
            </el-card>
        </el-col>
        <el-col :span="8">
            <el-card shadow="always">
                <vue-echarts :option="pieChart1" style="height: 350px;" />
            </el-card>
        </el-col>
    </el-row>
  </div>
</template>
<script setup>
import { reactive } from 'vue'
// 引入 ECharts
import { VueEcharts } from 'vue3-echarts'
// 折线图
const lineChart = reactive({
    title: {
        text: '各年级每月借书数量'
    },
    tooltip: {
        trigger: 'axis'
    },
    legend: {
        data: ['大一', '大二', '大三', '大四']
    },
    grid: {
        left: '3%',
        right: '4%',
        bottom: '3%',
        containLabel: true
    },
    toolbox: {
        feature: {
            saveAsImage: {}
        }
    },
    xAxis: {
        type: 'category',
        boundaryGap: false,
        data: ["一月", "二月", "三月", "四月", "五月", "六月", "七月", "八月", "九月",
            "十月", "十一月", "十二月"]
    },
    yAxis: {
        type: 'value'
    },
    series: [
        {
```

```
            name: '大一',
            type: 'line',
            stack: 'Total',
            data: [150, 230, 224, 218, 135, 147, 260, 206, 283, 284, 469, 637]
        },
        {
            name: '大二',
            type: 'line',
            stack: 'Total',
            data: [220, 182, 191, 234, 290, 330, 310, 230, 224, 218, 135, 147, 260]
        },
        {
            name: '大三',
            type: 'line',
            stack: 'Total',
            data: [150, 232, 201, 154, 190, 330, 410, 182, 191, 234, 290, 330, 310]
        },
        {
            name: '大四',
            type: 'line',
            stack: 'Total',
            data: [320, 332, 301, 334, 390, 330, 320, 232, 201, 154, 190, 330, 410]
        }
    ]
})
// 各年级学生借书人数
const pieChart = reactive({
    title: {
        text: '各年级学生借书人数',
        subtext: '单位(人)',
        left: 'center'
    },
    tooltip: {
        trigger: 'item'
    },
    legend: {
        orient: 'vertical',
        left: 'left'
    },
    series: [
        {
            name: 'Access From',
            type: 'pie',
            radius: '50%',
            data: [
                { value: 1048, name: '大一' },
                { value: 735, name: '大二' },
                { value: 580, name: '大三' },
                { value: 484, name: '大四' },
            ],
            emphasis: {
                itemStyle: {
                    shadowBlur: 10,
                    shadowOffsetX: 0,
                    shadowColor: 'rgba(0, 0, 0, 0.5)'
                }
            }
        }
    ]
})
```

```
// 本学年各年级学生借书人次占比
const barChart = reactive({
   title: {
      text: '本学年各年级学生借书人次占比',
      subtext: '单位(%)',
      left: 'center'
   },
   xAxis: {
      type: 'category',
      data: ['大一', '大二', '大三', '大四']
   },
   yAxis: {
      type: 'value'
   },
   series: [
      {
         data: [30, 20, 10, 40],
         type: 'bar',
         showBackground: true,
         backgroundStyle: {
            color: 'rgba(180, 180, 180, 0.2)'
         }
      }
   ]
})
// 每天借书时间段
const pieChart1 = reactive({
   title: {
      text: '每天借书时间段',
      left: 'center'
   },
   tooltip: {
      trigger: 'item'
   },
   legend: {
      top: '5%',
      left: 'center'
   },
   series: [
      {
         name: 'Access From',
         type: 'pie',
         radius: ['40%', '70%'],
         avoidLabelOverlap: false,
         itemStyle: {
            borderRadius: 10,
            borderColor: '#fff',
            borderWidth: 2
         },
         label: {
            show: false,
            position: 'center'
         },
         emphasis: {
            label: {
               show: true,
               fontSize: 40,
               fontWeight: 'bold'
            }
         },
```

```
            labelLine: {
                show: false
            },
            data: [
                { value: 1048, name: '早上' },
                { value: 735, name: '中午' },
                { value: 580, name: '下午' },
                { value: 484, name: '晚上' },
            ]
        }
    ]
})
</script>
```

说明

统计图使用的是 ECharts，由于此项目是一个纯前端项目，因此统计图中的数据均为固定数据。

最终首页实现效果如图 14-4 所示。

图 14-4　首页

14.3.4　个人中心页面的实现

个人中心页面的主要功能是展示用户信息、修改用户信息和用户书籍管理。

individual.vue：个人中心页面具体实现代码如下。

```
<!-- 个人中心页 -->
<template>
    <h2>个人中心</h2>
    <!-- 用户信息 -->
    <div>
        <div class="message">
            <el-card shadow="always">
                <el-avatar :size="70">
                    <img src="src/assets/tx.jpg" />
                </el-avatar>
                <el-button style="float: right;" type="primary">修改</el-button>
                <div>
                    <el-row>
                        <el-col :span="12">
                            <div class="d_1">
                                <p>用户名：{{ message.username }}</p>
                                <p>年级：{{ message.grade }}</p>
                                <p>性别：{{ message.sex }}</p>
                            </div>
                        </el-col>
                        <el-col :span="12">
                            <div class="d_2">
                                <p>微信：{{ message.wechat }}</p>
                                <p>电话：{{ message.telephone }}</p>
                                <p>邮箱：{{ message.mailbox }}</p>
                            </div>
                        </el-col>
                    </el-row>
                </div>
            </el-card>
        </div>
    </div>
    <!-- 我的书籍 -->
    <div>
        <el-card shadow="always">
            <h3>我的书籍</h3>
            <el-row :gutter="10">
                <el-col :span="6" v-for="(item, index) in books" :key="index">
                    <el-card shadow="always">
                        <img :src="item.img" style="width: 100%;height: 100%;" />
                        <div class="status">
                            <span v-if="item.status == '借阅中'" style=
                                "color:rgb(255, 0, 0);">{{ item.status }}</span>
                            <span v-if="item.status == '已归还'" style=
                                "color: rgb(60,140,231);">{{ item.status }}</span>
                        </div>
                        <p>书名：{{ item.title }}</p>
                        <div>归还时间：</div>
                        <div>{{ item.data }}</div>
                        <div style="float: right; padding: 10px 0px;">
                            <el-button size="mini" type="primary">查看</el-button>
                            <el-button size="mini" type="success">归还</el-button>
                        </div>
                    </el-card>
                </el-col>
```

```
            </el-row>
        </el-card>
    </div>
</template>
<script setup>
import { reactive } from "vue";
// 用户信息
const message = reactive({
    username: 'admin',
    password: '123456',
    grade: '大三',
    sex: '男',
    wechat: 'codehome6',
    telephone: '100********',
    mailbox: 'codehome6@qq.com'
})
// 我的书籍信息
const books =
    [
        {
            img: 'src/assets/book1.png',
            status: '借阅中',
            title: 'Photoshop 网页设计与配色',
            data: '2023-12-30 12:00:00'
        }, {
            img: 'src/assets/book2.png',
            status: '已归还',
            title: 'Oracle 19C 数据库应用',
            data: '2023-12-30 12:00:00'
        }, {
            img: 'src/assets/book3.png',
            status: '借阅中',
            title: 'Vue.js 前端开发',
            data: '2023-12-30 12:00:00'
        }, {
            img: 'src/assets/book4.png',
            status: '已归还',
            title: 'JavaScript 动态网站开发',
            data: '2023-12-30 12:00:00'
        }, {
            img: 'src/assets/book5.png',
            status: '已归还',
            title: 'jQuery 前端开发',
            data: '2023-12-30 12:00:00'
        }, {
            img: 'src/assets/book6.png',
            status: '借阅中',
            title: 'HTML5+CSS3+jQuery Mobile 移动开发',
            data: '2023-12-30 12:00:00'
        }, {
            img: 'src/assets/book7.png',
            status: '已归还',
            title: 'Bootstrap 前端开发',
            data: '2023-12-30 12:00:00'
        }
    ]
</script>
```

说明

此页面中的页面布局方式使用的是 Element Plus 的 Layout 布局。

最终个人中心页面实现效果如图 14-5 所示。

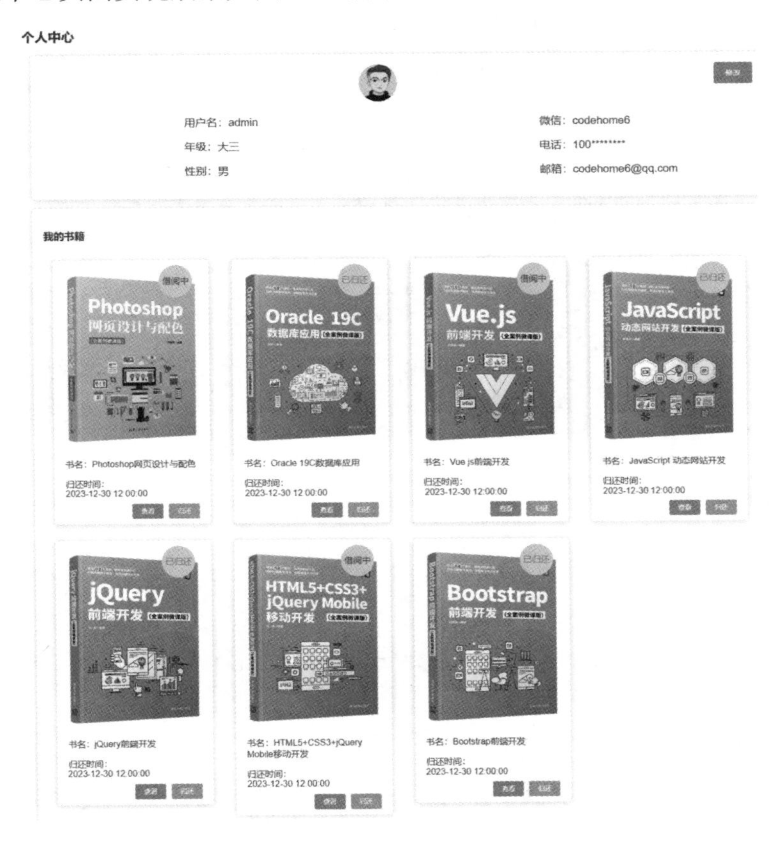

图 14-5　个人中心页面

14.3.5　书籍管理页面的实现

书籍管理页面的主要功能是展示书籍信息、新增书籍信息、查询书籍信息、查看书籍详情、借阅书籍和归还书籍。

book.vue：书籍管理页面具体实现代码如下。

```
<!-- 书籍管理 -->
<template>
    <h2>书籍列表</h2>
    <div style="padding-bottom: 20px;">
        <el-input placeholder="请输入书名" style="width: 15%;
            padding-right: 20px; " />
        <el-input placeholder="请输入类别" style="width: 15%;
            padding-right: 20px;" />
        <el-button type="primary">搜索</el-button>
```

```
</div>
<div style="padding-bottom: 20px;">
   <el-button type="primary" @click="new1">新增</el-button>
</div>
<!-- 书籍列表 -->
<el-table :data="tableData" border style="width: 100%"
   :header-cell-style="{ textAlign: 'center' }"
   :cell-style="{ textAlign: 'center' }">
   <el-table-column prop="bookName" label="书名" />
   <el-table-column prop="img" label="书籍封面" align="center" width="60">
      <template v-slot:default="scope">
         <el-image :src="scope.row.img" />
      </template>
   </el-table-column>
   <el-table-column prop="type" label="书籍类型" />
   <el-table-column prop="author" label="书籍作者" />
   <el-table-column prop="publishing" label="书籍出版社" />
   <el-table-column prop="number" label="书籍剩余数量" />
   <el-table-column prop="status" label="书籍状态" />
   <el-table-column label="操作">
      <el-button size="mini" type="primary" @click="view">查看
      </el-button>
      <el-button size="mini" type="success" @click="borrow">借阅
      </el-button>
      <el-button size="mini" type="warning" @click="return1">归还
      </el-button>
   </el-table-column>
</el-table>
<!-- 分页 -->
<div class="paging">
   <el-pagination layout="prev, pager, next" :total="1000" />
</div>
<!-- 书籍详情 -->
<el-dialog v-model="bookDetails" title="书籍详情" width="50%">
   <div class="details">
      <img src="src/assets/book1.png" class="img" />
      <p>书名：Photoshop 网页设计与配色</p>
      <p style="text-align: left; font-size: 20px;">
         简介：针对零基础读者编写的网页设计和配色的入门教材，内容侧重案例实训。
      </p>
   </div>
   <template #footer>
      <span>
         <el-button @click="bookDetails = false">取消</el-button>
         <el-button type="primary" @click="bookDetails = false">
            确定
         </el-button>
      </span>
   </template>
</el-dialog>
<!-- 新增修改框 -->
<el-dialog v-model="editor" title="编辑框" width="40%">
   <el-form label-width="100px">
      <el-form-item label="书名">
         <el-input />
      </el-form-item>
      <el-form-item label="书籍封面">
         <el-input />
      </el-form-item>
      <el-form-item label="书籍类型">
```

```
            <el-input />
         </el-form-item>
         <el-form-item label="书籍作者">
            <el-input />
         </el-form-item>
         <el-form-item label="书籍出版社">
            <el-input />
         </el-form-item>
         <el-form-item label="书籍剩余数量">
            <el-input />
         </el-form-item>
         <el-form-item label="书籍状态">
            <el-input />
         </el-form-item>
      </el-form>
      <template #footer>
         <span>
            <el-button @click="editor = false">取消</el-button>
            <el-button type="primary" @click="editor = false">
               确定
            </el-button>
         </span>
      </template>
   </el-dialog>
</template>
<script setup>
import { ref } from 'vue'
import { ElTable, ElMessage } from 'element-plus'
// 书籍新增修改框，默认关闭
const editor = ref(false)
// 打开编辑框
const new1 = () => {
   editor.value = true
}
// 书籍详情框，默认关闭
const bookDetails = ref(false)
// 查看方法
const view = () => {
   bookDetails.value = true
}
// 借阅方法
const borrow = () => {
   ElMessage({
      type: 'success',
      message: '借阅成功',
   })
}
// 归还方法
const return1 = () => {
   ElMessage({
      type: 'success',
      message: '归还成功',
   })
}
// 书籍列表数据
const tableData = [
   {
      bookName: 'Photoshop 网页设计与配色',
      img: 'src/assets/book1.png',
      type: '网站开发',
      author: '刘春茂',
```

```
      publishing: '清华大学出版社',
      number: '200',
      status: '可借阅',
   }, {
      bookName: 'Oracle 19C 数据库应用',
      img: 'src/assets/book2.png',
      type: '数据库应用',
      author: '张华',
      publishing: '清华大学出版社',
      number: '200',
      status: '可借阅',
   }, {
      bookName: 'Vue.js 前端开发',
      img: 'src/assets/book3.png',
      type: '网站开发',
      author: '刘荣英',
      publishing: '清华大学出版社',
      number: '600',
      status: '可借阅',
   }, {
      bookName: 'JavaScript 动态网站开发',
      img: 'src/assets/book4.png',
      type: '网站开发',
      author: '裴雨龙',
      publishing: '清华大学出版社',
      number: '600',
      status: '可借阅',
   }]
</script>
```

说明

此页面中的表格样式为Element Plus的Table表格样式，分页样式为Element Plus的Pagination分页样式。

最终书籍管理页面实现效果如图14-6所示。

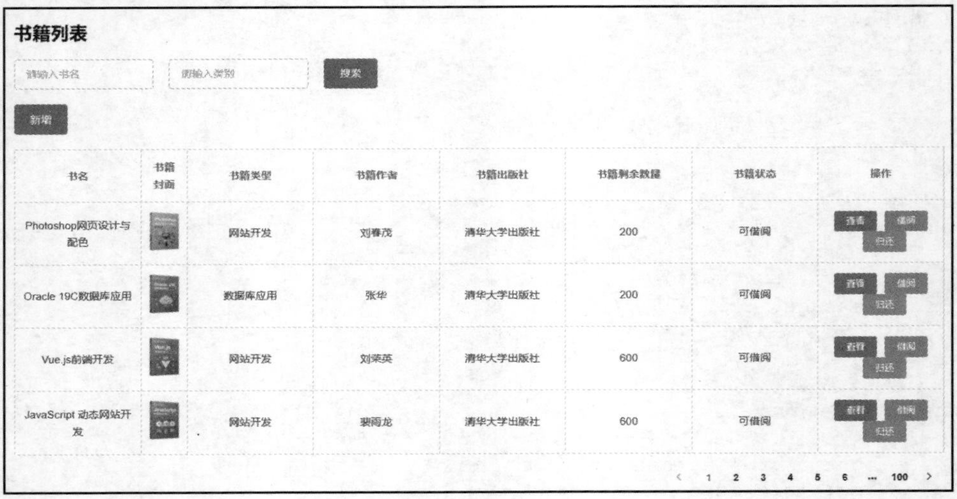

书籍列表

请输入书名　请输入类别　搜索

新增

书名	书籍封面	书籍类型	书籍作者	书籍出版社	书籍剩余数据	书籍状态	操作
Photoshop网页设计与配色		网站开发	刘春茂	清华大学出版社	200	可借阅	查看 借阅 归还
Oracle 19C数据库应用		数据库应用	张华	清华大学出版社	200	可借阅	查看 借阅 归还
Vue.js前端开发		网站开发	刘荣英	清华大学出版社	600	可借阅	查看 借阅 归还
JavaScript 动态网站开发		网站开发	裴雨龙	清华大学出版社	600	可借阅	查看 借阅 归还

< 1 2 3 4 5 6 ... 100 >

图 14-6　书籍管理页面

14.3.6　用户管理页面的实现

用户管理页面的主要功能是展示用户信息、修改用户信息、新增用户信息、查询用户信息和删除用户信息。由于此页面的功能和书籍管理页面的功能类似，因此这里将不再展示此页面的具体实现代码。

用户管理页面实现效果如图 14-7 所示。

图 14-7　用户管理页面

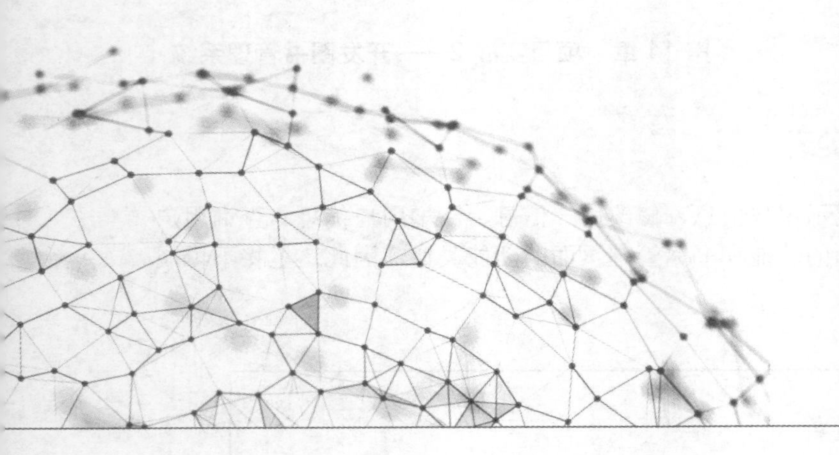

第15章

项目实战3——开发企业办公自动化系统

本章将使用Vue的前端框架开发一个办公自动化系统，此系统主要包含7个页面，分别为登录页、概况页、员工信息页、招聘岗位页、应聘者信息页、考勤信息页和签到信息页等。下面将通过项目环境及框架、系统分析、系统主要功能实现小节来为大家讲解此项目的实现。

15.1 项目环境及框架

此企业办公自动化系统使用的 Vue 版本为 Vue.js 3.x，开发工具使用的是 Visual Studio Code。

15.1.1 系统开发环境要求

在开发和运行办公自动化系统之前，本地计算机需要满足以下条件。

操作系统：Windows 7以上。

开发工具：Visual Studio Code。

开发框架：Vue.js 3.x。

开发环境：Node16.20.0以上。

15.1.2 软件框架

此企业办公自动化系统是一个前端项目，其所使用的主要技术有Vue.js、TypeScript、CSS、vue-router、Element Plus 和 ECharts 等。由于 Vue.js、CSS、Vue-router、Element Plus和ECharts在第14章已经介绍过，下面主要介绍TypeScript技术。

TypeScript 是由微软公司在 JavaScript 基础上开发的一种脚本语言，可以把它理解为 JavaScript 的超集。

15.2 系 统 分 析

此企业办公自动化系统是一个由 Vue 和 TypeScript 组合开发的系统，其主要功能是实现用户的登录、员工管理、招聘管理和考勤管理。下面将通过系统功能设计和系统功能结构图，为大家分析此系统的功能设计。

15.2.1 系统功能设计

随着网络的快速发展，目前企业办公自动化系统已成为提高工作效率、加强管理的有效手段。企业办公自动化系统可以迅捷、全方位地收集信息，并及时进行处理，同时它也为企业管理做出的决策提供有效依据。

此系统是一个小型的企业办公自动化系统，其前端页面主要有七个，各页面的具体实现功能如下。

(1) 登录页：实现用户的登录功能。

(2) 概况页：通过表格和统计图展示员工数据。

(3) 员工信息页：展示和编辑员工信息。

(4) 招聘岗位页：展示和编辑企业所发布的招聘岗位信息。

(5) 应聘者信息页：展示和编辑应聘者的详细信息。

(6) 考勤信息页：展示员工的考勤信息。

(7) 签到信息页：展示员工的签到信息。

15.2.2 系统功能结构图

系统功能结构图就是根据系统不同功能之间的关系绘制的图表，此企业办公自动化系统的功能结构图如图 15-1 所示。

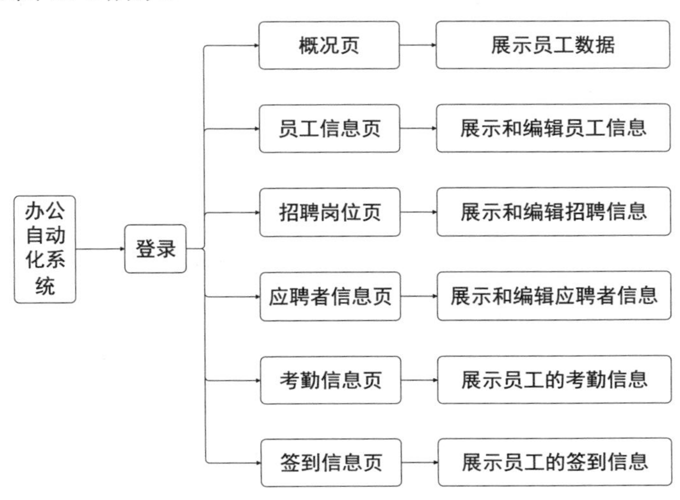

图 15-1　系统功能结构图

15.3 系统主要功能实现

本节将对企业办公自动化系统中的各个页面的实现方法进行分析和探讨，包括登录页面的实现、概况页面的实现、员工信息页面的实现、招聘岗位页面的实现、应聘者信息页面的实现、考勤信息页面的实现和签到信息页面的实现。下面将带领大家学习如何使用Vue完成办公自动化系统的开发。

15.3.1 登录页面的实现

登录页面是系统的登录页，其功能是实现用户的登录，由于此项目是一个纯前端项目，因此这里并未进行用户名和密码校验，当用户名和密码不为空时即可登录成功。

login.vue：登录页的具体实现代码如下。

```
<!-- 登录页 -->
<template>
  <div class="div_1">
    <div class="div_2">
      <h1 style="margin-bottom: 20px; text-align: center;">办公自动化系统</h1>
      <el-form ref="formName" :model="ruleForm" status-icon :rules="rules"
          label-width="40px" class="demo-ruleForm">
        <el-form-item label="账号" prop="account">
          <el-input v-model="ruleForm.account" placeholder="请输入账号"
              autocomplete="off"></el-input>
        </el-form-item>
        <el-form-item label="密码" prop="pass">
          <el-input placeholder="请输入密码" type="passWord"
              v-model="ruleForm.pass"></el-input>
        </el-form-item>
        <el-form-item>
          <el-button type="primary" @click="submitForm()">登录</el-button>
          <el-button @click="resetForm()">重置</el-button>
        </el-form-item>
      </el-form>
    </div>
  </div>
</template>
<script setup lang="ts">
import { reactive, ref } from 'vue';
// 引入路由
import { useRouter } from 'vue-router';
// 账号非空验证
const validatePass = (rule, value, callback) => {
  if (value === '') {
    return callback(new Error('请输入账号'));
  }
};
// 密码非空验证
const checkpass = (rule, value, callback) => {
  if (!value) {
    return callback(new Error('请输入密码'));
  }
};
```

```
// 账号/密码
const ruleForm = reactive({
  account: '',
  pass: '',
});
// 表单验证
const rules = reactive({
  account: [{ validator: validatePass, trigger: 'blur' }],
  pass: [{ validator: checkpass, trigger: 'blur' }],
});
const formName = ref(null);
const router = useRouter();
// 登录方法
const submitForm = () => {
  formName.value.validate();
  if (ruleForm.account && ruleForm.pass) {
    localStorage.setItem('pass', ruleForm.pass);
    router.push('/');
  }
};
// 重置方法
const resetForm = () => {
  formName.value.resetFields();
};
</script>
```

说明

通过 vue-router 实现页面的跳转。

最终登录页面实现效果如图 15-2 所示。

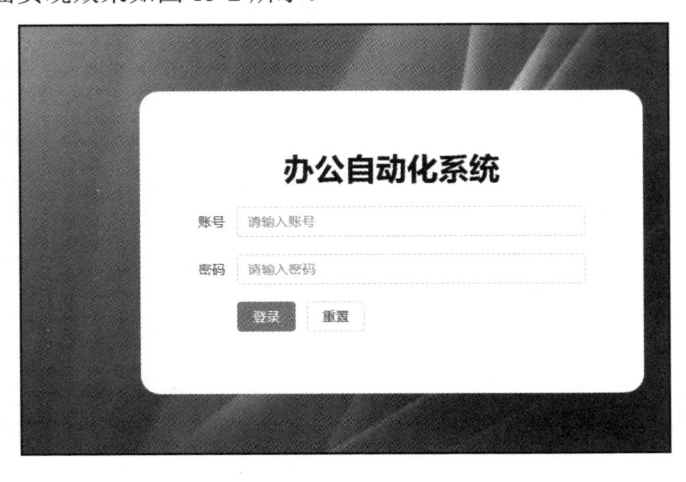

图 15-2　登录页面

15.3.2　概况页面的实现

概况页面主要通过表格、饼图和柱状图来展示用户数据，通过表格展示最近生日人员、合同到期人员和试用到期人员名单，通过饼图展示在职员工的性别比例，通过柱状图展示在职员工的学历分布。

General.vue：概况页的具体实现代码如下。

```
<!-- 概况 -->
<template>
  <div>
    <el-row :gutter="20">
      <!-- 最近生日 -->
      <el-col :span="8">
        <el-card class="box-card">
          <div class="div_1">
            <div class="div_2">
              <span>最近生日人员</span>
            </div>
            <div class="div_2_1">
              <div class="div_3" v-for="a in stst">
                <div class="div_3_1">
                  <img class="img1" :src="a.img" />
                </div>
                <div style="display: inline-block; width: 90%;">
                  <span style="float: left;">{{ a.name }}</span>
                  <span style="float: right;">{{ a.date }}</span>
                </div>
              </div>
            </div>
          </div>
        </el-card>
      </el-col>
      <!-- 合同到期人员 -->
      <el-col :span="8">
        <el-card class="box-card">
          <div class="div_1">
            <div class="div_2">
              <span>合同到期人员</span>
            </div>
            <div class="div_2_1">
              <div class="div_3" v-for="a in stst">
                <div class="div_3_1">
                  <img class="img1" :src="a.img" />
                </div>
                <div style="display: inline-block; width: 90%;">
                  <span style="float: left;">{{ a.name }}</span>
                  <span style="float: right;">{{ a.date }}</span>
                </div>
              </div>
            </div>
          </div>
        </el-card>
      </el-col>
      <!-- 试用到期 -->
      <el-col :span="8">
        <el-card class="box-card">
          <div class="div_1">
            <div class="div_2">
              <span>试用到期人员</span>
            </div>
            <div class="div_2_1">
              <div class="div_3" v-for="a in stst">
                <div class="div_3_1">
                  <img class="img1" :src="a.img" />
                </div>
```

```
            <div style="display: inline-block; width: 90%;">
              <span style="float: left;">{{ a.name }}</span>
              <span style="float: right;">{{ a.date }}</span>
            </div>
          </div>
        </div>
      </div>
    </el-card>
  </el-col>
  <el-col :span="10">
    <el-card shadow="always" style="margin-top: 20px;">
      <!-- 饼图 -->
      <div>
        <vue-echarts :option="pieChar" style="height: 350px;" />
      </div>
    </el-card>
  </el-col>
  <el-col :span="14">
    <el-card shadow="always" style="margin-top: 20px;">
      <!-- 柱状图 -->
      <div>
        <vue-echarts :option="columnChar" style="height: 350px;" />
      </div>
    </el-card>
  </el-col>
 </el-row>
</div>
</template>
<script lang="ts" setup>
import { reactive } from 'vue'
// 引入 ECharts
import { VueEcharts } from 'vue3-echarts'
type EChartsOption = /*unresolved*/ any
// 饼图数据
const pieChar: EChartsOption = reactive(
  {
    title: {
      text: '在职员工性别比例'
    },
    tooltip: {
      trigger: 'item'
    },
    legend: {
      top: '5%',
      left: 'center'
    },
    series: [
      {
        name: 'Access From',
        type: 'pie',
        radius: ['40%', '70%'],
        avoidLabelOverlap: false,
        itemStyle: {
          borderRadius: 10,
          borderColor: '#fff',
          borderWidth: 2
        },
        label: {
          show: false,
          position: 'center'
        },
        emphasis: {
          label: {
```

```
          show: true,
          fontSize: 40,
          fontWeight: 'bold'
        }
      },
      labelLine: {
        show: false
      },
      data: [
        { value: 580, name: '男性' },
        { value: 346, name: '女性' },
        { value: 300, name: '未知' }
      ]
    }
  ]
}
)
// 柱状图数据
const columnChar: EChartsOption = reactive(
  {
    title: {
      text: '在职员工学历分布'
    },
    xAxis: {
      type: 'category',
      data: ['大专', '本科', '研究生', '博士', '未知']
    },
    yAxis: {
      type: 'value'
    },
    series: [
      {
        data: [120, 200, 150, 80, 70],
        type: 'bar'
      }
    ]
  }
)
// 表格数据
const stst = reactive(
  [
    {
      id: 1,
      img: 'src/assets/tx1.jpg',
      name: '小明',
      date: '06-09',
    },
    {
      id: 2,
      img: 'src/assets/tx2.jpg',
      name: '小华',
      date: '08-08',
    },
    {
      id: 3,
      img: 'src/assets/tx3.jpg',
      name: '小红',
      date: '12-12',
    }
  ]
)
</script>
```

说明

饼图和柱状图使用的是 ECharts，由于此项目是一个纯前端项目，因此统计图中的数据均为固定数据。

最终概况页面实现效果如图 15-3 所示。

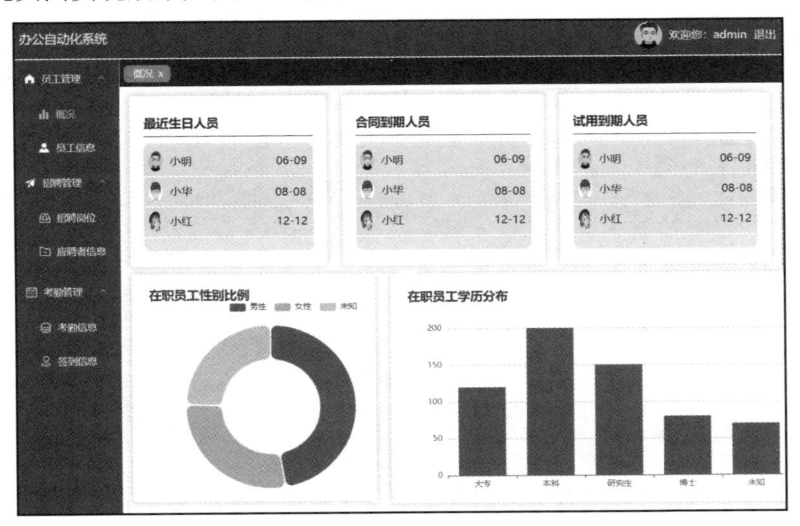

图 15-3　概况页面

15.3.3　员工信息页面的实现

员工信息页面的主要功能是展示和编辑员工信息。

Home.vue：员工信息页的具体实现代码如下。

```
<!-- 员工信息 -->
<template>
  <div>
    <el-card shadow="always">
      <div style="margin-bottom: 20px;">
        <span style="font-weight: 900; font-size: 18px;">员工信息</span>
      </div>
      <!-- 搜索 -->
      <div style="padding-bottom: 20px;">
        <el-input placeholder="姓名" style="width: 15%; padding-right: 20px; " />
        <el-button type="primary">搜索</el-button>
      </div>
      <div style="padding-bottom: 20px;">
        <el-button type="success" @click="dialogVisible = true">新增</el-button>
        <el-button type="info">批量导入</el-button>
      </div>
      <!-- 表格 -->
      <el-table :data="tableData" border style="width: 100%"
        :header-cell-style="{ textAlign: 'center' }"
        :cell-style="{ textAlign: 'center' }">
        <el-table-column prop="id" label="序号" />
        <el-table-column prop="name" label="姓名" />
```

```
        <el-table-column prop="accountNumber" label="系统账号" />
        <el-table-column prop="jobNumber" label="工号" />
        <el-table-column prop="date" label="到本单位日期" />
        <el-table-column prop="section" label="所在部门" />
        <el-table-column prop="status" label="员工状态" />
        <el-table-column label="操作">
          <el-button type="primary" @click="dialogVisible = true">编辑</el-button>
        </el-table-column>
      </el-table>
      <div style="padding-top: 20px; margin-bottom: 20px; float: right;">
        <el-pagination small background layout="prev, pager, next"
            :total="50" class="mt-4" />
      </div>
    </el-card>
    <!-- 编辑框 -->
    <el-dialog v-model="dialogVisible" title="员工信息" width="40%">
      <el-form label-width="110px">
        <el-form-item label="姓名">
          <el-input />
        </el-form-item>
        <el-form-item label="系统账号">
          <el-input />
        </el-form-item>
        <el-form-item label="工号">
          <el-input />
        </el-form-item>
        <el-form-item label="到本单位日期">
          <el-input />
        </el-form-item>
        <el-form-item label="所在部门">
          <el-input />
        </el-form-item>
        <el-form-item label="员工状态">
          <el-input />
        </el-form-item>
      </el-form>
      <template #footer>
        <span>
          <el-button @click="dialogVisible = false">取消</el-button>
          <el-button type="primary" @click="dialogVisible = false">
            确定
          </el-button>
        </span>
      </template>
    </el-dialog>
  </div>
</template>
<script lang="ts" setup>
import { reactive, ref } from 'vue'
import { ElTable, ElMessage } from 'element-plus'
// 编辑框，默认关闭
const dialogVisible = ref(false)
// 数据
const tableData = reactive(
  [
    {
      id: 1,
      name: '张三',
      accountNumber: 'A3435642',
```

```
      jobNumber: '3453453',
      date: '2022-12-03 12:12:09',
      section: '技术部',
      status: '试用',
    }
  ]
)
</script>
```

说明

表格样式使用的是 Element Plus 的 Table 表格样式。

最终员工信息页面实现效果如图 15-4 所示。

员工信息 x

员工信息

姓名 搜索

新增 批量导入

序号	姓名	系统账号	工号	到本单位日期	所在部门	员工状态	操作
1	小明	1000011	3188991	2023-12-03 12:12:09	技术部	试用	编辑
2	小蔡	1000012	3188992	2023-12-03 12:12:09	销售部	正式	编辑
3	小天	1000013	3188993	2023-12-03 12:12:09	财务部	试用	编辑
4	小玉	1000014	3188994	2023-12-03 12:12:09	技术部	正式	编辑

< 1 2 3 4 5 >

图 15-4 员工信息页面

15.3.4 招聘岗位页面的实现

招聘岗位页面的主要功能是展示和编辑企业所发布的招聘岗位信息。由于此页面和员工信息页面类似，因此这里将不再展示此页面的具体实现代码。

招聘岗位页面实现效果如图 15-5 所示。

招聘岗位 x

招聘岗位

岗位名称 搜索

结束招聘 批量删除

序号	状态	岗位名称	招聘部门	所属招聘需求	需求人数	候选人员	已入职	发布时间	操作
1	进行中	销售经理	销售部	纳新30人	30	0	0	2023-12-09	编辑
2	进行中	财务主管	财务部	纳新3人	3	0	0	2023-12-09	编辑
3	进行中	软件工程师	技术部	纳新16人	16	0	0	2023-12-09	编辑
4	进行中	助理	人力资源中心	纳新8人	8	0	0	2023-05-09	编辑

< 1 2 3 4 5 >

图 15-5 招聘岗位页面

15.3.5 应聘者信息页面的实现

应聘者信息页面的主要功能是展示和编辑应聘者的详细信息。由于此页面和员工信息页面类似，因此这里将不再展示此页面的具体实现代码。

应聘者信息页面实现效果如图 15-6 所示。

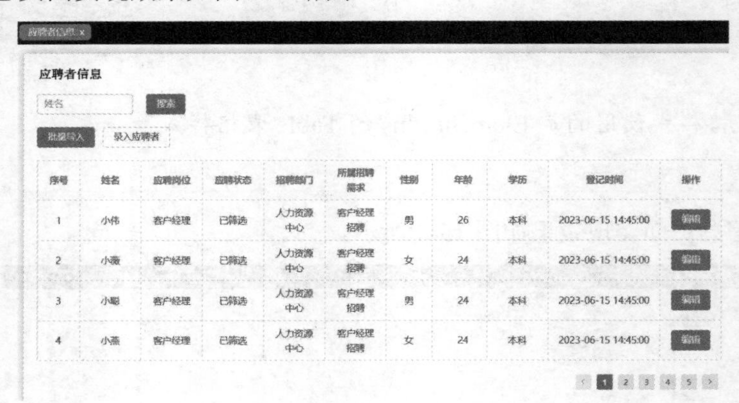

图 15-6　应聘者信息页面

15.3.6 考勤信息页面的实现

考勤信息页面的主要功能是展示员工的考勤信息。由于此页面和员工信息页面类似，因此这里将不再展示此页面的具体实现代码。

考勤信息页面实现效果如图 15-7 所示。

图 15-7　考勤信息页面

15.3.7 签到信息页面的实现

签到信息页面的主要功能是展示员工的签到信息。由于此页面和员工信息页面类似，因此这里将不再展示此页面的具体实现代码。

签到信息页面实现效果如图 15-8 所示。

图 15-8　签到信息页面